Effective SQL

RDBMSの
パフォーマンス
を最大限
引き出す
61の手法と思考

●著●
John L.Viescas
Douglas J.Steele
Ben G.Clothier

●監訳●
株式会社クイープ

SE
SHOEISHA

本書内容に関するお問い合わせについて

このたびは翔泳社の書籍をお買い上げいただき、誠にありがとうございます。弊社では、読者の皆様からのお問い合わせに適切に対応させていただくため、以下のガイドラインへのご協力をお願いいたしております。下記項目をお読みいただき、手順に従ってお問い合わせください。

●ご質問される前に

弊社 Web サイトの「正誤表」をご参照ください。これまでに判明した正誤や追加情報を掲載しています。

正誤表　　　　　http://www.shoeisha.co.jp/book/errata/

●ご質問方法

弊社 Web サイトの「刊行物 Q & A」をご利用ください。

刊行物 Q & A　　http://www.shoeisha.co.jp/book/qa/

インターネットをご利用でない場合は、FAX または郵便にて、下記"翔泳社 愛読者サービスセンター"までお問い合わせください。

電話でのご質問は、お受けしておりません。

●回答について

回答は、ご質問いただいた手段によってご返事申し上げます。ご質問の内容によっては、回答に数日ないしはそれ以上の期間を要する場合があります。

●ご質問に際してのご注意

本書の対象を越えるもの、記述個所を特定されないもの、また読者固有の環境に起因するご質問等にはお答えできませんので、あらかじめご了承ください。

●郵便物送付先および FAX 番号

送付先住所　〒 160-0006 東京都新宿区舟町 5
FAX 番号 03-5362-3818
宛先　　（株）翔泳社 愛読者サービスセンター

※本書に記載された URL 等は予告なく変更される場合があります。
※本書の出版にあたっては正確な記述につとめましたが、著者や出版社などのいずれも、本書の内容に対してなんらかの保証をするものではなく、内容やサンプルに基づくいかなる運用結果に関してもいっさいの責任を負いません。
※本書に掲載されているサンプルプログラムやスクリプト、および実行結果を記した画面イメージなどは、特定の設定に基づいた環境にて再現される一例です。
※本書に記載されている会社名、製品名はそれぞれ各社の商標および登録商標です。
※本書では TM、Ⓡ、Ⓒは割愛させていただいております。

Authorized translation from the English language edition, entitled EFFECTIVE SQL: 61 SPECIFIC WAYS TO WRITE BETTER SQL, 1st Edition, by VIESCAS, JOHN L.; STEELE, DOUGLAS J.; CLOTHIER, BEN G., published by Pearson Educaion, Inc, publishing as Addison-Wesley Proffesional, Copyright ⓒ 2017 Pearson Education, Inc.
All right reserved. No part of this book may be reproduced or transmitted in any form or by any means, electronic or mechanical, including photocopying, recording or by any information storage retrieval system, without permission from Pearson Educaion, Inc.
JAPANESE language Edition published by SHOEISHA CO., LTD, Copyright ⓒ 2017.
JAPANESE translation rights arranged with PEARSON EDUCATION, INC. through JAPAN UNI AGENCY, INC., TOKYO JAPAN.

本書に寄せて

　データベース言語の国際規格として最初に採択されてから30年あまり、SQL言語は数えきれないほどのデータベース製品で実装されてきた。今では、ハイパフォーマンスなトランザクション処理システムから、スマートフォンアプリ、Webインターフェイスの内部まで、SQLはそれこそどこにでもある。共通機能にSQLを使用しない（あるいは使用していなかった）NoSQLというデータベースカテゴリまで登場している。NoSQLデータベースにはSQLインターフェイスが追加されたため、「NoSQL」は「Not Only SQL」と解釈されるようになっている。

　SQLはすっかり定着しているため、複数の製品や環境でSQLに遭遇する可能性がある。SQLに対する（おそらく根拠のある）批判の1つは、どの製品でも似ているものの、微妙な違いがあることだろう。そうした違いの原因は、規格の解釈の違い、開発スタイルの違い、あるいはアーキテクチャの違いにある。そうした違いを理解するのに役立つのは、SQLダイアレクトを比較してその微妙な違いを浮き彫りにする例を作成することである。本書はSQLクエリの「ロゼッタストーン」を提供している。つまり、さまざまなダイアレクトでクエリを記述する方法を紹介し、その違いを明らかにしている。

　私がたびたび主張しているように、何かを学ぶとしたら失敗してみるのが一番である。というのも、もっともよく失敗するのはもっともよく知っている人であり、他の人の失敗から学んでいる人だからだ。本書には、不完全で不正確なSQLクエリの例と、それらがなぜ不完全で不正確なのかについての説明が含まれている。このため、他の人の失敗から学ぶことができる。

　SQLは強力で複雑なデータベース言語である。アメリカおよび国際的なSQL標準化委員会のデータベースコンサルタントを務め、それらの委員会に参加する中で、私はSQLの能力を利用しないクエリを山ほど見てきた。SQLの威力と複雑さを十分に理解しているアプリケーション開発者は、性能のよいアプリケーションを構築するだけでなく、そうしたアプリケーションを効率よく構築するために、SQLの能力を存分に利用することができる。本書の61のサンプルは、そのための学習を支援する。

—Keith W. Hare
Senior Consultant, JCC Consulting, Inc.
Vice Chair, INCITS DM32.2（アメリカのSQL標準化委員会）
Convenor, ISO/IEC JTC1 SC32 WG3（国際SQL標準化委員会）

謝辞

ある有名な政治家が次のように発言したことがある。「子育てには村が1つ必要だ」技術書かどうかはともかく、本を書いたことがあれば、「我が子」を無事に世に送り出すには、すばらしいチームが必要であることを知っているはずだ。

まず、アクイジションエディターとプロジェクトマネージャーを務めてくれたTrina Mac Donaldにとても感謝している。Trinaは名著『SQL Queries for Mere Mortals』に続いてJohnのお尻を叩いてくれただけでなく、多くの段階を通じてこのプロジェクトを導いてくれた。Johnは本書の編集に役立てるために、本物の国際チームを編成した。そして、チームの熱心な作業に個人的に感謝している。Tom Wickerathには、プロダクトの最初の段階と技術的なレビューに手を貸してくれたことに特に感謝している。

Trinaはデベロップメントエディターである Songlin Qiu に私たちを任せた。Songlin は、Effectiveシリーズの書籍を執筆するためのすべてを私たちに叩き込んでくれた。Songlin のガイダンスにとても感謝している。

次に、Trinaはすばらしいテクニカルエディターを招集した。彼らは数百ものサンプルのデバッグに奮闘し、すばらしいフィードバックを提供してくれた。Morgan Tocker と Dave Stokes（MySQL）、Richard Broersma Jr.（PostgreSQL）、Craig Mullins（IBM DB2）、Vivek Sharma（Oracle）に感謝している。

作業を進めている途中でScott Meyersがやってきて、これらの項目を本当に効果的なアドバイスに変えるにはどうすればよいかについて、貴重なアドバイスを提供してくれた。ScottはEffectiveシリーズの編集者であり、ベストセラーである『Effective C++, Third Edition』の著者である。Effectiveシリーズの父の期待に応えるものになっていることを願っている。

プロダクションチームのメンバーである Julie Nahil、Anna Popick、Barbara Wood には、本書が出版にこぎつけるまで手助けをしてくれたことに感謝している。あなた方がいなければ、本書を完成させることはできなかっただろう。

そして最後に、私たちが夜遅くまで原稿とサンプルにかかりきりになっている間、我慢してくれた家族にとても感謝している。いつもじっと我慢してくれることを本当にありがたく思っている。

—John Viescas, Paris, France
—Doug Steele, St. Catharines, Ontario, Canada
—Ben Clothier, Converse, Texas, United States

著者紹介

John L. Viescas（ジョン・ビエスカス）

　45年以上の経験を持つフリーのデータベースコンサルタント。最初はシステムアナリストとしてキャリアをスタートさせ、IBMメインフレームシステム用の大規模なデータベースアプリケーションの設計を手掛けた。テキサス州ダラスのApplied Data Researchに6年間在籍し、30名以上のスタッフを率いて、IBMメインフレームコンピュータを対象としたリサーチ、プロダクトの開発、カスタマーサポートを担当した。Applied Data Research在籍中にテキサス州立大学でビジネスファイナンスの学位を取得している。

　Johnは1988年にTandem Computers, Inc.に入社し、TandemのU.S. Western Salesリージョンのデータベースマーケティングプログラムの開発と実装を担当した。また、TandemのRDBMSであるNonStop SQLに関するテクニカルセミナーを開発し、実施している。最初の著書である『A Quick Reference Guide to SQL』(Microsoft Press、1989年）は、ANSI-86 SQL規格、IBM DB2、Microsoft SQL Server、Oracle、およびTandemのNonStop SQL間の構文上の類似性を実証する研究プロジェクトだった。『Running Microsoft Access』(Microsoft Press、1992年）の第1版は、Tandemの研究休暇中に執筆された。Johnは、『Running Microsoft Access』の第1版〜第4版、続編である『Microsoft Office Access Inside Out』(Microsoft Press、2003年）の第1版〜第3版、そして『Building Microsoft Access Applications』（Microsoft Press、2005年）も執筆している。また、ベストセラーである『SQL Queries for Mere Mortals』(Addison-Wesley、2014年）の著者でもある。Johnは現在、Microsoft AccessのMVP（Most Valuable Professional）アワードの連続受賞記録（1993 〜 2015年）を保持している。妻とフランスのパリで30年以上暮らしている。

Douglas J. Steele（ダグラス・スティール）

　コンピュータ歴（メインフレームとPCの両方）は45年以上にわたる（そう、最初はパンチカードを使っていた）。2012年に引退するまで、大規模な国際石油会社に31年以上在籍していた。その間のほとんどはデータベースとデータモデルに取り組んでいたが、最後に手がけたのは、全世界の10万台以上のコンピュータにWindows 7を展開するためのSCCMタスクシーケンスの開発だった。

　17年以上にわたってMVPを受賞しているDougは、Microsoft Accessに関するさまざまな

著者紹介

記事を執筆している。また、『Microsoft Access Solutions: Tips, Tricks, and Secrets from Microsoft Access MVPs』(Wiley、2010年) の共著者でもあり、何冊かの本でテクニカルエディターを務めている。

Dougはウォーターール大学 (カナダ、オンタリオ州) でシステムデザインエンジニアリングの修士号を取得している。ウォーターール大学では、従来とは異なるコンピュータユーザーを対象としたユーザーインターフェイスの設計に関する研究を行っていた (もちろん、当時は「従来の」コンピュータユーザーはほとんどいなかった)。Dougに音楽の素養があったことが、この研究のきっかけとなった (Dougはピアノ奏者としてトロントのRoyal Conservatory of Musicの会員資格を持っている)。また、ビールに目がなく、ナイアガラ大学 (カナダ、オンタリオ州) でBrewmaster and Brewery Operations Managementプログラム (ビールの醸造法と醸造管理に関するプログラム) を修了している。

Dougは愛する妻と34年以上にわたってオンタリオ州セントキャサリンズで暮らしている。Dougへの連絡は`AccessMVPHelp@gmail.com`まで。

Ben G. Clothier (ベン・クロージア)

IT Impact, Inc.のソリューションアーキテクト。IT ImpactはAccess/SQL Server開発をリードするイリノイ州シカゴを拠点とする企業である。J Street TechnologyやAdvisiconを含め、Benは名立たる企業でフリーコンサルタントを務めており、個人向けの小さなソリューションから企業向けのLOB (Line-Of-Business) アプリケーションまで、さまざまなAccessプロジェクトに取り組んでいる。代表的なプロジェクトには、セメント会社のジョブ追跡と在庫管理、保険会社の医療保険プランジェネレータ、国際的な運送会社の注文管理がある。BenはUtter Accessのアドミニストレーターである。共著書に、Teresa Hennig、Ben Clothier、George Hepworth、Doug Yudovich共著『Professional Access 2013 Programming』(Wiley、2013年)、Tim Runcie、George Hepworth、Ben Clothier、Michael Randall共著『Microsoft Access in a SharePoint World』(Advisicon、2011年) がある。また、『Microsoft Access 2010 Programmer's Reference』(Wiley、2010年) に寄稿している。Microsoft SQL Server 2012 Solution AssociateやMySQL 5.0 Certified Developerなどの認定資格を持っており、2009年からMVPアワードを受賞している。

妻Suzanneと息子Harryとともにテキサス州サンアントニオで暮らしている。

テクニカルエディター

Richard Anthony Broersma Jr.

カリフォルニア州ロングビーチを拠点とするMangan, Inc.のシステムエンジニア。Postgre
SQLを使ったアプリケーション開発で11年の経験を持つ。

Craig S. Mullins

データマネジメントストラテジスト、リサーチャー、コンサルタント。Mullins Consulting,
Inc.でプレジデント／プリンシパルコンサルタントを務めている。IBM Gold Consultant、IBM
Champion for Analyticsに選ばれている。データベースシステム開発のすべてを30年にわたっ
て経験しており、IBM DB2をバージョン1から使用している。Craigはよく知られている『DB2
Developer's Guide, Sixth Edition』(IBM Press、2012年)と『Database Administration: The
Complete Guide to DBA Practices and Procedures, Second Edition』(Addison-Wesley、
2012年)の著者であるため、名前を聞いたことがあるかもしれない。

Vivek Sharma

現在、Oracle Asia PacificでOracle Core Technology and Hybrid Cloud Solutions Division
の指定技術者を務めている。Oracleのテクノロジーを15年以上にわたって経験しており、Oracle
DBパフォーマンスアーキテクトになる前は、Oracle Forms and Reportsの開発者としてキャ
リアをスタートさせた。Oracleデータベースエキスパートとして、顧客がOracleのシステム
とデータベースへの投資を最大限に活用するための手助けをすることにほとんどの時間を費や
している。Vivekは栄えあるOracle Elite Engineering Exchange and Server Technologies
Partnershipプログラムのメンバーである。Oracle India User Group Communityにより、2012
年と2015年に「Speaker of the Year」に選ばれている。自身のブログ[1]とOracle Technology
Network[2]でOracleデータベーステクノロジーに関する記事を執筆している。

---

[1]：https://viveklsharma.wordpress.com/
[2]：http://www.oracle.com/technetwork/index.html

テクニカルエディター

Dave Stokes

OracleのMySQLコミュニティマネージャー。以前は、MySQL ABとSunでMySQL認定マネージャーを務めていた。(アルファベット順に) American Heart AssociationからXeroxまでのさまざまな企業で、対潜水艦作戦からWeb開発までの作業を手掛けている。

Morgan Tocker

OracleのMySQL Serverプロダクトマネージャー。サポート、トレーニング、コミュニティを含め、さまざまな役割を経験している。カナダ、トロント在住。

はじめに

　SQL（Structured Query Language）は、ほとんどのデータベースシステムとやり取りするための標準言語である。本書を読んでいるからには、SQLを使用するデータベースシステムから情報を取得する必要に迫られているはずだ。

　本書では、仕事の一部としてSQLを日常的に使用するアプリケーション開発者やDBA（Database Administrator）になったばかりの人を対象としている。本書では、SQLの基本的な構文をすでに理解しているものと前提し、SQL言語を最大限に活用するための有益なヒントを提供することに焦点を合わせている。私たちが気づいたのは、問題解決のための手続き型のアプローチから、集合に基づくアプローチへ移行するにあたって、コンピュータプログラミングに必要な心構えがまったく異なっていることだった。

　リレーショナルデータベースマネジメントシステム（RDBMS）は、リレーショナルデータベースの作成、管理、変更、操作を行うためのソフトウェアアプリケーションプログラムである。多くのRDBMSプログラムには、データベースに格納されたデータを操作するエンドユーザーアプリケーションの作成に必要なツールも含まれている。最初にリリースされて以来、それらのRDBMSプログラムは着々と進化しており、ハードウェアテクノロジーやオペレーティング環境の進歩に伴い、より高機能かつ高性能なプログラムに発展している。

SQLの略史

　IBMのリサーチサイエンティストだったDr. Edgar F. Codd（1923-2003）がリレーショナルデータベースモデルを最初に考案したのは、1969年のことだった。1960年代の後半に大量のデータを処理する新しい方法を模索していたCoddは、自身が抱えていた無数の問題の解決に数学の原理を応用できるのではないかと考え始めた。

　1970年にCoddがリレーショナルデータベースモデルに関する論文を発表すると、大学や研究機関によって、ある言語の開発作業が開始された。それは、リレーショナルモデルをサポートするデータベースシステムのベースとして使用できる言語だった。最初の取り組みの結果として、1970年代の初頭から中頃にかけて複数の言語の開発が進められた。そうした作業の1つは、カリフォルニア州サンノゼにあるIBMのSanta Teresa Research Laboratoryで行われていた。

　IBMが本格的なリサーチプロジェクトを立ち上げたのは1970年代の初めであり、そのプロジェクトはSystem/Rと名付けられた。このプロジェクトの目的は、リレーショナルモデルの実現可能性を証明し、リレーショナルデータベースの設計と実装を実際に経験してみることにあった。1974年から1975年にかけて行われた最初の取り組みは成功し、ついにリレーショナ

ルデータベースの試作品が作り出された。

リレーショナルデータベースの開発と同時に、データベース言語を定義する作業も進んでいた。1974年には、Dr. Donald Chamberlinらによって SEQUEL（Structured English Query Language）が開発された。それにより、明確に定義された英語のような文章を使ってリレーショナルデータベースへの問い合わせを行うことが可能となった。最初のプロトタイプデータベースである SEQUEL-XRM の成功に励まされた Dr. Donald Chamberlin と彼のスタッフは、引き続き研究に打ち込んだ。SEQUEL は1976年から1977年にかけて SEQUEL/2 に改訂されたが、法的な問題により、SEQUEL から SQL（Structured Query Language または SQL Query Language）に改名された。SEQUEL という頭字語はすでに使用されていたのである。今日に至るまで、多くの人々は依然として SQL を「シーケル」と読んでいるが、「公式」の読み方として広く受け入れられているのは「エスキューエル」である。

IBM の System/R と SQL はリレーショナルデータベースが実現可能であることを証明したが、この製品を企業に売り込むにあたって、当時のハードウェアテクノロジーの性能は十分であるとは言えなかった。

1977年、カリフォルニア州メンロパークのエンジニアが集まり、SQL に基づく新しいリレーショナルデータベース製品を構築するために Relational Software, Inc. を設立した。その製品は Oracle と名付けられた。Relational Software が1979年にリリースした製品は、最初の RDBMS 製品となった。Oracle の利点の1つは、より高価な IBM のメインフレームではなく、Digital の VAX マイクロコンピュータで動作することだった。Relational Software はその後、社名を Oracle Corporation に変更し、RDBMS ソフトウェアをリードするベンダーの1つとなっている。

ほぼ同じ頃、Michael Stonebraker や Eugene Wong をはじめとするカリフォルニア州立大学バークレー校のコンピュータ研究所の教授らも、リレーショナルデータベーステクノロジーの研究に取り組んでいた。彼らはリレーショナルデータベースのプロトタイプを開発し、Ingres と名付けた。Ingres には、QUEL（Query Language）というデータベース言語が含まれていた。QUEL は SQL よりもはるかに構造化された言語だったが、英語のような文をあまり使用していなかった。しかし、SQL が標準データベース言語として台頭しつつあることは明白だったため、Ingres は最終的に SQL ベースの RDBMS に書き換えられた。1980年には、何人かの教授がバークレーを去り、Relational Technology, Inc. を設立した。そして1981年には、Ingres の最初の製品バージョンが発表された。Relational Technology は幾度かの変遷を経ている。以前は Computer Associates International, Inc. に所有されていたが、現在は Actian の一部となっている。Ingres は現在でも、この業界をリードするデータベース製品の1つである。

一方で、IBM は1981年に SQL/Data System（SQL/DS）という RDBMS 製品を発表し、1982年に出荷を開始している。1983年には、Database 2（DB2）という新しい RDBMS 製品を発表している。DB2 は、IBM の主力だった MVS オペレーティングシステムを実行している IBM メインフレームで使用することができた。1985年に初めて出荷された DB2 は、IBM の第一の

はじめに

RDBMS製品となり、そのテクノロジーはIBMの製品ライン全体に組み込まれている。

データベース言語の開発が慌ただしさを見せる中、データベースコミュニティは標準化で揺れ動いていた。しかし、誰が標準を設定するのか、あるいはどのダイアレクトが標準化のベースとなるのかを巡って、意見の一致や合意を見ることはなかった。このため、各ベンダーはそれぞれのデータベース製品（さらにはそのSQLダイアレクト）が業界標準となることを願って、製品の開発と改善を続けた。

顧客のフィードバックや要求に応じて多くのベンダーがそのSQLダイアレクトに特定の要素を追加していくうちに、いつしか非公式な標準が姿を現した。現在の規格からすると小さな仕様であり、さまざまなSQLダイアレクトの間で類似している要素がカバーされているだけだった。しかし、この仕様（のようなもの）により、市場のさまざまなデータベースプログラムを品定めするための最低限の基準となるものがデータベースユーザーに提供された。また、あるデータベースプログラムを別のデータベースプログラムに活用するために必要な知識も提供された。

1982年、リレーショナルデータベース言語の公式規格の必要性が高まっていることを受けて、ANSI（American National Standards Institute）が動き出した。ANSIは、そのX3機関のデータベース技術委員会だったX3H2にそうした規格の提案書を策定させた。新しい規格の作業がだいぶ進んだ後になって（これには、SQLに対するさまざまな改善点が含まれていた）、既存の主なSQLダイアレクトとの互換性が失われていることにX3H2は気づいた。そして、SQLに対するそれらの変更案では、互換性の喪失を埋め合わせるのに見合うほどSQLが改善されないこともわかった。結局、提案書の内容は見直され、データベースベンダーによる準拠が可能な、まさに「最小公倍数」を表す要件に改められた。

この規格はANSIによって「ANSI X3.135-1986 Database Language SQL」として承認され、1986年にSQL/86として一般に知られるようになった。要するに、さまざまなSQLダイアレクトの間で類似している要素と、多くのデータベースベンダーがすでに実装していた要素に正式な地位を与えたのである。標準化委員会はさまざまな不備があることを承知していたが、少なくとも、新しい規格は言語とその実装の開発をさらに進めるための足がかりとなった。

ISO（International Organization for Standardization）も1987年に独自の提案書（ANSI SQL/86と完全に対応する）を国際規格として批准し、「ISO 9075:1987 Database Language SQL」として公布した。それ以来、どちらの規格も単に「SQL/86」と呼ばれることが多い。これにより、世界中のデータベースベンダーコミュニティがアメリカのベンダーと同じ規格を使って作業を行えるようになった。このSQLは公式規格の称号を得ていたが、完全な言語からはほど遠い状態だった。

SQL/86はすぐに、一般ユーザー、政府機関、C. J. Dateといった業界の専門家などから批判を浴びた。この規格には、SQL構文の冗長性（同じクエリを定義するのに複数の方法があった）、特定の関係演算子への未対応、参照整合性の欠落などの問題があったからだ。

ISOとANSIは、そうした批判に対処するために、改訂された規格を採択した。改訂にあたっ

xi

て重視されたのは、参照整合性だった。ISOは1989年の中頃に「ISO 9075: 1989 Database Language SQL with Integrity Enhancement」を公布し、ANSIも同じ年の後半に「X3.135-1989 Database Language SQL with Integrity Enhancement」を採択した。これらの規格も「SQL/89」と呼ばれることが多い。

　広く認識されていたのは、SQL/86とSQL/89には、データベースシステムを成功させるのに必要な、もっとも基本的な機能がいくつか欠けていることだった。たとえばSQL/86とSQL/89では、データベース構造を定義された後に変更する方法が規定されていなかった。構造上の要素を変更または削除したり、データベースのセキュリティを変更したりすることは不可能だった―どのベンダーの製品にも、そうした機能を実行する手段が搭載されていたにもかかわらず、である（たとえば、データベースオブジェクトのCREATEは可能だったが、ALTER構文やDROP構文は定義されていなかった）。

　またしても別の「最小公倍数」規格を策定したくなかったANSIとISOは、SQLを完全で堅牢な言語にすべく、引き続き抜本的な改訂作業に取り組んだ。新しいバージョン（SQL/92）には、主要なデータベースベンダーがすでに幅広く実装していた機能が含まれていたが、まだ広く受け入れられていなかった機能や、現在実装されているものから大きくかけ離れた新機能も含まれていた。

　ANSIとISOはそれぞれ、新しいSQL規格として「X3.135-1992 Database Language SQL」と「ISO/IEC 9075:1992 Database Language SQL」を1992年10月に公布した。SQL/92の内容はSQL/89よりも大幅に増えていただけでなく、かなり広い範囲をカバーするものとなっている。たとえば、データベース構造を定義された後に変更するための手段が提供されたほか、文字列や日時を操作するための演算がサポートされ、追加のセキュリティ機能が定義されている。SQL/92は、SQL/86やSQL/89からの大きな前進だった。

　データベースベンダーは、SQL/92の機能の実装に取り組む一方、独自の機能の開発と実装にも取り組んでいた。SQL規格に対するそうした追加機能は「拡張」と呼ばれていた。SQL/92で定義されている6つのデータ型以外にもデータ型を提供するなど、拡張によって特定の製品の機能が強化され、ベンダーが差別化を図ることが可能になったが、一方で欠点もあった。拡張を追加することの最大の欠点は、各ベンダーのSQLダイアレクトが規格からさらに分化することだった。SQLダイアレクトの分化が進めば、どのSQLデータベースでも動作する移植可能なアプリケーションをデータベース開発者が作成することは不可能になる。

　1997年、ANSIのX3機関はNCITS（National Committee for Information Technology Standards）に改称され、SQL規格を担当する技術委員会はANSI NCITS-H2と呼ばれるようになった。SQL規格は急速に複雑化していたため、SQL3への取り組みを開始していたANSIとISOの標準化委員会は、規格を別々の番号が付いた12のパートと1つの補遺に分割することで合意した。ちなみに、「SQL3」と呼ばれていたのは、SQL規格の3つ目のメジャー改訂だったからである。この合意により、各パートの作業を並行して進めることが可能になった。1997年以降、さらに2つのパートが定義されている。

本書の内容はすべてSQLデータベース言語の現在のISO規格である「SQL/Foundation」
(ISO/IEC 9075-2:2011) に基づいている。現在、主要なデータベースシステム製品のほとんど
は、この規格を実装している。ANSIもISOの仕様を採択しているため、SQL/Foundationは完
全な国際規格である。本書では、IBM DB2、Microsoft Access、Microsoft SQL Server、
MySQL、Oracle、PostgreSQLに固有の構文を必要に応じて提供するために、各製品の最新
バージョンのドキュメントも使用している。本書で説明しているSQLのほとんどは、特定のソ
フトウェア製品に特化したものではないが、必要に応じて製品固有の例も紹介している。

DBMS

前節で示したように、SQLは標準化されているが、だからと言ってすべてのDBMSが同じと
いうわけではない。DBMSに関する情報を収集／公開しているDB-Engines[3]では、DBMSの
人気ランキングを毎月発表している。

本書の執筆時点では、もっとも人気の高いDBMSとして次の6つのDBMSが常時ランクイン
している。ここでは、本書のテストに使用したバージョンと併せて、それらをアルファベット
順に示している。

1. IBM DB2（DB2 for Linux、UNIX、Windows v10.5.700.368）
2. Microsoft Access（Microsoft Access 2007。Access 2010/2013/2016との互換性あり）
3. Microsoft SQL Server（Microsoft SQL Server 2012-11.0.5343.0）
4. MySQL（MySQL Community Server 5.7.11）
5. Oracle Database（Oracle Database 11g Express Edition Release 11.2.0.2.0）
6. PostgreSQL（PostgreSQL 9.5.2）

これは、本書の内容がこのリストに含まれていないDBMSに対応していない、という意味で
はない。単に、他のDBMSではテストを行っていないか、別のバージョンではテストを行って
いないという意味である。本書を読めばわかるように、変更が必要な場合は、そのためのアド
バイスが（「note」として）含まれている。そうした「note」の内容は、上記の6つのDBMSに
のみ適用される。別のDBMSを使用していて、本書のサンプルを実行しようとして問題にぶつ
かった場合は、そのDBMSのドキュメントを読み、SQL規格への準拠について調べてみること
をお勧めする。

本書のサンプルデータベース

本書で説明する概念を具体的に示すために、本書では次のサンプルデータベースを使用して

---

†3 : http://db-engines.com/en/ranking/relational+dbms

いる。

1. **Beer Styles**
   Michael Larson のビールがテーマの書籍『Beer: What to Drink Next』（Sterling Epicure、2014年）の情報に基づき、98種類のビールの詳細を分類するちょっと楽しいデータベース。

2. **Entertainment Agency**
   エンターテイナー、エージェント、顧客、予約を管理するためのデータベース。イベントの予約やホテルの予約を処理するときに同様の設計を使用することになるだろう。

3. **Recipes**
   あなたが好きな料理や私たちが好きな料理のレシピをすべてこのデータベースに保存して管理できる。

4. **Sales Orders**
   自転車、スケートボード、アクセサリを販売する店舗の典型的な注文入力データベース。

5. **Student Grades**
   生徒、生徒が受講している科目、それらの科目での成績を管理するデータベース。

上記のデータベースに加えて、特定の項目で使用するサンプルデータベースがいくつかある。そうしたデータベースの中には、その項目に含まれているコードリストによって構築されるものがある。スキーマとサンプルデータは本書のGitHubに用意されている。

本書のサンプルコード

多くの技術書には、サンプルが含まれたCD-ROMが付いている。この方法には何かと制限があるため、サンプルはGitHubで提供することにした。

https://github.com/TexanInParis/Effective-SQL

まず、本書で扱っている6つのDBMSごとのフォルダが見つかるはずだ。これらのフォルダの下には、本書の10の章に対応する10個のフォルダと、サンプルデータベースが含まれたフォルダがある。

各章のフォルダには、その章のコードリストの番号に対応する名前が付いたファイルが含まれている。なお、すべてのコードリストがすべてのDBMSに対応しているわけではない。DBMSごとの違いは、各章のREADMEファイルに記載されている。Microsoft Accessの場合は、各章のコードリストがサンプルデータベースに含まれていることがREADMEファイルに記載されている。

GitHubのルートフォルダには、`Listings.xlsx`というファイルも含まれている。このファイルは、各コードリストが含まれているデータベースを示している。また、6つのDBMSに適用可能なSQLサンプルも記載されている。

各DBMSの`Sample Databases`フォルダには、SQLファイルがいくつか含まれている。ただし、Microsoft Accessは例外で、Access 2007フォーマットの`.accdb`ファイルが含まれている。Microsoft Accessに2007のフォーマットを使用したのは、バージョン12（2007）以降のすべてのバージョンと互換性があるためだ。これらのファイルは、各サンプルデータベースの構造を作成するものと、サンプルデータベースにデータを設定するものにわかれている。なお、本書の項目の中には、特別なデータベースに依存するものがある。そうしたデータベースの構造とデータは、各章のコードリストに含まれていることがある。

> note 本書の出版に向けたコードリストの準備作業では、コードがページの幅にうまく収まらないことがたまにあった。このため、コードリストが正しく編集されていない可能性がある。疑わしい場合は、GitHubのコードを参照してほしい。GitHubのコードはすべてテストされているため、それらのコードは正しいはずである。

各章のまとめ

本書は61の項目で構成されている。項目はそれぞれ独立しており、特定の項目の内容を使用するにあたって他の項目を読む必要はないはずである。もちろん、特定の項目の内容が他の項目の内容に基づいていることもある。その場合は、私たちが必要だと感じた情報をできるだけ示すようにしているが、関連する他の項目を示すことで、その内容を確認できるようにしている。

すでに述べたように、各項目は独立した作りになっているが、テーマごとに分類できると考えた。そこで本書では、次の10個のテーマに分けて説明している。

第1章 データモデルの設計

正しく設計されていないデータモデルを使用していたのでは、効果的なSQLは記述できない。そこで、この章の項目では、リレーショナルモデルの正しい設計の基礎を取り上げている。データベースの設計がこの章で説明しているルールに1つでも違反している場合は、何が間違っているのかを突き止めて、修正する必要がある。

第2章 プログラム可能性とインデックスの設計

データモデルが論理的に正しく設計されているだけでは、効果的なSQLを記述できるとは限

らない。その設計が実際に適切な方法で実装されるようにしなければならない。そうしないと、SQLを使ってデータから意味のある情報を効率よく抽出する能力が損なわれることになるかもしれない。この章の項目は、インデックスの重要性と、インデックスが正しく実装されるようにする方法を理解するのに役立つ。

第3章　設計を変更できないときはどうするか

最善を尽くしたにもかかわらず、手出しできない外部のデータを扱わなければならないことがある。この章の項目は、そうした状況に対処するのに役立つだろう。

第4章　フィルタリングとデータの検索

特定のデータを探したり取り除いたりする能力は、SQLを使って実行できるもっとも重要なタスクの1つである。この章の項目では、必要な情報を正確に抽出するために使用できる、さまざまな手法を取り上げる。

第5章　集約

SQL規格には、データを集約する機能が常に含まれている。しかし、一般に要求されるのは、「顧客あたりの合計金額」、「1日あたりの注文数」、「各カテゴリの月ごとの平均売上高」である。特に注目すべきは、「〜あたり」、「〜ごと」、「各〜」の「〜」の部分である。この章の項目では、集約をもっとも効率よく行うための手法を紹介する。一部の項目では、ウィンドウ関数を使ってさらに複雑な集約を実行する方法も紹介する。

第6章　サブクエリ

サブクエリを利用する方法はさまざまである。この章の項目では、サブクエリを通じてSQLの柔軟性をさらに強化するためのさまざまな方法を紹介する。

第7章　メタデータの取得と分析

データだけでは不十分で、データについてのデータが必要になることがある。データを取得する方法についてのデータが必要になることもある。場合によっては、SQLを使ってメタデータを取得すると都合がよいこともある。この章の項目はDBMSに特化した内容になりがちだが、同じ原理を特定のDBMSに適用するのに十分な情報が提供されていると考えている。

第8章　直積

直積は、1つ目のテーブルのすべての行を2つ目のテーブルのすべての行と組み合わせた結果である。おそらく他の種類の結合ほど一般的ではないが、この章の項目では、直積を使用しなければ問題を解決できない可能性がある、現実的な状況を取り上げる。

各章のまとめ

第9章　タリーテーブル

　もう1つの便利なツールはタリーテーブルである。タリーテーブルとは、連続する番号、連続する日付、あるいはサマリ情報をピボット選択するのに役立つ何かより複雑な情報が含まれた、単一の列からなるテーブルのことである。直積がベーステーブルの実際の値に依存するのに対し、タリーテーブルではあらゆる可能性をカバーできる。この章の項目では、タリーテーブルを使用しなければ解決できないさまざまな問題の例を紹介する。

第10章　階層型データモデルの作成

　リレーショナルデータベースで階層型のデータモデルを使用するのは特に珍しいことではない。残念ながら、これはSQLが苦手とする分野の1つである。この章の項目は、データの正規化をとるのか、それともメタデータのクエリと管理の容易さをとるのかを判断するのに役立つ。

　各DBMSには、日付と時刻を表す値を計算したり操作したりするのに使用できる、さまざまな関数がある。これらのDBMSは、データ型や日付と時刻の計算に関して独自のルールも設けている。こうした違いにより、本書では、「付録　日付と時刻のデータ型、演算、関数」を追加することにした。この付録の内容は、特定のDBMSで日付と時刻を表す値を操作するのに役立つ。サポートされているデータ型と算術演算は正確にまとめてあるはずだが、各関数で使用する特定の構文については、DBMSのドキュメントを調べてみることをお勧めする。

xvii

目次

第1章　データモデルの設計 ‥‥‥‥‥‥‥‥‥ 1

項目1　すべてのテーブルに主キーが定義されていることを確認する ‥‥‥‥‥‥ 1

項目2　冗長なデータを取り除く ‥‥‥‥‥‥‥‥‥‥‥‥‥‥‥‥‥‥‥‥‥ 5

項目3　繰り返しグループを取り除く ‥‥‥‥‥‥‥‥‥‥‥‥‥‥‥‥‥‥ 8

項目4　列ごとにプロパティを1つだけ格納する ‥‥‥‥‥‥‥‥‥‥‥‥ 10

項目5　計算値の格納は一般にまずい考えであることを理解する ‥‥‥‥‥ 14

項目6　参照整合性を確保するために外部キーを定義する ‥‥‥‥‥‥‥‥ 18

項目7　テーブル間の関係を意味のあるものにする ‥‥‥‥‥‥‥‥‥‥‥ 21

項目8　第三正規形で十分でなければ、さらに正規化する ‥‥‥‥‥‥‥‥ 25

項目9　データウェアハウスでは非正規化を使用する ‥‥‥‥‥‥‥‥‥‥ 30

第2章　プログラム可能性とインデックスの設計 ‥‥‥‥‥ 35

項目10　インデックスを作成するときのnullの扱い ‥‥‥‥‥‥‥‥‥‥ 35

項目11　データスキャンを最小限に抑えるようなインデックスを作成する ‥‥‥‥ 40

項目12　フィルタリング以外にもインデックスを使用する ‥‥‥‥‥‥‥‥ 44

項目13　トリガを使いすぎない ‥‥‥‥‥‥‥‥‥‥‥‥‥‥‥‥‥‥‥ 49

項目14　データのサブセットの取捨選択にフィルター選択されたインデックスを使用する ‥‥‥ 53

項目15　プログラムによるチェックの代わりに宣言型の制約を使用する ‥‥‥‥ 56

項目16　DBMSが使用しているSQLダイアレクトを調べ、それに従って記述する ‥‥‥‥ 58

項目17　計算値をインデックスで使用する状況を理解する ‥‥‥‥‥‥‥‥ 62

第3章　設計を変更できないときはどうするか ‥‥‥‥‥‥ 67

項目18　変更できないものはビューを使って単純化する ‥‥‥‥‥‥‥‥‥ 67

項目19　ETLを使って非リレーショナルデータを情報に変える ‥‥‥‥‥‥ 73

項目20　サマリテーブルを作成して管理する ‥‥‥‥‥‥‥‥‥‥‥‥‥ 77

項目21　UNIONを使って非正規化データをアンピボットする ‥‥‥‥‥‥ 80

第4章　フィルタリングとデータの検索 ‥‥‥‥‥‥‥‥ 87

項目22　関係代数とSQLでの実装方法を理解する ‥‥‥‥‥‥‥‥‥‥‥ 87

項目23	条件と一致しないレコードや欠けているレコードを特定する ·············	94
項目24	CASEを使って問題を解決する ·······································	96
項目25	複数の条件を使用する問題の解決方法を理解する ····················	101
項目26	完全に一致させる必要がある場合はデータを分割する ·················	106
項目27	日付と時刻を含んでいる列で日付の範囲を正しくフィルタリングする ·······	109
項目28	検索にインデックスが使用されるようにクエリを記述する ·················	113
項目29	左結合の右側でフィルタリングを正しく行う ···························	117

第5章　集約 ·· **121**

項目30	GROUP BYの仕組みを理解する ···································	121
項目31	GROUP BYは短く保つ ···	128
項目32	複雑な問題の解決にGROUP BYとHAVINGを利用する ··············	130
項目33	GROUP BYを使用せずに最大値や最小値を特定する ·················	135
項目34	OUTER JOINを使用するときはCOUNT()を正しく使用する ············	139
項目35	HAVING COUNT(x) ＜ Nを評価するときは値が0の行もカウントする ·······	142
項目36	重複なしのカウントを取得するにはDISTINCTを使用する ··············	146
項目37	ウィンドウ関数を使用する方法を理解する ···························	148
項目38	行をランク付けする ···	151
項目39	移動集計を生成する ···	154

第6章　サブクエリ ·· **159**

項目40	サブクエリを使用できる場所を理解する ·····························	159
項目41	相関サブクエリと非相関サブクエリの違いを理解する ·················	164
項目42	可能であれば、サブクエリではなくCTEを使用する ····················	169
項目43	サブクエリではなく結合を使って、より効率的なクエリを作成する ··········	176

第7章　メタデータの取得と分析 ·························· **179**

項目44	クエリアナライザを使用する ·······································	179
項目45	データベースのメタデータを取得する ·······························	190
項目46	実行プランの仕組みを理解する ····································	195

目次

第8章　直積 ……………………………………………………………… 203

項目47　テーブルA、Bの行を組み合わせ、
　　　　テーブルAに間接的に関連しているテーブルBの行を特定する ………………… 203

項目48　行を等量分類でランク付けする …………………………………………… 206

項目49　テーブルの行を他のすべての行と組み合わせる …………………………… 210

項目50　カテゴリをリストアップし、第一希望、第二希望、第三希望と照合する ……………… 215

第9章　タリーテーブル ………………………………………………… 221

項目51　タリーテーブルとパラメータを使って空のデータ行を生成する ……………… 221

項目52　シーケンスの生成にタリーテーブルとウィンドウ関数を使用する …………… 225

項目53　タリーテーブルの値の範囲に基づいて複数の行を生成する ………………… 230

項目54　タリーテーブルの値の範囲に基づいて別のテーブルの値を変換する …………… 233

項目55　日付テーブルを使って日付の計算を単純化する ……………………………… 239

項目56　特定の期間内の日付がすべて列挙された予定表を作成する ………………… 245

項目57　タリーテーブルを使ったデータのピボット選択 ………………………………… 248

第10章　階層型データモデルの作成 …………………………… 253

項目58　出発点として隣接リストモデルを使用する ……………………………………… 254

項目59　更新が頻繁に発生しない場合は、入れ子集合モデルを使ってクエリを高速化する ……… 256

項目60　限定的な検索には経路実体化モデルを使用する …………………………… 259

項目61　複雑な検索にはクロージャモデルを使用する …………………………………… 262

付録　日付と時刻のデータ型、演算、関数 ……………………… 267

IBM DB2 ………………………………………………………………………… 267

Microsoft Access …………………………………………………………… 270

Microsoft SQL Server ……………………………………………………… 271

MySQL ………………………………………………………………………… 273

Oracle ………………………………………………………………………… 275

PostgreSQL …………………………………………………………………… 277

索引 ……………………………………………………………………………… 279

第1章　データモデルの設計

　「豚の耳から絹の財布は作れない」イギリスの劇作家であるStephen Gossonが1579年に言ったとされるこの言葉は、間違いなくデータベースに当てはまる。データモデルがうまく設計されていない状態で、「効果的な」SQLを書き始めることはできない。データモデルが正しく定義された関係に基づいて適切に正規化されていなければ、SQLを使ってデータから意味のある情報を取り出すことは（不可能ではないにしても）難しくなるだろう。本章では、リレーショナルモデルをうまく設計する方法の基礎を取り上げる。データベースの設計がここで説明するルールに1つでも違反している場合は、何が間違っているのかを突き止めて、修正する必要がある。

　設計に手出しできる立場にない場合は、少なくとも、なぜこれほど難しいのかを理解するようにしよう。そうすれば、設計を担当している人にどのように改善すればよいかを説明できるようになる。本章の内容は、必要な情報を取得するためのSQLの記述が難しい、あるいは不可能である理由を説明するのに役立つ。設計を修正できない場合でも、問題の一部を回避するためにSQLを使ってできることがいくつかある。そのような状況に直面している場合は、知見を広げるために、このまま第3章まで読み進めよう。

　本書で取り上げるのはデータベースの設計の基礎的な部分であり、その細かな部分をすべて取り上げようとは考えていない。リレーショナルモデルに忠実に従った設計方法について理解を深めたい場合は、Michael J. Hernandez著『Database Design for Mere Mortals, Third Edition』（Addison-Wesley、2013年）など、設計に関する良書を手に入れることをお勧めする。

項目1　すべてのテーブルに主キーが定義されていることを確認する

　リレーショナルモデルでは、データベースシステムがテーブルの1つ1つの行を他の行と区別できなければならない。このため、各テーブルに**主キー**（primary key）となる列（または列の集まり）が含まれている必要がある。主キーの内容は行ごとに一意でなければならず、null

であってはならない[†1]。主キーがなければ、フィルタリング時にちょうど1行だけマッチする、または1行もマッチしない状態にするのは不可能である。ここでやっかいなのは、主キーのないテーブルを作成することがSQLのルールに違反しないことである。実際には、nullではない列（または列の集まり）を定義し、それらの列の値を行全体で一意にしたからといって、データベースエンジンがそれらの列を効率よく使用できるようになるわけではない。1つ以上の列を使って主キーを定義することで、それらの列を効率よく使用できることをデータベースエンジンに明示的に伝えなければならない。さらに、主キーが定義されていない場合、テーブル間の関係をモデル化することは一般に不可能であるか、望ましくない。

テーブルに主キーが含まれていなければ、どのような問題が起きてもおかしくない。これには、データの重複、一貫性のないデータ、時間のかかるクエリ、レポートの不正確な情報といった問題が含まれる。例として、図1-1に示すOrdersテーブルを見てみよう。

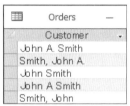

図1-1：一貫性のないデータの例

コンピュータから見て、図1-1に示されている値がどれも一意であることはたしかだが、これらの値はすべて同じ人を指している可能性がある。少なくとも、1行目、2行目、4行目はそれぞれJohn A. Smithを指している。データを処理する速さにかけては、コンピュータは人の頭脳をはるかに凌ぐが、特定のデータを同じものと見なすべきかどうかを判断するのはあまり得意ではない。そのためには、相当な量のプログラミングが必要となる。Customer列をこのテーブルの主キーとして定義しようと思えばできないことはないが、一意性の要件を満たしていたとしても、よい選択とは言えない。

では、主キーの候補にふさわしい条件とは何だろうか。主キーの候補となる列（または列の集まり）には、次の特性がなければならない。

- 一意な値を含んでいる。
- 決してnullにならない。
- 安定している（値を更新する必要はなくなっている）。
- 可能な限り単純である（浮動小数点型や文字型ではなく整数型を使用している。また、複数の列よりも単一の列のほうが望ましい）。

[†1]：nullの詳細については、第2章の項目10を参照。

項目1　すべてのテーブルに主キーが定義されていることを確認する

　この目標を達成するための一般的な方法は、自動生成された意味のない数値を主キーとして使用することである。この数値には、あなたが使用しているリレーショナルデータベースマネジメントシステム（RDBMS）に応じてさまざまな名前が付いている。たとえば、IBM DB2、Microsoft SQL Server、Oracle 12cでは IDENTITY、Microsoft Access では AutoNumber、MySQLでは AUTO_INCREMENT、PostgreSQLでは serial である。Oracleの以前のバージョンでは、同様のサービスを実行するために Sequence オブジェクトを使用する必要があったが、Sequence は列の属性ではなくスタンドアロンオブジェクトである。なお、Sequence オブジェクトは、DB2、SQL Server、PostgreSQLでもサポートされている。

　参照整合性（referential integrity）は、リレーショナルデータベースにおいて非常に重要な概念である。参照整合性の適用は、null ではない外部キーを持つ子テーブルのレコードごとに、親テーブルに一致するレコードが含まれていなければならないことを意味する。

　うまく設計された Orders テーブルでは、Customers テーブルへの外部キーとしてこのテーブルの主キーを使用することで、顧客の情報が得られる。同じ John Smith という名前の顧客が実際に2人以上存在したとしても、それらの顧客の行にはそれぞれ一意なキーが含まれているため、各注文に対応する顧客を特定するのは簡単である。

　テーブルの間で参照整合性を維持するには、主キーの値が少しでも変更されたら、関連する子テーブルの関連するレコードに新しい値を伝播させなければならない。この更新データを伝播する間、関連するテーブルはロックされることになる。このため、高い並行性が要求されるマルチユーザーデータベースでは、深刻な問題を引き起こすことがある。例として、図1-2に示す Customers テーブルを見てみよう。このテーブルは、Access 2003で提供されていた Northwind サンプルデータベースに含まれていたものである。

CustomerID	CompanyName	ContactName	ContactTitle
ALFKI	Alfreds Futterkiste	Maria Anders	Sales Representative
ANATR	Ana Trujillo Emparedados y helados	Ana Trujillo	Owner
ANTON	Antonio Moreno Taquería	Antonio Moreno	Owner
AROUT	Around the Horn	Thomas Hardy	Sales Representative
BERGS	Berglunds snabbköp	Christina Berglund	Order Administrator
BLAUS	Blauer See Delikatessen	Hanna Moos	Sales Representative
BLONP	Blondel père et fils	Frédérique Citeaux	Marketing Manager
BOLID	Bólido Comidas preparadas	Martín Sommer	Owner
BONAP	Bon app'	Laurence Lebihan	Owner
BOTTM	Bottom-Dollar Markets	Elizabeth Lincoln	Accounting Manager
BSBEV	B's Beverages	Victoria Ashworth	Sales Representative
CACTU	Cactus Comidas para llevar	Patricio Simpson	Sales Agent

図1-2：Customers テーブルのサンプルデータ

　この例では、「テキストベースの主キーである CustomerID は企業の名前に関連している」というビジネスルールがあるものとする。企業の1つが社名を変更した場合は、主キーの値を決定するビジネスルールにしたがって、CustomerID を更新すべきである。そのためには、関連するテーブルに更新データを伝播させなければならない。特別な意味を持たない主キーを使用している場合、主キーの値を変更したり更新したりする必要はない。ただし、ビジネスルールに準拠した表示値を提供するために、やはりテキストベースの列を残しておくことが考えら

第1章 データモデルの設計

れる。

　テキストベースの主キーを擁護する主な論拠の1つは、重複する値の入力が回避される、というものである。たとえば、CompanyNameを主キーにすれば、重複する名前が存在することはなくなるだろう。しかし、重複する名前が存在しないようにしたいだけなら、Customersテーブルの CompanyName列で一意なインデックスを作成すればよい。これで整合性は確保されるが、この場合も、生成された数値を主キーとして使用することが可能である。この方法が特にうまくいくのは、本章の項目2と項目4のアドバイスも併用する場合であり、図1-1で示した問題を回避するのに役立つ。一方で、テキストベースの主キーを使用すると、SQL文がより単純になることが多いのも事実である。というのも、数値のキーに関連付けられている値（図1-2の例では CompanyName）を取得するためにテーブルを結合する必要がなくなるからだ。

　数値ベースとテキストベースのどちらの主キーを選択するかは、データベースの専門家の間で大論争を巻き起すことで知られている。本書は、この議論に関してどちらの味方もしない。重要なのは、主キーとして使用できる一意な識別子をすべてのテーブルで使用することである。

　また、主キーとして複合キーを使用しないこともお勧めする。というのも、複合キーは次の2つの理由で効率的ではないからだ。

1. 主キーを定義する際、ほとんどのデータベースシステムは一意なインデックスを使ってその定義を適用する。一意なインデックスが複数の列で構成される場合、データベースシステムの作業量は増えることになる。
2. 主キーに基づく結合は非常によく使用されるが、主キーを構成している複数の列に基づく結合は、より複雑で時間がかかる。

　ただし、複数の列からなる主キーの使用が意味を持つ場合もある。供給業者（vendor）と製品（product）とをリンクするテーブルについて考えてみよう。このテーブルは、関連するテーブルの主キーを指す VendorID と ProductID で構成されている。このテーブルには、供給業者がその製品の1次仕入先か2次仕入先かを示すインジケータやその製品の卸値など、他の列も含まれていることが考えられる。

　生成された数値を主キーとして使用するための列を追加することもできるが、VendorID列とProductID列の組み合わせを主キーとして使用するという手もある。このテーブルは常に個々の列に基づいてリンクすることになるため、追加の列を主キーとして使用するよりも、複合キーを主キーとして使用するほうがおそらく効率がよいだろう。これら2つの列の組み合わせは一意に定義したいので、列を追加するのではなく、両方の列を複合主キーとして定義するほうが理にかなっている。本章の項目8では、複合主キーのほうが適している例を詳しく見ていく。

4

覚えておきたいポイント

- すべてのテーブルに主キーとして指定された列（または列の集まり）を定義しておくべきである。
- 主キーではない列の値が重複することが気がかりな場合は、整合性を確保するために、その列で一意なインデックスを定義すればよい。
- 更新する必要のない値を含んだ、できるだけ単純な主キーを使用する。

項目2　冗長なデータを取り除く

　冗長なデータの格納は、一貫性のないデータや、挿入、更新、削除の不整合、無駄なディスク領域など、さまざまな問題を引き起こす。**正規化**（normalization）とは、重複するデータの格納に関連する問題を取り除くために、情報をサブジェクトごとに分割するプロセスのことである。ここでの「冗長」は、あるテーブルの主キーが別のテーブルでは外部キーとして使用されることによる値の重複のことではない。ここで問題にしているのは、ユーザーがまったく同じデータを2か所以上に入力することである。そうした冗長性は、テーブル間のリンクを維持するために必要となる。

　スペースの都合上、データベースの正規化の詳細に踏み込むのはまたの機会にするが、データベースに取り組む場合は、正規化を十分に理解していることが非常に重要となる。データベースの正規化について詳しく説明している書籍やWebなど、すばらしい情報源は山ほどある。

　正規化の目標の1つは、同じテーブル内で、またはデータベースのさまざまなテーブルにおいて、同じデータを繰り返し出現させる必要性を最小限に抑えることである。図1-3は、Customer Salesデータベースの冗長なデータストレージの例を示している。

	CustomerSales								
SalesID	CustFirstName	CustLastName	Address	City	Phone	PurchaseDate	ModelYear	Model	SalesPerson
1	Amy	Bacock	111 Dover Lane	Chicago	312-222-1111	2016/02/14	2016	Mercedes R231	Mariam Castro
2	Tom	Frank	7453 NE 20th St.	Bellevue	425-888-9999	2016/03/15	2016	Land Rover	Donald Ash
3	Debra	Smith	3223 SE 12th Pl.	Seattle	206-333-4444	2016/01/20	2016	Toyota Camry	Bill Baker
4	Barney	Killpy	4655 Rainier Ave.	Auburn	253-111-2222	2015/12/22	2016	Subaru Outback	Bill Baker
5	Homer	Tyler	1287 Grady Way	Renton	425-777-8888	2015/11/10	2016	Ford Mustang GT Convertible	Mariam Castro
6	Tom	Frank	7435 NE 20th St.	Bellevue	425-888-9999	2015/05/25	2015	Cadillac CT6 Sedan	Jessica Robin

図1-3：1つのテーブルに含まれている冗長なストレージの例

　Tom Frankという顧客の住所は、一貫性のないデータの一例である。2つ目のレコードを見ると、住所の番地部分は7453になっているが、6つ目のレコードでは7435になっている。こうしたデータの不一致は、どの列にあってもおかしくない。

　挿入不整合が発生するのは、売上が発生して顧客の情報が入力されるまで、特定の車のモデルに関する情報を入力できないためである。また、この設計では、顧客がさらに車を購入したときに、ほとんどのデータをもう一度入力しなければならない。これは不必要なデータ入力で

第1章　データモデルの設計

あり、ディスク領域、メモリ、ネットワークリソース、さらにはデータ入力係の時間まで無駄になる。それに加えて、データ入力を繰り返すと、図1-3で示したように番地の数字を打ち間違えるなど、データ入力エラーのリスクが大幅に高くなる。

　更新不整合が発生するのは、更新クエリを実行する必要があるためである。たとえば、販売員が結婚して名前が変わった場合は、その販売員の名前が含まれているレコードをすべて更新しなければならない。大勢のユーザーが同時に使用しているデータベースで大量のレコードを操作することになるとしたら、これは大きな課題になるかもしれない。さらに、そうした更新が成功するのは、その販売員の名前のスペルがどのレコードでも正確に入力されていて（つまり、矛盾したデータが存在しない）、かつ同じ名前のユーザーが他に存在しない場合に限られる。

　削除不整合が発生するのは、行が削除された場合に、データベースから削除する意図のなかったデータまで失われてしまった場合である。

　図1-3のCustomer Salesデータベースは、論理的に次の4つのテーブルに分割できる。

1. Customersテーブル（顧客の名前、住所など）
2. Employeesテーブル（販売員の名前、入社日など）
3. AutomobileModelsテーブル（車の年式、モデルなど）
4. SalesTransactionsテーブル

　この設計では、顧客、従業員、車のモデルに関する情報をそれぞれのテーブルに一度だけ入力すればよくなる。どのテーブルにも、主キーとして設定可能な一意な識別子が含まれている。SalesTransactionsテーブルは、各販売取引の詳細を格納するために外部キーを使用する（図1-4）。

図1-4：データをサブジェクトごとにテーブルに分割する例

鋭い読者は、このテーブル分割プロセスでTom Frankという顧客の正しい住所が判明した結果として、重複する顧客レコードが1つ取り除かれていることに気づいたかもしれない。

　Customers、AutomobileModels、Employeesの3つの親テーブルの主キーを子テーブルであるSalesTransactionsの外部キー列に結合すると、図1-5に示す**関係**（relationship）を作成できる。これらの関係は、**リレーションシップ**や**外部キー制約**（foreign key constraint）とも呼ばれる。図1-5の例は、Microsoft Accessのリレーションシップエディタを使って作成したものである。どのリレーショナルデータベースにも、テーブル間の関係を表す方法がある。

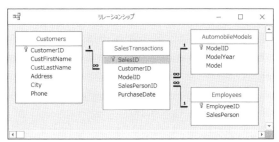

図1-5：主キーを外部キー列に結合することで関連付けられた4つのテーブル

　図1-3に示したデータを自分で作成してみたい場合は、リスト1-1に示されているように**仮想テーブル**（virtual table）を作成すればよい。この方法なら、重複するデータは格納されない。仮想テーブルは**クエリ**（query）とも呼ばれる。仮想テーブルの作成は、CTE（Common Table Expression）の申し分のない用途の1つである[2]。

リスト1-1：元のデータを返すSQL文

```
SELECT st.SalesID, c.CustFirstName, c.CustLastName, c.Address,
  c.City, c.Phone, st.PurchaseDate, m.ModelYear, m.Model,
  e.SalesPerson
FROM SalesTransactions st
  INNER JOIN Customers c
    ON c.CustomerID = st.CustomerID
  INNER JOIN Employees e
    ON e.EmployeeID = st.SalesPersonID
  INNER JOIN AutomobileModels m
    ON m.ModelID = st.ModelID;
```

覚えておきたいポイント

- データベースの正規化の目的は、冗長なデータを取り除き、データの処理に使用されるリソースを最小限に抑えることにある。

---

[2]：第6章の項目42を参照。

第1章　データモデルの設計

- 冗長なデータを取り除くことで、挿入不整合、更新不整合、削除不整合を取り除く。
- 冗長なデータを取り除くことで、一貫性のないデータの出現を最小限に抑える。

参考文献

リレーショナルデータベースを設計するための正しい方法を調べたい場合に推奨される書籍がいくつかある。最初に紹介するのは、リレーショナルデータベースが初めての人にとっても読みやすい本である。

- Michael J. Hernandez著『Database Design for Mere Mortals, Third Edition』（Addison-Wesley、2013年）
- Candace C.Fleming、Barbara von Halle共　著『Handbook of Relational Database Design』（Addison-Wesley、1989年）
  ―『リレーショナルデータベース・デザインハンドブック』（星雲社、1997年）

項目3　繰り返しグループを取り除く

同じようなデータのグループが繰り返し含まれているスプレッドシートをよく目にする。インフォメーションワーカー（情報を使って仕事をする人）は、データの正規化のことなどまったく考えずに、単にスプレッドシートのデータを新しいデータベースにインポートすることが多い。図1-6は、データのグループが繰り返し出現する例を示している。DrawingNumberは最大で5つのPredecessorに関連付けられている。このテーブルでは、DrawingNumberとPredecessorの間に一対多の関係が確立されている。

ID	DrawingNumber	Predecessor_1	Predecessor_2	Predecessor_3	Predecessor_4	Predecessor_5
1	LO542B2130	LS01847409	LS02390811	LS02390813	LS02390817	LS02390819
2	LO426C2133	LS02388410	LS02495236	LS02485238	LS02495241	LS02640008
3	LO329W2843-1	LS02388418	LS02640036	LS02388418		
4	LO873W1842-1	LS02388419	LS02741454	LS02741456	LS02769388	
5	LO690W1906-1	LS02742130				
6	LO217W1855-1	LS02388421	LS02769390			

図1-6：1つのテーブルに含まれている繰り返しグループ

図1-6の例では、Predecessorという1つの属性が**繰り返しグループ**（repeating group）として示されている。また、IDが3のPredecessorの値は重複しているが、これは意図的なものではない。別の例としては、January、February、February（またはJan、Feb、Mar）という名前の列が考えられる。ただし、繰り返しグループは1つの属性に制限されるわけではない。たとえば、Quantity1、ItemDescription1、Price1、Quantity2、ItemDescription2、Price2、…、QuantityN、ItemDescriptionN、PriceNという名前の列がある場合は、「繰り返しグループ」パターンと見なすべきである。

繰り返しグループがあると、クエリを実行して、属性によってグループ化されたレポートを作成するのが難しくなる。図1-6の例では、あとからPredecessorの値を追加したり、Predecessorの有効な数を減らしたりする必要が生じた場合、現在の設計では、Assignmentsテーブルの列を追加または削除する必要がある。また、Assignmentsテーブルのデータに依存しているクエリ（ビュー）、フォーム、レポートの設計をすべて修正する必要もある。次のように覚えておくとよいだろう。

> 列は高くつく
> 行は安上がりである

テーブルの設計上、同じようなデータに基づく新しい要件に対処するには列を追加または削除しなければならない、という場合は注意してかかろう。それよりも、必要に応じて行を追加または削除するような設計のほうがはるかによい。この例では、Predecessorsテーブルを作成し、ID値を外部キーとして使用すればよい。また、明確さを考慮して、既存のID列をDrawingIDという名前に変更する（図1-7）。

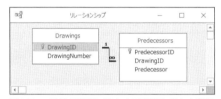

図1-7：一対多の関係に適応する正規化された設計

繰り返しグループに対処する場合は、UNIONクエリが役立つ。UNIONクエリを利用すれば、正しく正規化された設計を作成したくてもできない場合に、データを読み取り専用のビューで「正規化」できる。また、新しいPredecessorsテーブルにレコードを追加するためのクエリのソースとして、同様のUNIONクエリを使用することもできる（リスト1-2）。

リスト1-2：データを正規化するUNIONクエリ

```
SELECT ID AS DrawingID, Predecessor_1 AS Predecessor
FROM Assignments WHERE Predecessor_1 IS NOT NULL
UNION
SELECT ID AS DrawingID, Predecessor_2 AS Predecessor
FROM Assignments WHERE Predecessor_2 IS NOT NULL
UNION
SELECT ID AS DrawingID, Predecessor_3 AS Predecessor
FROM Assignments WHERE Predecessor_3 IS NOT NULL
UNION
SELECT ID AS DrawingID, Predecessor_4 AS Predecessor
FROM Assignments WHERE Predecessor_4 IS NOT NULL
UNION
```

▼次頁へ続く

第1章　データモデルの設計

```
SELECT ID AS DrawingID, Predecessor_5 AS Predecessor
FROM Assignments WHERE Predecessor_5 IS NOT NULL
ORDER BY DrawingID, Predecessor;
```

> note｜行の中で重複しているものを含め、すべてのデータをまとめて扱わなければならない場合は、UNIONキーワードの後にALLキーワードを追加して、UNION ALLにすればよい。ただし、この場合は、IDが3の行で不注意に入力された重複するPredecessorを実際に取り除いたほうがよいだろう。

　UNIONクエリでは、どのSELECT文でも、列のデータ型が同じで、同じ順序で並んでいることが前提となる。つまり、AS DrawingIDやAS Predecessorを指定する必要があるのは、実際には最初のSELECT文だけであり、その後のSELECT文では指定しなくてもよい。その場合、UNIONクエリは、その列名を最初のSELECT文から取得する。

　各SELECT文では、WHERE句の述語は違っていてもよい。データによっては、長さが0の文字列（ZLS）や単一のスペース（' '）といった印字不能な形式を取り除かなければならないことがある。

　UNIONクエリでは、最後にORDER BY句を1つだけ使用できる。ORDER BY 1, 2のように、序数を指定することが可能である。これはリスト1-2のORDER BY DrawingID, Predecessorと同じである。

覚えておきたいポイント

- データベースの正規化の目的は、繰り返しグループを取り除き、スキーマの変更を最小限に抑えることにある。
- 繰り返しグループを取り除くことで、意図しない重複データをインデックスで回避できるようになり、必要なクエリが大幅に単純化される。
- 繰り返しグループを取り除くことで、設計の柔軟性が高まる。新しいグループを追加する場合は、列を追加するためにテーブルの設計を変更するのではなく、新しい行を追加するだけでよいからだ。

項目4　列ごとにプロパティを1つだけ格納する

　リレーショナル用語では、**リレーション**、すなわち**テーブル**は、ただ1つのサブジェクトまたはアクションを表さなければならない。**属性**、すなわち**列**には、リレーションによって定義されたサブジェクトを表すプロパティが1つだけ含まれている。このプロパティはよく**アトミックデータ**（atomic data）と呼ばれる。属性は、別のリレーションの属性を含んだ外部キー

10

項目4　列ごとにプロパティを1つだけ格納する

でもよい。この外部キーは、別のリレーションの**タプル**、すなわち**行**への関係を定義する。

　1つの列に複数のプロパティ値を格納するのはよい考えではない。というのも、検索や値の集約を行うときに、プロパティ値を切り離すのが難しくなるからだ。基本的には、重要なプロパティは別々の列に配置することを検討すべきである。表1-1は、1つの列に複数のプロパティが含まれたテーブルの例を示している（ちなみに、サンプルデータに含まれているのは本物の住所だが、その著者の住所ではない）。

表1-1：1つの列に複数のプロパティが含まれたテーブル

AuthID	AuthName	AuthAddress
1	John L. Viescas	144 Boulevard Saint-Germain, 75006, Paris, France
2	Douglas J. Steele	555 Sherbourne St., Toronto, ON M4X 1W6, Canada
3	Ben Clothier	2015 Monterey St., San Antonio, TX 78207, USA
4	Tom Wickerath	2317 185th Place NE, Redmond, WA 98052, USA

　このようなテーブルには、次のような問題がある。

- ラストネームでの検索が（不可能ではないにしても）難しい。表1-1よりも多くの行からなるテーブルで、ラストネームがSmithのユーザーを検索したいとしよう。ワイルドカードを使ったLIKE検索では、SmithsonやBlacksmithも返される可能性がある。
- ファーストネームで検索するという手もあるが、より効率の悪いLIKEを使用するか、名前を部分文字列として取り出さなければならない。述語の末尾にワイルドカードが指定されているLIKEは効率よく処理される可能性があるが、名前には「Mr.」といった敬辞が含まれていることがあるため、思ったとおりの名前を検索するには、述語の先頭にもワイルドカードが指定されていなければならない。それにより、データスキャンが発生することになる。
- 住所の一部（州、郵便番号、国など）での検索を簡単に行うことはできない。
- 著者が担当した章やページ数が含まれているテーブルを結合するなど、データをグループ化しようとしたときに、住所の一部（州、郵便番号、国など）を抽出するのは難しい。

　このようなデータを目にするのは、多くの場合、スプレッドシートなどの外部データソースから情報をインポートしたときである。ただし、こうしたうまく設計されていないテーブルが実際のデータベースで見つかるのは決して珍しいことではない。

　より適切な解決策は、リスト1-3に示すようなテーブルを作成することである。

リスト1-3：プロパティが列に分割されたAuthorsテーブルを作成するためのSQL

```
CREATE TABLE Authors (
  AuthorID int IDENTITY (1,1),
  AuthFirst varchar(20),
```

11

第1章　データモデルの設計

```
    AuthMid varchar(15),                                        ▼次頁へ続く
    AuthLast varchar(30),
    AuthStNum varchar(6),
    AuthStreet varchar(40),
    AuthCity varchar(30),
    AuthStProv varchar(2),
    AuthPostal varchar(10),
    AuthCountry varchar(35)
);

INSERT INTO Authors (AuthFirst, AuthMid, AuthLast, AuthStNum,
    AuthStreet, AuthCity, AuthStProv, AuthPostal, AuthCountry)
  VALUES ('John', 'L.', 'Viescas', '144',
    'Boulevard Saint-Germain', 'Paris', ' ', '75006', 'France');

INSERT INTO Authors (AuthFirst, AuthMid, AuthLast, AuthStNum,
    AuthStreet, AuthCity, AuthStProv, AuthPostal, AuthCountry)
  VALUES ('Douglas', 'J.', 'Steele', '555',
    'Sherbourne St.', 'Toronto', 'ON', 'M4X 1W6', 'Canada');
...
```

　番地に文字データ型を使用したのは、英字や他の文字が含まれていることがよくあるためである。たとえば、番地に「1/2」が含まれていることがある。フランスでは、番地に「bis」という文字列が追加されていることがよくある。郵便番号についても同じである。アメリカでは数字だが、カナダやイギリスでは英字やスペースが含まれている。

　ここで提案した設計を使用すると、表1-2に示すように、プロパティごとに1つの列に分割できるようになる。

表1-2：列ごとにプロパティが1つ含まれた、正しく設計されたAuthorsテーブル

AuthID	AuthFirst	AuthMid	AuthLast	AuthStNum	AuthStreet	AuthCity	AuthStProv	AuthPostal	AuthCountry
1	John	L.	Viescas	144	Boulevard Saint-Germain	Paris		75006	France
2	Douglas	J.	Steele	555	Sherbourne St.	Toronto	ON	M4X 1W6	Canada
3	Ben		Clothier	2015	Monterey St.	San Antonio	TX	78207	USA
4	Tom		Wickerath	2317	185th Place NE	Redmond	WA	98052	USA

　これで、列に含まれているプロパティは1つだけになったので、1つ以上のプロパティに基づいて検索やグループ化を簡単に行うことができる。

　たとえばメーリングリストを作成するなど、これらのプロパティを再び結合する必要がある場合は、SQLの連結を使って元のデータに戻すだけである。そのための方法の1つは、リスト1-4のようになる。

リスト1-4：連結を使って元のデータを再現する

```
SELECT AuthorID AS AuthID,
  CONCAT(AuthFirst,
```

12

項目4　列ごとにプロパティを1つだけ格納する

```
    CASE WHEN AuthMid IS NULL
        THEN ''
        ELSE CONCAT(' ', AuthMid, ' ')
        END, AuthLast) AS AuthName,
  CONCAT(AuthStNum, ' ', AuthStreet, ' ',
        AuthCity, ', ', AuthStProv, ' ',
        AuthPostal, ', ', AuthCountry) AS AuthAddress
FROM Authors;
```

> note　　IBM DB2、Microsoft SQL Server、MySQL、Oracle、PostgreSQLはすべてCONCAT関数をサポートしている。ただしDB2とOracleでは、指定できる引数は2つだけなので、複数の文字列を連結したい場合はCONCAT()を入れ子にしなければならない。ISO SQL規格が連結を実行するために定義しているのは||演算子だけである。DB2、Oracle、PostgreSQLでは、||演算子を使用できる。MySQLで||演算子を使用できるのは、サーバーのsql_mode変数にPIPES_AS_CONCATが含まれている場合だけである。SQL Serverでは、連結演算子として+を使用できる。Microsoft AccessはCONCAT()をサポートしていないが、&または+を使って文字列を連結できる。

　先に述べたように、リスト1-3は「より適切な」設計の1つにすぎない。番地をストリートアドレスから切り離すことを推奨するのはなぜだろう、と考えているかもしれない。実際のところ、ほとんどのアプリケーションでは、ストリートアドレスに番地が含まれていても問題はないだろう。アプリケーションのニーズについて、慎重に検討する必要がある。土地測量データベースでは、ストリートアドレスから番地を切り離す（そして、"street"、"avenue"、"boulevard"のどれなのかを指定する）ことがきわめて重要になる可能性がある。他のアプリケーションでは、電話番号の国コード、市外局番、市内局番を別々にすることが重要になるかもしれない。属性を特定するときには、どれくらい細かく分割すれば十分であるかを見きわめる必要がある。

　プロパティを別々の列に分割すれば、個々のデータに基づいて検索やグループ化を行うのが容易になることは明白である。また、レポートや印刷されたリストが必要になったときに、それらのデータを元の形式に戻すのも簡単である。

覚えておきたいポイント

- 正しく設計されたテーブルでは、プロパティが別々の列に割り当てられる。列に複数のプロパティが含まれていると、検索やグループ化が（不可能ではないにしても）難しくなる。
- アプリケーションによっては、住所や電話番号といった列の要素をフィルタリングする必要があるかどうかによって、データの粒度が決まることがある。

第1章　データモデルの設計

● レポートや印刷されたリストを提供するためにプロパティを元の形式に戻す必要がある場合は、連結を使用する。

項目5　計算値の格納は一般にまずい考えであることを理解する

計算したデータを格納したくなることがある。その計算が関連するテーブルのデータに依存している場合は、特にそうしたくなるかもしれない。リスト1-5のコードについて考えてみよう。

リスト1-5：サンプルテーブルの定義

```
CREATE TABLE Orders (
  OrderNumber int NOT NULL,
  OrderDate date NULL,
  ShipDate date NULL,
  CustomerID int NULL,
  EmployeeID int NULL,
  OrderTotal decimal(15,2) NULL
);
```

OrderTotalは、関連するOrder_DetailsテーブルのQuantity * Priceの値である。一見すると、OrdersテーブルにOrderTotalを追加するのはよい考えに思える。というのも、すべての注文と合計金額が必要になるたびに、関連する行を取り出して計算を行う必要がなくなるからだ。本章の項目9で説明するように、この種の計算フィールドは、データウェアハウスでは問題ないかもしれないが、アクティブなデータベースではパフォーマンスを著しく低下させる可能性がある。Order_Detailsテーブルの関連する行が変更、挿入、削除されたら値を再び計算しないわけにはいかないため、データ整合性を維持するのは難しくなるだろう。

よい知らせは、最近のデータベースシステムの多くにそうしたフィールドを維持するための手段が用意されていることである。フィールドで必要となる計算は、サーバー側で実行されるコードによって自動的に処理される。計算された値の列（以下、計算列）を最新の状態に保つためのもっとも基本的な方法は、計算元の列を含んでいるテーブルに**トリガ**（trigger）を関連付けることである。トリガとは、ターゲットテーブルで挿入、更新、または削除が発生したときに実行されるコードのことである。リスト1-5の例では、OrderTotal列の値を再計算するためのトリガがOrder_Detailsテーブルに必要である。しかし、トリガは正しく記述するのが難しく、高くつくことがある[3]。

データベースシステムによっては、テーブルの作成時に計算列を定義するための手段が用意されており、こちらのほうがトリガよりもよいかもしれない。「トリガよりもよい」と言ったの

---

†3：第2章の項目13を参照。

は、計算列をテーブルの一部として定義すれば、トリガで必要になりがちな複雑なコードを書かずに済むからだ。RDBMSの特に最近のバージョンでは、すでに計算列の定義がサポートされている。たとえばSQL Serverでは、ASキーワードに続いて必要な計算を定義する式を指定できるようになっている。計算に使用するのが同じテーブル内の列だけである場合は、計算列の定義として他の列に基づく式を書くだけでよい。その計算が関連するテーブルの値に依存する場合、システムによっては、計算を行う関数を定義できることがある。ターゲットテーブルが作成または変更されたら、計算列を定義するために使用するAS句で、この関数を呼び出すことができる。SQL Serverでの関数とテーブルの定義は、リスト1-6のようになる。この関数は別のテーブルのデータに依存するため、決定的関数ではないことに注意しよう。このため、この計算フィールドでインデックスを作成することはできない。

---

column | **決定的関数と非決定的関数**

　決定的関数とは、特定の入力値で呼び出されるたびに、常に同じ結果を返す関数のことである。非決定的関数は、特定の入力値で呼び出されるたびに、異なる結果を返すことがある。たとえば、SQL Serverの組み込み関数DATEADD()は、3つのパラメータに特定の値が渡されるたびに同じ結果を返すため、決定的関数である。これに対し、GETDATE()は、常に同じ引数で呼び出されるものの、その戻り値は実行されるたびに変化する可能性があるため、非決定的関数である（なお、この場合はDATEADD()の3つのパラメータも決定的であることを前提としている。たとえば、パラメータの1つとしてGETDATE()を使用することはできない）。データベースシステムがサポートしている日付と時刻の関数については、付録を参照のこと。

リスト1-6：SQL Serverでの関数とテーブルの定義の例

```
CREATE FUNCTION dbo.getOrderTotal(@orderId int)
RETURNS money
AS
BEGIN
  DECLARE @r money
  SELECT @r = SUM(Quantity * Price)
  FROM Order_Details WHERE OrderNumber = @orderId
  RETURN @r;
END;
GO
CREATE TABLE Orders (
  OrderNumber int NOT NULL,
  OrderDate date NULL,
  ShipDate date NULL,
  CustomerID int NULL,
  EmployeeID int NULL,
  OrderTotal money AS dbo.getOrderTotal(OrderNumber)
);
```

第 1 章　データモデルの設計

　実際には、これは非常にまずい考えである。この関数は非決定的であるため、この列をテーブルの実際の列として永続化（PERSISTED）することはできない。この列でインデックスを作成することは不可能である。ということは、この列を参照するたびに、サーバーがすべての行でこの関数を呼び出さなければならないため、サーバーのオーバーヘッドは相当なものになるだろう。計算値が必要になったら、そのつどサブクエリを使ってテーブルを結合するほうがはるかに効率的である。このサブクエリは、**OrderID**列でグループ化された計算を行う。

　IBM DB2にも同じような機能があるが、キーワードは**GENERATED**である。ただし、DB2では、クエリを呼び出す関数を使って計算列を作成することは絶対に認められない。この場合も、その関数が非決定的になるからである。ただし、決定的な関数呼び出しや式を使用すれば、列を定義することが可能である。**Order_Details**テーブルに**ExtendedPrice**列を作成するために「数量×単価」を計算する式は、リスト1-7のように定義される。

リスト1-7：DB2で式を使ってテーブルの列を定義する方法

```
-- テーブルを変更できるように整合性を無効化
SET INTEGRITY FOR Order_Details OFF;
-- 式を使って計算列を作成
ALTER TABLE Order_Details
  ADD COLUMN ExtendedPrice decimal(15,2)
    GENERATED ALWAYS AS (QuantityOrdered * QuotedPrice);
-- 整合性を再び有効化
SET INTEGRITY FOR Order_Details
IMMEDIATE CHECKED FORCE GENERATED;
-- 計算列でインデックスを作成
CREATE INDEX Order_Details_ExtendedPrice
  ON Order_Details (ExtendedPrice);
```

　この式は決定的であるため、テーブルで計算列を作成し、インデックスを定義できる。リスト1-7はDB2の例だが、本書のGitHub[4]では、他のデータベースシステムの例も公開している。

　Oracleで計算列を使用したい場合は、**GENERATED [ALWAYS] AS**を使用する。Oracleでは、計算列を**仮想列**（virtual column）と呼んでいる。**Order_Details**テーブルに**Extended Price**列を作成するためのSQLは、リスト1-8のようになる。

リスト1-8：Oracleでインライン式を使ってテーブルを定義するためのSQL

```
CREATE TABLE Order_Details (
  OrderNumber int NOT NULL,
  OrderNumber int NOT NULL,
  ProductNumber int NOT NULL,
  QuotedPrice decimal(15,2) DEFAULT Ø NULL,
  QuantityOrdered smallint DEFAULT Ø NULL,
  ExtendedPrice decimal(15,2)
```

---

[4]：https://github.com/TexanInParis/Effective-SQL にある Listing 1.007 を参照。

項目5　計算値の格納は一般にまずい考えであることを理解する

```
    GENERATED ALWAYS AS (QuotedPrice * QuantityOrdered)
);
```

　この時点で、本項のタイトルが「計算値の格納は一般にまずい考えであることを理解する」であるにもかかわらず、計算値を格納する方法をなぜわざわざ説明するのか不思議に思っていることだろう。ここで悪い知らせがある。このテーブルが大規模なオンラインデータ入力システムで使用するためのものである場合、このような計算列を追加すると、サーバーの応答時間に悪影響がおよぶほど深刻なオーバーヘッドを引き起こすことがある。

　IBM DB2、SQL Server、またはOracleを使用している場合は、計算列でインデックスを定義できることがある。一般に、こうしたインデックスが役立つのは、計算結果を利用することで高速化を図るようなクエリである。リスト1-6のSQL Server（またはその他のデータベースシステム）の例は非決定的であるため、インデックスを作成できないことを思い出そう。リスト1-6の関数は、データベースの他のテーブルを参照している[5]。

　SQL Serverでは、この式でさらにPERSISTEDキーワードを指定するという作業が必要である。DB2では、式でインデックスを作成すると、自動的に永続化される。

　リスト1-7では、呼び出された関数の値が変化するたびに、つまり、Order_Detailsテーブルで行を更新、挿入、削除するたびに、オーバーヘッドが発生する。端末に向かって大量の注文を入力している場合は、インデックスの値を計算して格納するにはこの関数を実行しなければならないため、応答に時間がかかりすぎて話にならないかもしれない。リスト1-6とリスト1-8では、Ordersテーブルから計算列を取り出すたびにオーバーヘッドが発生する。このため、計算列を含んでいて、多くの行を調べるSELECTを実行した場合、応答時間は耐え難いものになる可能性がある。

覚えておきたいポイント

- 多くのデータベースシステムでは、テーブルを定義するときに計算列を定義できるが、パフォーマンスに影響がおよぶことを覚悟しなければならない。非決定的な式や関数を使用するときには、特に注意が必要である。
- また、計算列を通常の列として定義し、トリガを使ってそれらを管理することも可能だが、そうするとコードが複雑になることがある。
- 計算列はデータベースシステムのオーバーヘッドをさらに増やすため、計算列を使用するのはその利点がコストを上回る場合だけにする。
- ほとんどの場合は、ストレージの消費が増え、更新に時間がかかるようになるとしても、計算列でインデックスを作成することの利益を優先すべきである。
- インデックスを適用できない場合は、実際に計算値をテーブルに格納する代わりに、

---

†5：第2章の項目17を参照。

第 1 章　データモデルの設計

ビューを使って計算を定義するほうが望ましいことが多い。

項目 6　参照整合性を確保するために外部キーを定義する

データベーススキーマを正しく設計すると、テーブルの多くに外部キーが定義される。これらの外部キーには、関連する親テーブルの主キーの値が含まれている。たとえば、Sales OrdersデータベースのOrdersテーブルには、Customersテーブルの主キーを指しているCustomerIDまたはCustomerNumber列が含まれているはずなので、特定の注文を行った顧客を特定することが可能である。

図1-8は、典型的なSales Ordersデータベースのレイアウトを示している。

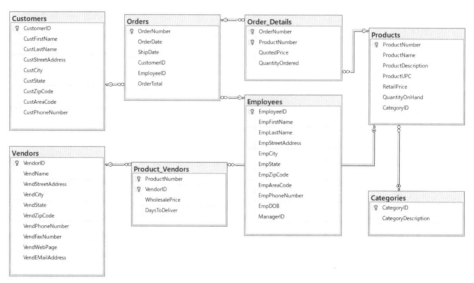

図1-8：Sales Ordersデータベースのテーブルの設計

> note　図1-8はSQL Server Management Studioのダイアグラムツールを使って作成したものである。Microsoft Access、DB2、MySQL、Oracleや、Erwin、Idera ER/Studioといったモデリングツールにも、同様のツールが用意されている。

図1-8は、さまざまなテーブル間の関係を示している。各関係を表す直線の終端に付いている鍵記号は、1つ目のテーブルの主キーからの関係を表している。直線のもう一方の終端に付いている∞（infinity）記号は、2つ目のテーブルの外部キーに対する「一対多」の関係を表している。

項目6　参照整合性を確保するために外部キーを定義する

　データベースシステムがテーブル間の関係を把握しているのは、DRI（Declarative Referential Integrity）制約を定義しているためである。こうした関係は、次の2つの目的で定義される。

1. データベースのグラフィカルなクエリデザイナーを使って新しいビューやストアドプロシージャを作成するときに、JOIN句を正しく組み立てる方法をデザイナーに認識させる。
2. 一対多の関係の「多」側のテーブルで挿入や変更を行うとき、または一対多の関係の「一」側のテーブルで変更や削除を行うときに、データ整合性を適用する方法をデータベースシステムに認識させる。

　重要なのは2つ目のポイントである。というのも、たとえば、無効なCustomerIDが含まれている、あるいはCustomerIDが含まれていない行をOrdersテーブルに作成できないようにする必要があるからだ。CustomersテーブルでCustomerIDを変更することが可能である場合は、新しい値がOrdersテーブルの関連するすべての行に伝播されるようにする必要がある。これには、ON UPDATE CASCADEキーワードを使用する。また、ユーザーがCustomersテーブルの行を削除しようとしていて、その行に関連する行がOrdersテーブルに存在する場合は、Customersテーブルの行を削除できないようにするか、Ordersテーブルの関連する行がすべて削除されるようにする必要もある。後者の場合は、ON DELETE CASCADEキーワードを使用する。

　この重要な機能をデータベースシステムで有効にするには、FOREIGN KEY制約を追加する必要がある。具体的には、CREATE TABLEを使って「多」側のテーブルを定義するときに追加するか、ALTER TABLEを使った後、つまり事後に追加する。FOREIGN KEY制約をCustomersテーブルとOrdersテーブルで追加する方法を見てみよう。

　まず、Customersテーブルを作成する（リスト1-9）。

リスト1-9：Customersテーブルを作成する

```
CREATE TABLE Customers (
  CustomerID int NOT NULL PRIMARY KEY,
  CustFirstName varchar(25) NULL,
  CustLastName varchar(25) NULL,
  CustStreetAddress varchar(5Ø) NULL,
  CustCity varchar(3Ø) NULL,
  CustState varchar(2) NULL,
  CustZipCode varchar(1Ø) NULL,
  CustAreaCode smallint NULL DEFAULT Ø,
  CustPhoneNumber varchar(8) NULL
);
```

　次に、Ordersテーブルを作成し、続いてALTER TABLEを実行して関係を定義する（リスト1-10）。

19

第1章　データモデルの設計

リスト1-10：Ordersテーブルを作成し、続いて関係を定義するために変更する

```
CREATE TABLE Orders (
  OrderNumber int NOT NULL PRIMARY KEY,
  OrderDate date NULL,
  ShipDate date NULL,
  CustomerID int NOT NULL DEFAULT Ø,
  EmployeeID int NULL DEFAULT Ø,
  OrderTotal decimal(15,2) NULL DEFAULT Ø
);

ALTER TABLE Orders
  ADD CONSTRAINT Orders_FK99
    FOREIGN KEY (CustomerID)
      REFERENCES Customers (CustomerID);
```

　最初に2つのテーブルを作成し、両方のテーブルにデータを追加した後、FOREIGN KEY制約を追加することにしたとしよう。これらのテーブルのデータが参照整合性のチェックにパスしなかった場合は、Ordersテーブルの変更が失敗する可能性がある。データベースシステムによってはうまくいくことがあるが、オプティマイザによってこの制約が信頼できないと見なされ、適用されなくなることがある。このため、この制約を定義しただけでは、この制約が作成される前から存在していたデータに適用されるという保証はない。

　また、子テーブルを作成するときに制約を定義するという方法もある（リスト1-11）。

リスト1-11：テーブルの作成時にFOREIGN KEY制約を定義する

```
CREATE TABLE Orders (
  OrderNumber int NOT NULL PRIMARY KEY,
  OrderDate date NULL,
  ShipDate date NULL,
  CustomerID int NOT NULL DEFAULT Ø
    CONSTRAINT Orders_FK98 FOREIGN KEY
      REFERENCES Customers (CustomerID),
  EmployeeID int NULL DEFAULT Ø,
  OrderTotal decimal(15,2) NULL DEFAULT Ø
);
```

　一部のデータベースシステム（特にMicrosoft Access）では、参照整合性制約を定義すると外部キー列でインデックスが自動的に作成されるため、結合を行うときのパフォーマンスがよくなることがある。外部キーでインデックスを自動的に作成しないデータベースシステム（DB2など）では、制約のチェックを最適化するためにインデックスを作成する習慣を身につけておくとよいだろう。

覚えておきたいポイント

- 外部キーを明示的に作成することで、親テーブルのどの行とも一致しない行が子テーブル

に存在しないようにすれば、関連するテーブル間でデータ整合性を確保するのに役立つ。
- すでにデータが含まれているテーブルにFOREIGN KEY制約を追加しても、その制約に違反するデータが存在する場合はうまくいかない。
- システムによっては、FOREIGN KEY制約を定義するとインデックスが自動的に作成されるため、結合のパフォーマンスがよくなることがある。それ以外のシステムでは、FOREIGN KEY制約をカバーするインデックスを作成しなければならない。システムによっては、インデックスがなくても、オプティマイザによって列が特別に扱われ、より効果的なクエリプランが生成されることがある。

項目7　テーブル間の関係を意味のあるものにする

　理論的には、関係元と関係先の列のデータ型が同じである限り、2つのテーブルの間でどのような関係でも作成できる。しかし、何かができるからといって、その何かをすべきであるとは限らない。図1-9に示すSales Ordersデータベースのスキーマ図を見てみよう。

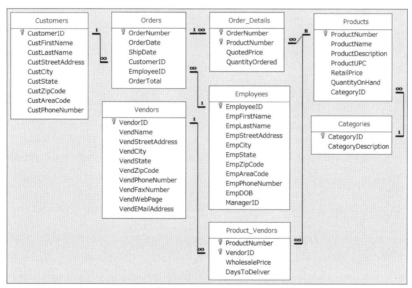

図1-9：Sales Ordersデータベースのスキーマ図

　一見すると、特に問題はないように思える。複数のテーブルが存在しており、それぞれサブジェクトを1つだけ含んでいる。これらのテーブルのうち、Employees、Customers、Vendorsの3つに着目してみよう。これらのテーブルを調べてみると、同じようなフィールドがいくつも含まれていることがわかる。多くの場合、これは問題であるとは見なされない。というのも、これら3つのテーブルのデータはたいてい独立しているからだ。

第1章　データモデルの設計

　しかし、この会社の供給業者や従業員が顧客でもある場合、このモデルは項目2で説明した
データの重複に対するルールに違反している。そこで、この問題を解決するために、あらゆる
種類の連絡先情報を列挙するContactsというテーブルを作成しようと考えるかもしれない。
ただし、これにも問題がないわけではない。1つには、EmployeeID、CustomerID、VendorID
がすべてContactIDという1つの主キーに基づくことになる。このIDがたまに顧客になるこ
ともある本物の供給業者のものであることを検証する方法はない。

　この問題を解決するために、Contactsテーブルに対して一対一の関係を持つCustomers、
Vendors、Employeesの3つのテーブルを追加しようと考えるかもしれない。この方法には、
ManagerIDやVendWebPageといったエンティティ固有のデータを、どちらのデータも必要な
いCustomersテーブルの行と分けておくことができる、という利点がある。だがこれは、この
データベーススキーマを使用するアプリケーションが大幅に複雑になることを意味する。なぜ
なら、エンティティが存在するかどうかを検証し、存在する場合は、ドメイン固有のデータが
設定されているかどうかを検証するロジックを組み込まなければならなくなるからだ。結局の
ところ、先に重複を検索せずに新しいレコードを挿入することがアプリケーションに許されて
いるとしたら、こうしたテーブルを追加したところで何の意味もない。言うまでもなく、すべ
ての企業が余計に複雑になることを承知で資金や時間を投入するわけではない。製品を販売し
ている企業の顧客は、供給業者や従業員ではないことのほうが一般的である。データベースス
キーマを単純に保てることを考えれば、そうした珍しい状況でたまに発生する重複は小さな代
価である。

　ここで、従業員に販売区域を割り当て、従業員が担当している区域に基づいて顧客を従業員
にマッピングする必要があるとしよう。これを可能にするための方法の1つは、Customers
テーブルのCustZipCode列とEmployeesテーブルのEmpZipCode列との間で関係を確立す
ることである。どちらも、同じデータ型の同じドメインの列である。また、テーブルの間で関
係を確立する代わりに、EmployeesテーブルとCustomersテーブルのジップコード†6を表す
列に基づいて結合を行うようにすれば、おそらく従業員が担当している区域の近くに住んでい
る顧客が見つかるだろう。

　単にCustomersテーブルの外部キーとしてEmployeeID列を作成し、顧客を従業員に関連
付けることは可能だが、実際には問題が増えるだけである。たとえば、顧客が別の従業員の担
当区域へ引っ越した場合はどうなるだろうか。データ入力係が顧客の住所を正しく更新したと
しても、その顧客を担当していた従業員を更新する必要があることに気づかないか、忘れてし
まうかもしれない。これでは新しいエラーのきっかけを作っているようなものだ。

　それよりも、EmployeeIDという外部キーを持つSalesTerritoryというテーブルを作成
するほうがよいだろう。このテーブルの行は、そのIDの従業員に割り当てられたジップコード
（TerrZIP）を識別する。ジップコードはそれぞれSalesTerritoryテーブルにおいて一意と

---

†6 [訳注]：日本の番地と郵便番号のようなもの。

項目7　テーブル間の関係を意味のあるものにする

なる。というのも、同じジップコードを複数の従業員に割り当てることは考えにくいからだ。TerrZIPからCustomersテーブルへの関係を作成すれば、従業員が担当区域内の顧客を発見できるようになる。

対照的に、販売区域とは別の条件に基づいて従業員を顧客に割り当てる場合は、Customersテーブルに EmployeeIDという外部キーを作成するほうが、顧客と従業員の割り当ての恣意的な性質が実際にうまく反映されるようになる。この方法は、販売区域がデフォルトの割り当てになる場合でもうまくいくが、顧客は別の従業員を自由に指名できる。先の例と同様に、この方法でも、データ入力エラーを最小限に抑えるための適切なプログラミングの存在が前提となる。

この会社が販売している製品をすべてリストアップし、各製品の詳細なデータとすべての属性を提供する必要がある場合も、同じような問題が発生する。たとえば製材会社では、リニアフィート、高さ、幅、木材の種類などの列を持つ製品テーブルを定義するのが合理的かもしれない。結局のところ、この会社が販売しているのは木材である。しかし、この会社がさまざまな製品を販売している小売業者である場合は、使用される機会がほとんどないような列を追加するのは割に合わないように思える。同様に、製品カテゴリ固有のデータをすべて格納できるよう、カテゴリごとにテーブルを1つ作成する、というのも考えにくい。この場合は、XMLドキュメントやJSONドキュメントに対応できるAttribute列を作成するほうがよいかもしれない。この方法がうまくいくのは、リレーショナルテーブルの製品の属性をすべて取得可能にすることを指定するビジネスルールが存在しない場合である。だが、すべての属性を取得可能にしなければならない場合もある。そのような場合は、ProductAttributesテーブルを作成して、列を行に変換し、それらの行をProductsテーブルの製品に関連付ければよい[7]。このようなテーブルの設計としては、リスト1-12のようなものが考えられる。

リスト1-12：ProductsテーブルとProductAttributesテーブル間で関係を作成する

```
CREATE TABLE Products (
  ProductNumber int NOT NULL PRIMARY KEY,
  ProdDescription varchar(255) NOT NULL
);

CREATE TABLE ProductAttributes (
  ProductNumber int NOT NULL,
  AttributeName varchar(255) NOT NULL,
  AttributeValue varchar(255) NOT NULL,
  CONSTRAINT PK_ProductAttributes
    PRIMARY KEY (ProductNumber, AttributeName)
);

ALTER TABLE ProductAttributes
  ADD CONSTRAINT FK_ProductAttributes_ProductNumber
```

---

[7]：これはよくEAV（Entity-Attribute-Value）モデルと呼ばれる。

第1章　データモデルの設計

```
FOREIGN KEY (ProductNumber)
REFERENCES Products (ProductNumber);
```

　属性を列ではなく行として格納することにより、この問題は解決されているように見える。しかし、特定の属性を持つ特定の製品を抽出するためのクエリはずっと複雑になっている。とりわけ、複数の属性を扱わなければならない場合はかなり複雑になる。

　ちなみに、この属性問題は、構造化データと半構造化データを設計者が区別できなければならないことを示している。リレーショナルモデルでは、データが事前に正しく定義され、すべての列とデータ型が列挙されてからでなければ、実際のデータを追加することはできない。これはXMLドキュメントやJSONドキュメントのような半構造化データとは対照的である。これらのドキュメントでは、レコードレベルでさえ、スキーマが同一である必要はない。このため、関係を定義するのに手こずっている場合は、あなたが実際に扱っているのは半構造化データであるかどうかを確認し、そのデータをリレーショナルモデルで直接提供する必要が本当にあるかどうかについて考えてみても損はない。SQL規格でも、XMLとJSONをSQLで直接使用する方法が盛り込まれたため、選択肢はさらに増えているが、この件について説明するのはまたの機会にしよう。

　先の説明からすると、データモデルが正しいかどうかを決めるのはビジネスであることがわかる。アプリケーションを設計するときには、そのことを前提にする必要がある。これは意外に難題である。というのも、本来ならばアプリケーションがデータモデルの設計に従うはずが、アプリケーションによってデータモデルの設計が決まる傾向にあるからだ。現実には、どのデータモデルを選択するかで、通常はそのデータベースを使用するアプリケーションの設計方法が大きく異なることになる。これらの変更は、アプリケーションを市場に投入するためのコストや時間に影響を与える可能性がある。

覚えておきたいポイント

- 関係を単純にするために、同じような列を含んでいるように見えるテーブルを結合する意味が本当にあるかどうかを慎重に調べる。
- 関係元と関係先の列のデータ型が一致している（または暗黙的にキャストできる）限り、2つのテーブルの間で関係（結合）を確立することが可能である。しかし、関係が有効となるのは、それらの列が同じドメインに属している場合に限られる。とはいえ、関係元と関係先のデータ型は同じであるのが理想的である。
- データをデータモデルに追加する前に、そのデータが実際に構造化データであるかどうかを確認する。データが半構造化データである場合は、必要なプロビジョニング（準備）を行う。
- 通常は、データモデルの目標を明確にしておくと、設計を評価するのに役立つ。その設計には、さらなる複雑化、単純化に伴う不整合、そしてこのデータモデルを使用するアプリ

ケーションの設計に見合うだけの価値があるだろうか。

項目8　第三正規形で十分でなければ、さらに正規化する

　ほとんどのアプリケーションについては、たいてい第三正規形（3NF）で十分である、という都市伝説がある。「3NFで通常は十分」とか、「うまくいかなくなるまで正規化し、そこからうまくいく状態に戻せばよい」というのを聞いたり引用したりしている実践者は少なくない。こうした歯切れのよい言い回しの問題点は、正規形のレベルが上がるほど、必要な変更が増えることである。だが実際のところ、ほとんどのデータモデルでは、すでに3NFであるエンティティはそれよりも上のレベルの正規形をすでに満たしていることが多い。現在の多くのデータベースでは、実際のところ、参照テーブルはすでに5NFであるか、場合によっては6NFのことも多い（人々はそれを3NFと呼んでいるが）。このため、実際に調べる必要があるのは、テーブルが3NFであるものの、それよりも上のレベルの正規形に違反しているケースである。そうしたケースはまれだが、実際に発生する。そして実際に発生した場合は、テーブルが3NFを満たしているように見えるにもかかわらず、データ不整合を引き起こすような設計ミスをしやすくなる。

　3NFを満たしている設計が、より上のレベルの正規形に違反する可能性があるのは、1つのテーブルが複数のテーブルに関連しているときである。特に注意しなければならないのは、テーブルが一対多の関係に参加していて、そうした関係が1つではない場合である。もう1つの兆候は、より上のレベルの正規形に違反するかもしれない複合キーがテーブルに含まれている場合である。この後の例で示すように、サロゲートキーを使用していて、代わりに自然キーを分析するときには、要注意である。

　最初の3つの正規形（およびボイスコッド正規形）は、リレーションの属性のうち**関数従属性**（functional dependency）に関するものであると覚えておくとよいだろう。関数従属性とは、その属性がリレーションのキーに依存することを意味する。たとえば「466.315.0072」といった電話番号を格納している列は、この電話番号の持ち主とされる「Douglas J. Steele」を格納している列に関数従属している、と言える。他の属性は、この電話番号とこの人物との関連付けに影響を与えない。この電話番号がキーではない他の属性に依存しているとしたら、データ不整合に陥っている。

　第四正規形（4NF）は、**多値従属性**（multivalued dependency）に関係している。4NFが扱うのは、2つの属性が互いに独立しているものの、リレーションの同じキーに依存している、というケースである。これら2つの属性についてはいくつかの組み合わせが考えられるが、4NFに違反する可能性がある特別なケースが存在する。表1-3は、営業担当者（salesperson）が販売する製品（product）を示している。

第1章 データモデルの設計

表1-3：営業担当者が販売する製品が含まれたテーブル

Salesperson	Manufacturer	Product
Jay Ajurap	Acme	Slicer
Jay Ajurap	Acme	Dicer
Jay Ajurap	Ace	Dicer
Jay Ajurap	Ace	Whomper
Sheila Nyu	A-Z Inc.	Slicer
Sheila Nyu	A-Z Inc.	Whomper

各製造業者（manufacturer）が製品を2つしか製造しないわけでも、営業担当者が販売する製品がすべて担当している製造業者の製品でなければならないわけでもない。したがって、SheilaがAceの製品を販売することにした場合は、行を2つ挿入する必要がある。1つはAceのDicer製品の行であり、もう1つは、AceのWhomper製品の行である。このテーブルを正しく更新しないと、データ不整合を許してしまう可能性がある。この可能性を排除するには、このテーブルを図1-10に示されているテーブルに分割する必要がある。

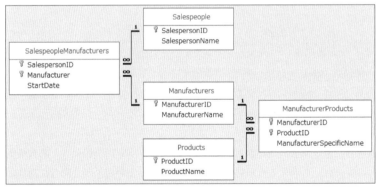

図1-10：営業担当者の在庫データベースのスキーマ図

このモデルでは、営業担当者が販売する可能性がある製品をすべてリストアップし、それらの製品を実際に製造した製造業者にマッピングするだけでよい。特定の営業担当者が実際に販売する製品を推測したい場合は、SalespeopleManufacturersテーブルをManufacturerProductsテーブルと結合すると、表1-3と同じ結果が得られる。ここでは、「営業担当者はある製造業者が製造する製品をすべて販売しなければならない」というビジネスルールにしたがっていることに注意しよう。だが現実には、営業担当者が販売するのは製造業者が製造している製品の一部だけの可能性が高い。その場合、表1-3のデータは4NFに違反しなくなる。このことは、3NFよりも上のレベルの正規形が滅多に使用されない理由を具体的に示している。私たちが適用しているほとんどのビジネスルールにより、3NFよりも上のレベルの正規形をデータモデルがすでに満たしているからである。

項目8　第三正規形で十分でなければ、さらに正規化する

　第五正規形（5NF）では、すべての結合の依存関係が候補キーによって示唆されなければならない。表1-4の正規化されていないデータについて考えみよう。このテーブルには、オフィス（office）、医師（doctor）、医療機器（equipment）を表す列が含まれている。

表1-4：複数の属性が列として含まれているテーブル

Office	Doctor	Equipment
Southside	Salazar	X-Ray Machine
Southside	Salazar	CAT Scanner
Southside	Salazar	MRI Imaging
Eastside	Salazar	CAT Scanner
Eastside	Salazar	MRI Imaging
Northside	Salazar	X-Ray Machine
Southside	Chen	X-Ray Machine
Southside	Chen	CAT Scanner
Eastside	Chen	CAT Scanner
Northside	Chen	X-Ray Machine
Southside	Smith	MRI Imaging
Eastside	Smith	MRI Imaging

　このデータモデルでは、特定の医療機器を使用できるオフィスに対して医師をスケジュールする必要がある。医師は特定の医療機器のトレーニングを受けており、認定資格を持っている医療機器が設置されていないオフィスに医師を派遣しても意味がないものとする。しかし、すべての医師が同じトレーニングを受けているわけではなく、医師が持っている認定資格は必ずしも共通していない。

　オフィスの場所と医療機器を分けているのは、そのためである。それらはオーバーラップしているものの、かなり独立している。特定の医療機器が設置されているオフィスと、その医療機器のトレーニングを受けている医師との間には、何の関係もない。まず考えられるのは、図1-11に示すように、6つのテーブルからなるデータモデルをセットアップすることである。

27

第 1 章　データモデルの設計

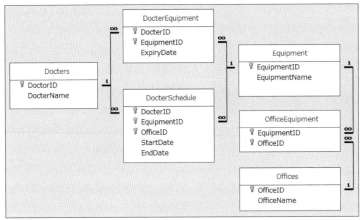

図1-11：医師、医療機器、オフィスのスケジューリングデータベースのスキーマ図

　ベーステーブルとしてDoctors、Equipment、Officesの3つがあり、考えられる組み合わせごとに交差テーブルが存在する。つまり、{Doctors, Equipment}のペアに対するDoctorEquipmentテーブル、{Offices, Equipment}のペアに対するOfficeEquipmentテーブル、そして{Doctors, Offices}のペアと暗黙のEquipmentに対するDoctorScheduleテーブルがある。このため、新しいオフィスが開設されるか、既存のオフィスに医療機器が増設されるか、医師の認定資格が変更されたとしても、これらの要因はすべて独立しており、各ペアの間で不整合は発生しない。ただし、DoctorScheduleテーブルでは、不整合が発生するリスクがある。医療機器の認定資格を持っていない医師と、医療機器が設置されていないオフィスに基づく{Doctors, Offices}のペアが作成される可能性があるからだ。その場合は、5NFに違反することになる。この問題を解決するには、このデータモデルを図1-12のようにセットアップする必要がある。

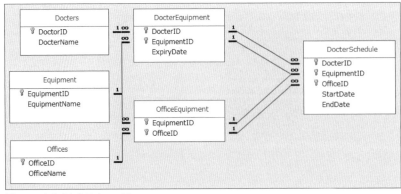

図1-12：改善されたスキーマ図

28

項目8　第三正規形で十分でなければ、さらに正規化する

　DoctorScheduleテーブルのEquipmentID列に、部分的にオーバーラップした2つの外部キーがあることに注目しよう。この2つのFOREIGN KEY制約は、（そのためのプログラミングロジックを書かなくても）特定の医療機器に対して医師とオフィスの有効な組み合わせだけを選択できるようにし、そうすることでデータ不整合を完全に阻止する。これらのテーブルの設計が変更されておらず、関係もほとんど変更されていないことに注目しよう。

　この場合も、DoctorScheduleテーブルの列としてEquipmentIDが必要にならなかったとしたら、図1-11のスキーマがすでに5NFを満たしていたことに注意しよう。したがって、医師をオフィスにスケジュールしたいだけなら、スケジュールの一部として医師を医療機器に割り当てるかどうかを指定する必要はなく、図1-11の最初のスキーマで十分だろう。

　この例には、注意すべき点がもう1つある。それは複合キーを使用していることである。交差テーブルであるOfficeEquipmentとDoctorEquipmentにサロゲートキーを作成していたとしたら、EquipmentIDが隠されてしまい、図1-12のデータモデルは実現できなかっただろう。このため、デフォルトでサロゲートキーを使用する場合は、それらのサロゲートキーによってスキーマの重要な情報が隠されてしまうかどうかを慎重に調べなければならない。多対多の関係に参加している外部キーを分析し、それらの関係にとって重要な意味を持つかどうかを判断する必要がある。

　情報無損失分解（lossless decomposition）は、より上のレベルの正規形での違反を分析するときに使用できる手法である。テーブルが大きい場合は、（そのサブセットでSELECT DISTINCTを実行したかのように）列のサブセットに分解すべきである。そして、その結果を（LEFT OUTER JOINを使って）元のテーブルに戻せるかどうかを確認する。分解したテーブルを元の状態に戻したときにデータが1つも失われないとしたら、元のテーブルが何らかの正規形に違反していることがわかる。このため、データ不整合の問題があるかどうかを判断するために、さらに調査を行う必要がある。表1-5は、表1-3のテーブルを分解したものである。

表1-5：表1-3のテーブルから分解されたテーブル

Salesperson	Manufacturer
Jay Ajurap	Acme
Jay Ajurap	Ace
Sheila Nyu	A-Z Inc.

Manufacturer	Product
Acme	Slicer
Acme	Dicer
Ace	Dicer
Ace	Whomper
A-Z Inc.	Slicer
A-Z Inc.	Whomper

29

第1章　データモデルの設計

4NFと5NFの違反を示すために使用した例に戻ろう。表1-3のテーブルから行を1つ抜き出してみると、SalespeopleManufacturers（1つ目の分割テーブル）とManufacturerProducts（2つ目の分割テーブル）の結合が「無損失」ではないことがわかる。というのも、表1-5のテーブルを結合しても、変更された表1-3のテーブルとは一致しないからである。この場合、変更された表1-3のテーブルは4NFに違反しなくなる。同様に、EquipmentIDがDoctorScheduleテーブルの列ではなかった場合も「無損失」ではなくなるため、5NFに違反しなくなる[8]。なお、この分析では、損失が発生するかどうかを正しく特定するにあたって、分解対象のテーブルに十分なデータが含まれていることを前提としている。

覚えておきたいポイント

- ほとんどのデータモデルでは、3NFよりも上のレベルの正規形がすでに達成されている可能性がある。このため、より上のレベルの正規形に明示的に違反しているケースを調べる必要がある。違反している可能性が高いのは、複合キーを使用しているテーブルや、複数の多対多関係に参加しているテーブルである。
- 4NFに違反する可能性があるのは、あるエンティティの2つの無関係な属性の組み合わせをすべて列挙しなければならない特別なケースである。
- 5NFでは、結合の依存関係がすべて候補キーによって示唆されなければならない。つまり、個々の要素に基づいて、候補キーの有効な値を制約できなければならない。これが必要となるのは、候補キーが複合キーの場合だけである。
- 6NFでは、リレーション全体をキーではない1つの属性に削減する必要がある。結果としてテーブルが爆発的に増えるが、NULLABLEの列を定義する必要がなくなる。
- 情報無損失分解のテストは、テーブルがより上のレベルの正規形に違反しているかどうかを判定するのに役立つ。

項目9　データウェアハウスでは非正規化を使用する

開発者である私たちは、事あるごとに、正規化されたデータベースの重要性を思い知らされる。正規化されたテーブルのサイズは、正規化されていないテーブルよりもたいてい小さくなる。データは複数のテーブルに分割され、それらのテーブルはバッファに収まるほど小さくなるため、通常はパフォーマンスもよくなる。データは1か所に配置されるため、更新や挿入は高速である。データは重複しないため、負荷の高いGROUP BYクエリやDISTINCTクエリが必要になることもほとんどない。

ただし、これらの主張が成り立つのは、アプリケーションがたいてい書き込み主体であるために、書き込みの負荷が読み取りの負荷を上回るからである。これに対し、インフォメーショ

---

[8]：実際には、図1-12に示したスキーマのフィールドがどれもNULLABLEではないとしたら、すでに6NFである。

30

ン（データ）ウェアハウスでは、この話は通用しない。データウェアハウスでは、書き込みの負荷がまったく発生しないか、発生したとしても通常は読み取りの負荷よりもはるかに少ないからである。完全に正規化されたテーブルの問題点は、正規化されたデータがテーブル間の結合を意味することである。結合の数が増えるほど、オプティマイザがもっとも効果的な実行プランを見つけ出すのは難しくなっていき、読み取りのパフォーマンスに悪影響がおよぶ可能性がある。

　読み取りの負荷が高い環境では、非正規化されたデータベースが適している。というのも、データを提供するテーブルの数が少なくなり、結合が少なくなるか、完全に不要になるため、SELECTがより高速になるからである。また、必要なデータがすべて1つのテーブルに含まれていると、インデックスをはるかに効率よく使用できるようになる。列が正しくインデックス付けされている場合は、テーブルを直接読み取らなくても、それらのインデックスを使って列のフィルタリングとソートをすばやく行うことができる。さらに、書き込みは滅多に発生しないため、インデックスの数が多すぎるために書き込みのパフォーマンスが劇的に低下する、という心配もない。必要であれば、テーブルのすべての列をインデックス付けすることで、検索とソートのパフォーマンスを劇的に改善することもできる。

　非正規化を効果的に行うには、データとその典型的なアクセス方法を十分に理解しておかなければならない。

　もっとも簡単な非正規化の1つは、結合を回避するためにテーブルのIDフィールドを複製することである。たとえば、正規化されたデータベースのCustomersテーブルにEmployeeID列が含まれているとしよう。この列は、顧客をそのアカウントマネージャーにリンクできるようにするための外部キーである。請求書を作成するときにアカウントマネージャーのデータが必要である場合は、Invoices、Customers、Employeesの3つのテーブルを結合する必要がある。ただし、EmployeeID列をInvoicesテーブルに複製すれば、同じ目標を達成できる。これにより、InvoicesテーブルとEmployeesテーブルを結合するだけでよくなる。もちろん、Customersテーブルのデータも必要であるとしたら、このようにするメリットはない。

　この種の非正規化をさらに一歩前進させることもできる。たとえば、データウェアハウスでの検索の多くが、顧客の名前に基づく請求書情報の検索であることがわかっている場合は、InvoicesテーブルにCustomerIDだけでなく顧客の名前も格納し、顧客の名前でインデックスを作成すると効果的かもしれない。当然ながら、1つのテーブルで複数のサブジェクト（請求書と顧客）に関する情報を保持することになり、同じ顧客名情報が多くの行に繰り返し出現することになるため、これは正規化のルールに違反している。しかし、データウェアハウスの主な目的は、情報を簡単にすばやく検索できるようにすることにある。顧客名情報を取得するための結合を回避すれば、貴重なリソースを大幅に節約できる。

　もう1つの主なアプローチは、他のテーブルへの指示フィールドを追加することである。結果としてパフォーマンスが向上するだけでなく、履歴を維持するのにも役立つ可能性がある。通常、完全に正規化されたデータが示すのは現在の状態だけである。Customersテーブルに含

第1章　データモデルの設計

まれているのは、顧客の現在の住所である。顧客が引っ越した場合、住所は新しいものに変更される。顧客の住所の履歴を保持していない限り、その数日後に請求書の完全なコピーを出力するのは不可能になる可能性がある。ただし、Invoicesテーブルで請求書を作成するときに顧客の住所情報をコピーしておけば、そのまま出力するだけでよくなる。

　計算値や派生値を格納することも、非正規化の主な手法の1つである。InvoiceDetailsテーブルの関連する行の合計を求めるのではなく、Invoicesテーブルに合計金額を格納すれば、クエリを実行しなければならないテーブルの数が少なくなるだけでなく、同じ計算を繰り返す必要もなくなる。計算値の格納は、特定の計算を行う方法が複数考えられる場合にも役立つ。計算値がテーブルに格納されれば、データベースに対するクエリが常に同じ結果を返すようになる。

　さらに、繰り返しグループを使用できる可能性もある。共通要件の1つが月ごとの業績を比較することである場合は、12か月分のデータを1行に格納すると、取得しなければならない行の数が少なくなる。

　データウェアハウスでのデータの分割方法に関する要件はさまざまであることを覚えておこう。データウェアハウスの第一人者であるRalph Kimballは、データウェアハウスのもっとも重要なテーマとして、「ドリルダウン」、「ドリルアクロス」、「ハンドリング時間」の3つをあげている[9]。Kimballは「ファクトテーブル」について、「エンタープライズの基本的な尺度」であり、かつ「データウェアハウスのほとんどのクエリの最終的なターゲット」であると位置付けている。だが続けて、「ビジネスの優先課題を反映するように選択され、品質が注意深く保証され、制約やグループ化のエントリポイントを十分に提供するディメンションで囲まれている」場合を除いて、ほとんど役に立たないことも指摘している[10]。

　Kimballが説明しているファクトテーブルは次の3種類である。

1. Transactionファクトテーブル

　ある1つの瞬間に取得された尺度に対応するファクトテーブル。

2. Periodic snapshotファクトテーブル

　会計年度など、あらかじめ定義された期間の途中または最後にアクティビティをまとめるファクトテーブル。

3. Accumulating snapshotファクトテーブル

　注文処理、クレーム処理、サービスコール解決、大学受験など、開始と終了が明確に定義された予測可能なプロセスに対応するファクトテーブル。

　Kimballが提唱しているもう1つの主な概念は、**緩やかに変化するディメンション**（SCD）で

---

[9]：http://www.kimballgroup.com/2003/03/the-soul-of-the-data-warehouse-part-one-drilling-down/
[10]：http://www.kimballgroup.com/2008/11/fact-tables/

ある。Kimballが言うように、ファクトテーブルに格納される基本的な尺度のほとんどは、西暦ディメンションに関連するタイムスタンプと外部キーを含んでいるが、単なるアクティビティベースのタイムスタンプよりも時間の影響を受ける。顧客、製品、サービス、条件、場所、従業員といった基本的なエンティティを含め、ファクトテーブルに関連するその他すべてのディメンションも、時間の流れの影響を受ける。表現の見直しはデータのエラーを修正するものにすぎないこともあるが、顧客や製品など、ディメンションの特定のメンバーについての表現がある時点で実際に変化したことを表す場合もある。「緩やかに変化するディメンション」と呼ばれるのは、ファクトテーブルの尺度と比べて、こうした変化が発生する頻度がかなり低いためである[11]。これらの概念を理解することは、効率的かつ効果的なデータウェアハウスを設計する上で非常に重要である。

　データを非正規化することにした場合は、非正規化のロジックとあなたがとった手順を詳細に記録しておこう。そうすれば、将来データの正規化が必要になったときに、その作業を担当する人が正確な記録を利用できるようになる。

覚えておきたいポイント

- 複製するデータとその理由を決定する。
- データの同期を保つ方法を計画する。
- 非正規化されたフィールドを使用するようにクエリのリファクタリングを行う。

---

†11 : http://www.kimballgroup.com/2008/08/slowly-changing-dimensions/

第2章 プログラム可能性とインデックスの設計

データモデルが論理的に正しく設計されているだけでは、効果的なSQLを記述できるとは限らない。その設計が実際に適切な方法で実装されるようにしなければならない。そうしないと、SQLを使ってデータから意味のある情報を効率よく抽出する能力が損なわれることになるかもしれない。

SQLクエリをうまく動作させるための主な要素の1つは、テーブルを正しくインデックス付けすることである。本章の項目は、正しく設計されたデータモデルを実装するときに見落とされがちな点を理解するのに役立つ。テーブルとインデックスの作成はデータベース管理者（DBA）任せになりがちだが、インデックスをもっともうまく作成できるのはおそらく開発者である。DBAは、ストレージシステムの構成やハードウェアのセットアップには精通している。しかし、正しいインデックスを作成するには、データに対してどのようなクエリが実行されるのかに関する知識が必要である。DBAや外部のコンサルタントがそうした知識に接する機会はほとんどないが、アプリケーション開発者にとっては身近な知識である。本章の項目は、インデックスの重要性を理解し、どうすればインデックスが正しく実装されるようになるのかを理解するのに役立つ。

第1章と同様に、データベースの実装を管理する立場にある場合は、本章の項目に照らして現在のモデルを見直し、問題が見つかった場合は修正すればよい。設計に手出しできる立場にない場合は、本章の項目に含まれている情報に基づいて、データベースを効果的に構築するのに役立つ情報をDBAに提供するとよいだろう。

項目10 インデックスを作成するときのnullの扱い

nullは、リレーショナルデータベースにおいて特別な値であり、列にデータが含まれていない、つまり「未知」であることを表す。nullが他の値と等しい、または等しくない、ということはあり得ない。それはもう一方の値がnullの場合も変わらない。null値の存在を検出するに

は、IS NULLという特別な述語を使用しなければならない。

一般に、述語において頻繁に参照される列（または列の組み合わせ）がある場合は、クエリのパフォーマンスを向上させるためにインデックスを作成する。列でインデックスを作成するときには、その列にnull値が含まれるかどうか、そしてデータベースシステムがインデックスのnull値をどのように扱うのかについて理解しておく必要がある。

データベース内の行のほとんどにnull値を持つ列が含まれていて、その列でインデックスが作成されているとしたら、常にNULL以外の値を検索する場合を除いて、そのインデックスはあまり使用されないだろう。インデックスからnull値を除外する方法がデータベースシステムに用意されていない限り、そのインデックスはストレージ領域を不当に占拠することになるかもしれない。空の文字列をnullとして扱う（列の値として提供された空の文字列をNULLに変更する）データベースシステムも存在することを考えると、列でインデックスを作成するかどうかの決定はさらに難しくなる。

インデックスに含まれているnull値を扱う方法は、データベースシステムによって異なる。主要なデータベースシステムに共通している機能の1つは、主キーに含まれている列ではnull値を許可しないことである。これはISO SQL規格の要件であり、それはそれでよいことである。ここでは、各データベースシステムに関連する問題を取り上げ、各データベースシステムがインデックスに含まれているnull値と長さが0の文字列をどのように扱うのかについて見ていこう。

IBM DB2

DB2では、主キー以外のすべてのインデックスで、null値がインデックス付けされる。UNIQUEインデックスのnull値を明示的に取り除くには、そのインデックスを作成するときにEXCLUDE NULL KEYSオプションを指定する。リスト2-1は、その例を示している。

リスト2-1：DB2でUNIQUEインデックスのnull値を除外

```
CREATE UNIQUE INDEX ProductUPC_IDX
  ON Products (ProductUPC ASC)
  EXCLUDE NULL KEYS;
```

DB2では、インデックスに関する限り、null値はすべて等しいと見なされる。このため、UNIQUEインデックスでEXCLUDE NULL KEYSを指定しない場合は、インデックス付けされた列にnull値が含まれている行を2つ以上挿入しようとしたときに重複エラーになる。というのも、null値が含まれている2つ目の行は既存のエントリと重複していると見なされ、UNIQUEインデックスでは重複が許可されないからだ。

DB2のUNIQUE以外の標準インデックスでは、EXCLUDE NULL KEYSオプションを追加することで、null値をインデックス付けしないことを指定できる。これが特に役立つのは、大半の値がNULLになることがわかっていて、IS NULLを評価する述語が（インデックスを利用する

36

のではなく）とにかくテーブル全体をスキャンする場合だろう。null値を取り除くように要求すれば、インデックスのために確保されるデータベース領域を減らすことができる。null値の除外を要求する方法は、リスト2-2のようになる。

リスト2-2：DB2の標準インデックスでnull値を除外

```
CREATE INDEX CustPhone_IDX
  ON Customers(CustPhoneNumber)
  EXCLUDE NULL KEYS;
```

DB2では、VARCHAR列とCHAR列の空の文字列はnull値として扱われない。ただし、DB2システム（Linux、UNIX、Windows、またはLUW）でOracle互換モードを有効にしている場合、VARCHAR列に格納された空の文字列はnull値になる。詳細については、この後の「Oracle」を参照のこと。

Microsoft Access

Microsoft Accessでは、null値がインデックス付けされる。主キーにはnull値が含まれていてはならないため、主キー列にNULLを格納することはできない。インデックスにnull値を格納したくない場合は、インデックスの［Null無視］プロパティを設定すればよい。インデックスの定義にユーザーインターフェイス（UI）を使用する場合は、図2-1のようになる。この図から、［固有］プロパティと［主キー］プロパティも設定できることがわかる。

図2-1：インデックスをUIで定義するときの［主キー］、［固有］、［Null無視］プロパティの設定

また、CREATE INDEXクエリを実行し、WITH IGNORE NULLを使って［Null無視］プロパティを設定することもできる。そのための方法は、リスト2-3のようになる。

リスト2-3：SQLを使ってインデックスを作成するときにIGNORE NULLを設定

```
CREATE INDEX CustPhoneIndex
  ON Customers (CustPhoneNumber)
  WITH IGNORE NULL;
```

さらに、インデックスでのnull値を禁止するために、WITH DISALLOW NULLを指定するこ

ともできる（なお、UIを使用する場合は、列の［値要求］プロパティを設定するしかない）。

　Accessでは、どのnull値も同等として扱われないため、UNIQUEインデックスが作成された列にNULLが含まれている行を2つ以上格納することが可能である。1つ注意しなければならないのは、Textデータ型の列では最後の空白文字がすべて取り除かれることである（TextはVARCHARと同じ）。GUIを使って空の文字列を格納すると、AccessはNULLを格納する。主キー列に空の文字列を格納しようとした場合はエラーになる。

　同様に、［値要求］プロパティが［はい］に設定されている列に空の文字列を格納しようとした場合もエラーになる。このエラーを解決するには、その列の［空文字列の許可］プロパティも［はい］に設定する必要がある。このようにすると、Accessが空白や空の文字列をNULLに変換しなくなるが、文字列としてペアの二重引用符（"）を挿入しておく必要がある。これについては、SQLとUIのどちらを使用してもよい。［空文字列の許可］プロパティが［はい］に設定されている列に空の文字列を挿入すると、その列の値の長さは0になる。

Microsoft SQL Server

　DB2と同様に、SQL Serverでも、null値がインデックス付けされ、null値はすべて同等であると見なされる。主キーとして設定されている列にNULLを格納することはできない。また、UNIQUEインデックスが作成された列にNULLが含まれている行は1つしか格納できない。

　SQL Serverのインデックスからnull値を取り除くには、フィルター選択されたインデックスを作成しなければならない。リスト2-4は、その例を示している。

リスト2-4：SQL Serverのフィルター選択されたインデックスを使ってnull値を除外

```
CREATE INDEX CustPhone_IDX
  ON Customers(CustPhoneNumber)
  WHERE CustPhoneNumber IS NOT NULL;
```

　注意しなければならないのは、CustPhoneNumber列でのクエリにIS NULL述語が含まれている場合、SQL Serverが検索を実行するにあたってフィルター選択されたインデックスを使用しないことである。SQL Serverは、空のVARCHAR文字列をNULLに変換しない。リスト2-4のフィルター選択されたインデックスの例では、空の文字列を含んでいる列はインデックスに出現する。

MySQL

　MySQLでは、主キー列にnull値を格納することはできない。ただし、MySQLはインデックスを作成するときにnull値を同等ではないと見なすため、UNIQUEインデックスが作成された列にnull値が含まれている行を2つ以上格納することが可能である。

　MySQLでは、null値がインデックス付けされ、インデックスからnull値を取り除く方法はない。MySQLでは、IS NULL述語とNOT NULL述語に利用可能なインデックスが適用される。

項目10　インデックスを作成するときのnullの扱い

MySQLは、空の文字列をNULLに変換しない。NULLの長さはNULLであり、空の文字列の長さは0である。

Oracle

Oracleでは、null値はインデックス付けされず、主キー列にnull値を格納することはできない。複合キー（複数の列からなるキー）の値でインデックスが作成されるのは、複合キーの少なくとも1つの列の値がNULLではない場合である。

null値のインデックスを強制的に作成するには、列の1つとしてリテラル定数を使用する複合キーを作成するか、NULLを扱うことができる関数ベースのインデックスを使用すればよい。複合キーにnull値を持つ可能性がある列が含まれている場合、その複合キーにリテラル値を強制的に割り当てる方法は、リスト2-5のようになる。

リスト2-5：複合キーに細工をしてnull値のインデックスをOracleに作成させる

```
CREATE INDEX CustPhone_IDX
  ON Customers (CustPhoneNumber ASC, 1);
```

また、NVL()を使ってnull値をすべて他の値に変換するという方法でも、null値のインデックスを作成できる。

リスト2-6：null値を変換するという方法でインデックスを作成

```
CREATE INDEX CustPhone_IDX
  ON Customers (NVL(CustPhoneNumber, 'unknown'));
```

NVL()を使ったインデックスの構築には、欠点がある。たとえば次に示すように、null値を評価したい場合も、この関数を使用しなければならない。

```
WHERE NVL(CustPhoneNumber, 'unknown') = 'unknown'
```

Microsoft Accessと同様に、Oracleでも、長さが0のVARCHAR文字列はNULLと同等であると見なされる。CHAR型の列に空の文字列を割り当てる場合は、nullではなく空白が含まれることになる。Oracleでは（Microsoft Accessと同様に）、VARCHAR型の列に空の文字列を挿入する方法はない。Microsoft Accessと同様に、Oracleでも、null値は同等として扱われず、長さが0のVARCHAR文字列はNULLと同じであると見なされる。

PostgreSQL

PostgreSQLでは、主キーにnull値が含まれていてはならない。MySQLやMicrosoft Accessと同様に、null値は同等として扱われない。このため、UNIQUEインデックスを作成し、そのインデックスがカバーしている列に複数のnull値を挿入することが可能である。

第2章　プログラム可能性とインデックスの設計

PostgreSQLのインデックスにはnull値が含まれているが、リスト2-7に示すように、WHERE述語を定義するという方法でそれらを取り除くことができる。

リスト2-7：PostgreSQLでインデックスからnull値を除外

```
CREATE INDEX CustPhone_IDX
  ON Customers(CustPhoneNumber)
  WHERE CustPhoneNumber IS NOT NULL;
```

SQL Serverと同様に、PostgreSQLでも、長さは0の文字列はNULLに変換されず、NULLは長さが0の文字列に変換されない。長さが0の文字列とNULLは異なる値と見なされる。

覚えておきたいポイント

- インデックスを作成したい列にnull値が挿入されるかどうかについて検討する。
- null値を検索したいが、列の値の大半がNULLになる可能性がある、という場合、その列ではインデックスを作成しないほうがよい。また、テーブルの設計を見直す必要があるという兆候かもしれない。
- 列の値をもっとすばやく検索できるようにしたいが、それらの値の大半がNULLである、という場合は、null値を取り除いた上でインデックスを作成する。ただし、データベースがそうした機能をサポートしていることが前提となる。
- インデックスでのnull値のサポートはデータベースシステムによって異なる。null値が挿入されるかもしれない列でインデックスを作成する場合は、その前に、データベースシステムのオプションをよく理解しておこう。

項目11　データスキャンを最小限に抑えるような　インデックスを作成する

ハードウェアの追加はパフォーマンスを向上させる方法の1つだが、通常は、クエリを調整することで、それほどコストをかけずにパフォーマンスを向上させることができる。よく問題になるのは、インデックスが作成されていないか、不適切なインデックスが作成されていることである。そのような場合は、クエリの条件を満たすレコードを検出するにあたって、データベースエンジンがより多くのデータを処理しなければならなくなる。これらの問題は、**インデックススキャン**（index scan）および**テーブルスキャン**（table scan）と呼ばれる。

インデックススキャンやテーブルスキャンが発生するのは、データベースエンジンが適切なレコードを検出するためにインデックスページやデータページをスキャンするときである。これとは逆に、**インデックスシーク**（index seek）では、インデックスを使用することで、クエリの条件を満たすレコードをピンポイントで特定する。データの量が多くなればなるほど、インデックススキャンの実行には時間がかかるようになる。

40

項目11　データスキャンを最小限に抑えるようなインデックスを作成する

リスト2-8のテーブルについて考えてみよう。

リスト2-8：テーブルの作成

```
CREATE TABLE Customers (
  CustomerID int PRIMARY KEY NOT NULL,
  CustFirstName varchar(25) NULL,
  CustLastName varchar(25) NULL,
  CustStreetAddress varchar(50) NULL,
  CustCity varchar(30) NULL,
  CustState varchar(2) NULL,
  CustZipCode varchar(10) NULL,
  CustAreaCode smallint NULL,
  CustPhoneNumber varchar(8) NULL
);

CREATE INDEX CustState ON Customers(CustState);
```

このテーブルでは、インデックスが2つ作成されている。CustomerIDはPRIMARY KEYとして宣言されているため、インデックスの1つはこの列で作成される。もう1つは、CREATE INDEX文によってCustState列に作成されるインデックスである。

ここで、次のクエリを実行した場合は、

```
SELECT * FROM Customers WHERE CustomerID = 1
```

主キーに基づく一意インデックスシークが実行され、Customersテーブルにおいて CustomerID = 1である行がすべて返されるはずである。

そうではなく、次のクエリを実行した場合は、

```
SELECT CustomerID FROM Customers WHERE CustomerID = 25
```

必要な値はすべてインデックスに含まれているため、テーブルのデータを調べる必要はなく、インデックスシークを実行するだけとなる。

今度は、次のクエリを調べてみよう。

```
SELECT * FROM Customers WHERE CustState = 'TX'
```

リスト2-8では、CustState列でインデックスを作成したが、この列の値は一意ではない。このことは、WHERE句の条件を満たす値をすべて検出するには、インデックス全体を調べる必要があることを意味する。つまり、インデックススキャンである。また、インデックスが作成されていない列を選択しているため、それらの値を取得するには、テーブルのデータを調べる必要もある。

最後に、次のクエリはどうなるだろうか。

41

第2章　プログラム可能性とインデックスの設計

```
SELECT CustomerID FROM Customers WHERE CustAreaCode = '9Ø5'
```

　CustAreaCode列にはインデックスがないため、該当する値を検出するには、テーブルスキャンを実行する必要がある。というのも、テーブルから CustAreaCode = '9Ø5' である行を検出するには、データベースエンジンがテーブルの行を1つ残らず調べなければならないからだ。

　多くの状況では、テーブルスキャンとインデックススキャンに大きな違いはないように思えるかもしれない。特定の値を検出するには、すべてのエントリを検索する必要があるからだ。しかし、インデックスのほうが通常はかなり小さく、最初からスキャンを想定した作りになっている。このため、テーブルのごく一部の行だけが必要であるとしたら、通常はインデックススキャンを実行するほうがはるかに速い。たとえば、テーブルの33%が必要であるとしたら、インデックスを使用するメリットはまったくないかもしれない。とはいえ、この数字にたしかな根拠があるわけではない。スキャンがより高速になるかどうかの実際の閾値は、データベースエンジンによって異なる可能性がある。

　実際には、テーブルスキャンのほうがクエリのパフォーマンスがよい場合がある。これはクエリによって返される行の割合にもよる。ただし、ほとんどの場合は、テーブルで適切なインデックスを作成するほうがよいだろう。この問題については、第7章の項目46で詳しく説明する。

　とはいうものの、すべてのデータ取得問題がインデックスによって解決されると想定するのは危険である。多くのインデックスは、データ取得の高速化に貢献せず、それどころか更新を低速化させることがある。問題は、インデックスが作成されている列を更新するたびに、「インデックステーブル」を1つ以上更新せざるを得ない点にある。つまり、ディスクの読み書きがさらに増えることになる。インデックスは複雑な構造になっており、それらの更新はテーブルの更新よりも高くつくことが多い。

　一般に、オペレーショナルテーブルでは多くの更新が発生する。このため、オペレーショナルテーブルではすべてのインデックスの妥当性を確認すべきである。レポーティングデータベース（情報ウェアハウス）では、更新はそれほど発生しないため、それほど慎重にならなくてもよいだろう（なお、第1章の項目9で説明したように、そうしたデータベースは非正規化のよい候補でもある）。ただし、インデックスを適用すれば問題が解決する、というわけではない。

　さまざまなDBMSで使用されているもっとも一般的な種類のインデックスは、**B木**（B-tree）構造である。DBMSによっては、ハッシュや空間構造など、特殊な構造が追加されていることもあるが、もっとも普遍的な構造はB木である。B木構造について詳しく説明するのはまたの機会にするが、ざっと説明しておこう。B木構造はルートノードで始まる。ルートノードは複数の中間ノードを指している可能性があり、それらの中間ノードは多くのリーフノードを指している。そして、それらのリーフノードは実際のデータを指している。

項目11　データスキャンを最小限に抑えるようなインデックスを作成する

　B木構造のインデックスがクエリのパフォーマンスに貢献するかどうかは、その種類に大きく依存する。B木構造のインデックスには、**クラスタ化インデックス**（clustered index）と**非クラスタ化インデックス**（nonclustered index）の2種類がある。クラスタ化インデックスは、インデックスの作成時に列が指定された順序に従い、テーブルの内容を物理的に並べ替える。テーブルの行の順序を複数の方法で指定することは不可能であるため、各テーブルに定義できるクラスタ化インデックスは1つだけである。SQL Serverのクラスタ化インデックスでは、少なくとも、通常はデータを直接含んでいるリーフノードが存在する。非クラスタ化インデックスは、クラスタ化インデックスと構造は同じだが、次に示す重要な違いが2つある。

- 非クラスタ化インデックスは、テーブルの物理的な順序とは異なる方法でソートされることがある。
- 非クラスタ化インデックスのリーフノードは、インデックスキーとブックマークで構成される。ブックマークは、データを保持するのではなく、データを指している。

> note　Oracleでは、テーブルのデータはインデックスに指定された列に基づいてソートされない。Oracleのオプティマイザは、テーブルのソート方法をインデックスに反映させるためのメタデータ（クラスタ化係数）を管理している。その値は実行プランの選択に影響を与える。

　非クラスタ化インデックスに基づくアクセスがテーブルスキャンよりも効率的かどうかは、テーブルのサイズ、行のストレージパターン、行の長さ、そしてクエリによって返される行の割合による。少なくとも10%の行が選択される場合は、テーブルスキャンのほうが最初は非クラスタ化インデックスよりもパフォーマンスがよい場合が多い。通常は、返される行の割合が高いとしても、クラスタ化インデックスのほうがテーブルスキャンよりも効率的である。

　また、データが通常はどのようにアクセスされるのかも重要である。列がたいていWHERE句に含まれないとしたら、その例でインデックスを作成するメリットはほとんどない。先ほど示したように、列の濃度が低い[†1]場合、その列でインデックスを作成するメリットはほとんどない。データベースエンジンがインデックスを使用するのは、テーブルの最低限の部分を読み取るだけで済む場合だけであり、そうでない場合はインデックスを使用しない。

　それに加えて、インデックスが意味を持つのは、テーブルが大きい場合だけである。ほとんどのデータベースエンジンは、テーブルが小さい場合はメモリに読み込んでしまう。テーブルがメモリに読み込まれてしまえば、あなたが何をしようとしまいと、テーブルの検索はあっという間である。この場合の「小さい」が何を意味するかは、行の数、各行のサイズ、ページに

---

†1：インデックスのエントリの大部分に同じ値が含まれていることを意味する。

第2章 プログラム可能性とインデックスの設計

どのように収まるか、そしてデータベースサーバーに搭載されているメモリの量によって決まる。

また、列の組み合わせも重要である。特定の列の組み合わせがほとんどのクエリに含まれている場合は、それらの列で構成されたインデックスを作成すべきである。それぞれの列にインデックスが作成されているからといって、効率的なアクセスプランを作成できるとは限らない。複数の列からなるインデックスを作成する場合は、インデックスに指定する列の順序が重要となる。CustLastNameの特定の値を検索するクエリと、CustFirstNameとCustLastNameの両方で特定の値を検索するクエリがある場合は、まずCustLastName、続いてCustFirstNameという順序でインデックスを作成する必要がある（リスト2-9）。逆の順序で作成してはならない（リスト2-10）。

リスト2-9：適切なインデックスの作成

```
CREATE INDEX CustName
  ON Customers(CustLastName, CustFirstName);
```

リスト2-10：あまり適切ではないインデックスの作成

```
CREATE INDEX CustName
  ON Customers(CustFirstName, CustLastName);
```

覚えておきたいポイント

- データを分析することで、パフォーマンスを向上させるインデックスが作成されるようにする。
- 作成したインデックスが実際に使用されることを確認する。

項目12　フィルタリング以外にもインデックスを使用する

データベースのインデックスは、データベースのデータ構造とは別のものである。インデックスにはそれぞれ専用のディスク領域が必要となる。インデックスにテーブルのデータのコピーが格納されるという点では、インデックスは完全に冗長である。しかし、インデックスによってテーブルからのデータの取得が高速になることを考えれば、この冗長性は無駄ではない。インデックスを利用すれば、テーブルにアクセスするたびに行を1つ残らず検索しなくても、データをすばやく特定できるようになる。ただし、インデックスには他にもさまざまな用途がある。

WHERE句は、SQL文の検索条件を定義する。このため、インデックスの肝心の機能目標であるデータのすばやい検出を利用する。クエリが低速となる第一の原因は、WHERE句がうまく書かれていないことにある。

項目12　フィルタリング以外にもインデックスを使用する

　列のインデックスの有無は、テーブル間の効率的な**結合**（join）に影響を与えることがある。結合、つまりJOIN演算とは、基本的には次のようなものである。この演算では、特定の処理を目的として、正規化されたデータモデルのデータを非正規化された形式に変換できる。JOINにより、多くのテーブルに分散しているデータが結合されるため、さまざまなページからの読み取りが必要となる。そうした読み取りはディスクのシーク時間の影響を特に受けやすい。このため、適切なインデックスの作成は、応答時間に大きな影響を与える可能性がある。

　クエリを実行するときには、**ネステッドループ結合**（nested loop）、**ハッシュ結合**（hash join）、**ソートマージ結合**（sort-merge join）という3つの主な結合アルゴリズムが使用される。しかし、これらのアルゴリズムには、一度に2つのテーブルしか処理しないという共通点がある。3つ以上のテーブルが関与するクエリでは、複数の手順が必要となる。まず、2つのテーブルを結合し、中間の結果セットを生成する。続いて、その結果セットを次のテーブルに結合する、という作業が繰り返される。

　ネステッドループ結合は、もっとも基本的な結合アルゴリズムである。このアルゴリズムについては、2つの入れ子になったクエリとして考えてみるとよいだろう。外側のクエリは、1つのテーブルから結果を取り出す。内側のクエリは、外側のクエリによって生成された結果セットの行ごとに、もう1つのテーブルから対応するデータを取り出す。このため、ネステッドループ結合がもっともうまくいくのは、結合の対象となる列にインデックスが作成されている場合である。ネステッドループ結合のパフォーマンスがよいのは、外側のクエリから返される結果セットが小さい場合である。それ以外の場合は、オプティマイザが他の結合アルゴリズムを選択する可能性がある。

　ハッシュ結合では、結合の一方の側から候補となるレコードが取り出され、ハッシュテーブルに読み込まれる。そしてハッシュテーブルでは、結合のもう一方の側の行をそれぞれすばやく照合できる。ハッシュ結合のパフォーマンスを調整するには、ネステッドループ結合とはまったく異なるインデックスアプローチが必要となる。結合にはハッシュテーブルが使用されるため、結合の対象となる列にインデックスが作成されている必要はない。ハッシュ結合のパフォーマンスを向上させる可能性があるのは、WHERE述語の列か、結合のON述語の列に作成されたインデックスだけである。実際のところ、ハッシュ結合がインデックスを使用するのは、その場合だけである。現実的には、ハッシュ結合のパフォーマンスを向上させるには、ハッシュテーブルのサイズを水平（行の数を減らす）または垂直（列の数を減らす）に削減する必要がある。

　ソートマージ結合では、結合の両側を結合の述語でソートする必要がある。続いて、2つのソート済みリストをジッパーのように結合していく。ソートマージ結合は、多くの点で、ハッシュ結合に似ている。結合の述語のインデックスだけでは意味がなく、すべての候補レコードを一度に読み込むための個々の条件にもインデックスが必要である。ただし、結合の順序が違いをいっさい生み出さない点でソートマージ結合は独特である。結合の順序はパフォーマンスにすら影響を与えない。他の結合アルゴリズムでは、**外部結合**（outer join）の方向によって結

45

第2章　プログラム可能性とインデックスの設計

合の順序が決まる。だが、これはソートマージ結合には当てはまらない。ソートマージ結合では、左外部結合と右外部結合を同時に行うこと、つまり**完全外部結合**（full outer join）ですら可能である。ソートマージ結合は入力がソート済みである場合にとてもうまくいくが、両側でのソートはとても高くつくため、あまり使用されない。ただし、ソートの順序に対応するインデックスが存在する場合は、このソート演算を完全に省略できるため、ソートマージ結合のよさが際立つ。そうでなければ、結合のどちらかの側だけを前処理すればよいハッシュ結合のほうに分がある場合が多い。

　結合アルゴリズムに関する上記の説明は、少し理論的である。特定の種類の結合を無理やり適用しようと思えばできないことはないが（少なくともSQL ServerとOracleでは、クエリヒントを使用すればよい）、既存のデータに基づいてオプティマイザに最適なアルゴリズムを選択させ、インデックスが適切であることを確認するほうがはるかに効果的である。

> note　念のために指摘しておくと、MySQLはハッシュ結合とソートマージ結合をサポートしていない。

　インデックスのもう1つの用途は、データのクラスタ化である。データのクラスタ化とは、連続的にアクセスされるデータを隣り合わせに格納することで、より少ないI/O演算でアクセスできるようにする機能のことである。リスト2-11に示すクエリについて考えてみよう。

リスト**2-11**：WHERE句でLIKEを使用するクエリの例

```
SELECT EmployeeID, EmpFirstName, EmpLastName
FROM Employees
WHERE EmpState = 'WA'
  AND EmpCity LIKE '%ELLE%';
```

　EmpCityのLIKE式の先頭にワイルドカードを付けるとインデックスを使用できなくなるため、テーブルスキャンが必要となる。一方で、**EmpState**の条件はインデックスに適している。アクセスされた行が1つのテーブルブロックに格納されている場合、テーブルアクセスはそれほど問題にならないはずである。この場合、データベースは1回の読み取り演算ですべての行を取り出せるからだ。これに対し、同じ行が複数の異なるテーブルブロックに分散している場合は、テーブルアクセスが深刻な問題になる可能性がある。この場合は、データベースがすべての行を取得するには、多くのブロックを取り出さなければならないからだ。つまり、アクセスされる行が実際にどのように分散しているかがパフォーマンスを左右することになる。

　テーブルの行をインデックスの順序に対応するように並べ替えれば、クエリのパフォーマンスを向上させることが可能である。しかし、実際にそうすることはほとんどない。というのも、テーブルの行は1つのシーケンスでしか格納できないからだ。つまり、テーブルの最適化の対

46

項目12　フィルタリング以外にもインデックスを使用する

象となるのは1つのインデックスだけである。

　リスト2-12のようなインデックスならうまくいくはずだ。このインデックスでは、最初の列がリスト2-11のWHERE句の等式に対応している。

リスト2-12：インデックスの作成

```
CREATE INDEX EmpStateName
  ON Employees (EmpState, EmpCity);
```

　テーブルからデータを取得する必要を完全になくすことができれば、このクエリをさらに効率化できる。リスト2-13に示すテーブルについて考えてみよう。

リスト2-13：テーブルの作成

```
CREATE TABLE Orders (
  OrderNumber int IDENTITY (1, 1) NOT NULL,
  OrderDate date NULL,
  ShipDate date NULL,
  CustomerID int NULL,
  EmployeeID int NULL,
  OrderTotal decimal NULL
);
```

　リスト2-14に示すように、顧客ごとに注文の合計を求める必要があるとしよう。リスト2-15に示すインデックスには、必要な列がすべて含まれているため、テーブルにアクセスする必要すらない。

リスト2-14：注文の合計を取得するためのクエリ

```
SELECT CustomerID, Sum(OrderTotal) AS SumOrderTotal
FROM Orders
GROUP BY CustomerID;
```

リスト2-15：インデックスの作成

```
CREATE INDEX CustOrder
  ON Orders (CustomerID, OrderTotal);
```

> note　DBMSによっては、データがほんのわずかしかない場合に、リスト2-15のインデックスの作成よりもテーブルスキャンのほうが優先されることがある。

　ただし、注意しなければならない点が1つある。リスト2-16のクエリを見てみよう。このクエリのほうが対象となる行が少ないため、リスト2-14のクエリよりもパフォーマンスがよい

第2章　プログラム可能性とインデックスの設計

と期待したかもしれない。だが実際には、OrderDateはインデックスに含まれていないため、おそらくテーブルスキャンが選択されることになるだろう。

リスト2-16：WHERE句が含まれているクエリ

```
SELECT CustomerID, Sum(OrderTotal) AS SumOrderTotal
FROM Orders
WHERE OrderDate > '2015-12-01'
GROUP BY CustomerID;
```

　インデックスはORDER BY句の効率性にも影響を与える。ソートはリソースに負荷をかける。一般的にはCPUに負荷をかけるが、それよりも問題なのは、データベースが結果を一時的にバッファに格納しなければならないことである。結合の場合は、メモリ消費を抑えるために**パイプライン化**（pipelining）[†2]を使用できるが、この場合は、最初の出力を生成するには入力がすべて読み込まれていなければならない。

　インデックス（特にB木インデックス）については、インデックス付けされたデータの順序付きの表現であり、データをあらかじめソートされた状態で格納すると考えることができる。ORDER BY句の条件を満たすためのソート演算を、インデックスを使って回避できるのは、そのためである。実際には、インデックスはソートの省略を可能にするだけでなく、すべての入力データを処理しなくても最初の結果を返すこともできる。ただし、パイプライン化と同じ効果が実現されることが前提となる。そのためには、WHERE句に使用されるものと同じインデックスがORDER BY句もカバーしていなければならない。

　データベースがインデックスを昇順でも降順でも読み込めることに注意しよう。つまり、ORDER BY句のパイプライン化は、スキャンされるインデックス範囲がORDER BY句とはまったく逆の順序になっていたとしても可能である。このことは、WHERE句でのインデックスのユーザビリティには影響を与えない。ただし、列を2つ以上含んでいるインデックスでは、ソートの方向が重要になることがある。

note	MySQLでは、インデックス宣言のASCキーワードとDESCキーワードは無視される。

覚えておきたいポイント

- WHERE句に含まれている列がインデックスに含まれているかどうかは、クエリのパフォーマンスに影響を与える。
- SELECT句に含まれている列がインデックスに含まれているかどうかも、クエリの効率性

[†2]：中間結果の各行をそのまま次のJOIN演算に渡すことで、中間結果を格納する必要をなくすこと。

48

項目13　トリガを使いすぎない

に影響を与えることがある。

- インデックスに列が含まれているかどうかが、テーブルどうしがどれくらい効率よく結合されるのかに影響を与えることがある。
- インデックスはORDER BY句の効率性にも影響を与えることがある。
- 複数のインデックスの存在は書き込み演算に影響を与えることがある。

項目13　トリガを使いすぎない

ほとんどのRDBMSには、テーブルでDELETE、INSERT、またはUPDATEが実行されるたびにトリガ（ストアドプロシージャ）を自動的に実行する機能が含まれている。多くの開発者は、レコードの孤立を防ぐためにトリガを使用するが、第1章の項目6で説明した組み込みのDRI（Declarative Referential Integrity）を使用するほうが簡単であり、こちらのほうがより効率よく実行される。トリガは計算値の更新にも使用できるが、第1章の項目5で説明したように、計算値を更新するならもっとよい方法がある。

DRIは、制約を利用することによって実現される。制約を利用すれば、データベースエンジンがデータベースの整合性を確保する方法を開発者が定義できる。制約によって定義されるのは列に格納できる値に関するルールであり、それらは整合性を確保するための標準的なメカニズムである。DML（Data Manipulation Language）、トリガ、ルール、デフォルトを使用するよりも、制約を使用するほうが望ましい。また、クエリオプティマイザも、パフォーマンスのよいクエリ実行プランを構築するにあたって制約の定義を使用する。

INSERTでDRIが宣言されている場合、RDBMSは新しい行を子テーブルに挿入するときに、入力されたキー値が親テーブルに存在するかどうかを確認する。入力されたキー値が存在しない場合、挿入は不可能である。また、UPDATEとDELETEでは、CASCADE、NO ACTION、SET NULL/SET DEFAULTといったDRIアクションを指定することも可能である。CASCADEは親テーブルでの変更や削除を子テーブルに転送することを意味する。NO ACTIONは指定された行が参照されている場合はキーの変更を許可しないことを意味する。SET NULLは親テーブルのキーが変更または削除されたら子テーブルのキーの値がNULLに設定されることを意味し、SET DEFAULTは（デフォルト値が指定されている場合は）デフォルト値に設定されることを意味する。

親テーブルのエントリが削除された場合に、子テーブルの対応するレコードが孤立するのを回避したいとしよう。DRIを使用する方法は、リスト2-17のようになる。この場合は、Ordersテーブルからエントリが削除されると、Order_Detailsテーブルの関連するエントリが削除される。

リスト2-17：DRIを使って子テーブルのレコードが孤立するのを防ぐ例

```
ALTER TABLE Order_Details
  ADD CONSTRAINT fkOrder FOREIGN KEY (OrderNumber)
```

第2章　プログラム可能性とインデックスの設計

```
    REFERENCES Orders (OrderNumber) ON DELETE CASCADE;
```

トリガを使って同じことを行う方法は、リスト2-18のようになる。

リスト2-18：トリガを使って子テーブルのレコードが孤立するのを防ぐ例

```
CREATE TRIGGER DelCascadeTrig
  ON Orders
  FOR DELETE
AS
  DELETE Order_Details
  FROM Order_Details, deleted
  WHERE Order_Details.OrderNumber = deleted.OrderNumber;
```

先に述べたように、DRIを使用するほうがトリガを使用するよりも高速であり、より効率的である。

第1章の項目5で示唆したように、トリガは値の計算にも使用できる。たとえば、項目5のOrder_Detailsテーブルが変更されるたびに、OrdersテーブルのOrderTotals列を更新したいとしよう。トリガを使用する方法は、リスト2-19のようになる。

```
┌─────────┬──────────────────────────────────────────────────────┐
│  note   │ リスト2-19はSQL Serverを対象としている。他のDBMSのコードについて │
│         │                                                      │
│  は、本書のGitHubを参照。                                            │
│  https://github.com/TexanInParis/Effective-SQL                  │
└─────────┴──────────────────────────────────────────────────────┘
```

リスト2-19：計算値を最新の状態に維持するためのトリガ

```
CREATE TRIGGER updateOrdersOrderTotals
  ON Orders
  AFTER INSERT, DELETE, UPDATE
AS
BEGIN UPDATE Orders
  SET OrderTotal = (
      SELECT SUM(QuantityOrdered * QuotedPrice)
      FROM Order_Details OD
      WHERE OD.OrderNumber = Orders.OrderNumber
  )
  WHERE Orders.OrderNumber IN(
    SELECT OrderNumber FROM deleted
    UNION
    SELECT OrderNumber FROM inserted
  );
END;
```

このコードを記述する場合の複雑さを、（項目5で示した）Ordersテーブルで定義した計算

50

項目13　トリガを使いすぎない

列を使用する場合の単純さと比較してみよう。しかも、項目5で示した解決策のほうがより効率よく実行される。

　データベース設計のさまざまな側面と同様に、同じ結果を得るための方法は他にもある。トリガはデータを維持するための方法の1つだが、最善の方法ではないかもしれない。もちろん、トリガが適しているケースもある。そのうちのいくつかをあげておこう。

- **重複データまたは派生データの維持**

　非正規化されたデータベースでは、一般にデータの重複が発生する。そうしたデータはトリガを通じて同期させることができる。

- **複雑な列制約**

　列制約が同じテーブル内の他の行や別のテーブル内の行に依存する場合、その列制約にはトリガが最適である。

- **複雑なデフォルト値**

　トリガを利用すれば、他の列、行、またはテーブルのデータに基づいてデフォルト値を生成できる。

- **データベース間の参照整合性**

　関連するテーブルが2つの異なるデータベースに分散している場合は、トリガを使ってデータベース間の参照整合性を維持できる。

---

note　　トリガを使用する状況では、それらのトリガをテーブルではなくビューで作成するほうがよいかもしれない。そのほうがいろいろなことが単純になるからだ。たとえば、一括インポート／エクスポート演算ではトリガを起動したくないかもしれないが、アプリケーションで使用するときにはトリガを起動する必要がある。

---

note　　制約やデフォルトが可能となる状況については、DBMSごとに異なる制限がある。たとえば一部のDBMSは、サブクエリではCHECK制約の作成を認めない。その場合は、それに代わる方法としてトリガを使用する必要がある。トリガを使用せずに必要な作業を行えるかどうかについては、DBMSのマニュアルで調べてほしい。

---

column　　## Microsoft Accessからのアップサイジング

　よく質問に上るのは、Microsoft Accessからのアップサイジングを行うときに、テーブルの関係を維持するためにDRIやトリガを使用するかどうかをどのように決定するかである。

SQL Serverに変換する場合は、アップサイジングウィザード[†3]のエクスポートするテーブルの属性に関するページで、参照整合性を適用するための2つのオプションのどちらかを選択できる。どちらを選択するかは、Accessでテーブル間の関係をどのように作成したかによって決まる。

　DRIを選択した場合は、Accessのリレーションシップと参照に基づいてSQL Serverがテーブルを独自に作成する。残念ながら、SQL ServerのDRIは **CASCADE UPDATE** や **CASCADE DELETE** をサポートしていない。このため、DRIを選択する場合、Accessでの連鎖更新や連鎖削除はすべて失われる。

　Accessでは、まず［データベースツール］→［リレーションシップ］を選択して、［リレーションシップ］ウィンドウを開く。次に、2つのテーブルを結んでいる直線を選択して右クリックし、ショートカットメニューから［リレーションシップの編集］を選択して［リレーションシップ］ダイアログボックスを開く（図2-2）。このダイアログボックスの上の部分には、そのリレーションシップに参加している2つのテーブルと、各テーブルの関連するフィールドが表示される。その下の部分には、次の3つのチェックボックスがある。

- 参照整合性
- フィールドの連鎖更新
- レコードの連鎖削除

［参照整合性］チェックボックスをオンにしている場合は、アップサイジングウィザードのDRIオプションを使用できる。いずれかのリレーションシップで［フィールドの連鎖更新］チェックボックスや［レコードの連鎖削除］チェックボックスをオンにしている場合は、ウィザードのトリガオプションを選択しなければならない。

図2-2：Accessの［リレーションシップ］ダイアログボックス

[†3] ［訳注］：Access 2013以降は、アップサイジングウィザードは使用できなくなっており、代わりにSQL Server Migration Assistant for Access（SSMA）を使用する必要がある。
https://docs.microsoft.com/ja-jp/sql/ssma/sql-server-migration-assistant

項目13　トリガを使いすぎない

　問題の1つは、Accessが自己参照（リレーションシップの両端が同じテーブル）での連鎖
更新と連鎖削除をサポートしているのに対し、SQL Serverがサポートしていないことである。つまり、リスト2-20に示すコードは、Accessでは有効だが、SQL Serverではエラーになる。

リスト2-20：自己参照リレーションシップでDRIを使用するテーブルの作成

```
CREATE TABLE OrgChart (
  employeeID INTEGER NOT NULL PRIMARY KEY,
  manager_employeeID INTEGER
CONSTRAINT SelfReference FOREIGN KEY (manager_employeeID)
REFERENCES OrgChart (employeeID)
ON DELETE SET NULL
ON UPDATE CASCADE
);
```

　Access 2010以降は、データマクロを使用できることに注意しよう。データマクロは、SQL Serverのトリガに相当する。Accessデータベースでデータマクロを使用し、SQL Serverのトリガに変換されるようにするのが、最善の方法かもしれない。

覚えておきたいポイント

- テーブルを作成するときには、制約を使用することによって実現されるDRIや、組み込みの機能を使って計算される列のほうが、通常はパフォーマンスがよい。このため、制約や組み込みの機能をデフォルトのアプローチにすることが推奨される。
- トリガには概して可搬性がない。何も変更しなくても別のDBMSで動作するトリガを作成するのは難しい。
- トリガを使用するのは、どうしても必要な場合だけにする。可能であれば、トリガがべき等になるようにする。

項目14　データのサブセットの取捨選択にフィルター選択されたインデックスを使用する

　クエリに指定されたテーブルからすべての行を取得したいと考えることは滅多にないため、WHERE句が追加される。それにより、返される行の数は少なくなるが、結果を取得するために実行されるI/Oの量が少なくなるとは限らない。

　SQL Serverの「フィルター選択されたインデックス」とPostgreSQLの「部分インデックス」は、テーブル内の一部の行だけで構成された非クラスタ化インデックスである。これらのインデックスはたいてい従来の非クラスタ化インデックスよりもずっと小さい。従来の非クラスタ化インデックスでは、テーブルに含まれる行の数とインデックスに含まれる行の数の比率は1対1である。行の数が少ないということは、パフォーマンスとストレージに関して有利である

53

第2章　プログラム可能性とインデックスの設計

ことが考えられ、結果として必要なI/Oも少なくなる、ということである。また、テーブルの
パーティション分割をフィルター選択されたインデックスと同じ要領で使用することもでき
る。ただし、DBMSがパーティション分割をサポートしていることが前提となる。

> note　Access 2016とMySQL 5.6では、フィルター選択されたインデックスはサ
> ポートされていない。

> note　OracleとDB2はフィルター選択されたインデックスを直接サポートしていない
> が、この機能をエミュレートする方法がいくつかある。
> http://use-the-index-luke.com/sql/where-clause/null/partial-index

　フィルター選択されたインデックスを作成するには、インデックスを作成するときにWHERE
句を追加する。従来のインデックスよりもパフォーマンスが向上するかどうかは、WHERE句に
含まれている値による。パフォーマンスが大きく向上するのは、頻繁に使用されるものの、そ
のテーブル全体からするとごく一部に相当する値がWHERE句に含まれている場合である。

　フィルター選択されたインデックスは、NULLではない値か、NULLである値に限定されるよ
うに定義できる[4]。WHERE句で使用できるのは決定的関数だけであり、OR演算子は使用できな
い[5]。SQL Serverには、さらに制限がいくつかある。具体的には、フィルター述語では、計算
列、UDT（User-Defined Type）列、空間データ型の列、またはhierarchyID型の列は参照
できない。また、BETWEEN、NOT IN、CASE文も使用できない。

　なお、フィルター選択される列がインデックスに含まれている必要はない。Quantity
OnHand（在庫数）列を持つProductsテーブルについて考えてみよう。在庫が少なくなってい
る商品だけを取得するには、リスト2-21に示すようなインデックスを作成すればよい。

リスト2-21：QuantityOnHandでフィルター選択されるインデックスの作成

```
CREATE NONCLUSTERED INDEX LowProducts
  ON Products (ProductNumber)
  WHERE QuantityOnHand < 10;
```

　もう1つのシナリオは、ドキュメント管理システムである。通常は、Status列が含まれた
DocumentStatusテーブルがある。この列には、Draft、Reviewed、Pending publication、

---

†4：インデックスでのnull値の使用については、項目10を参照。
†5：第1章の項目5に含まれているコラム「決定的関数と非決定的関数」を参照。

54

項目14　データのサブセットの取捨選択にフィルター選択されたインデックスを使用する

Published、Pending expiration、Expiredなどの値が格納される。Pending publication状態かPending expiration状態のドキュメントを追跡しなければならないとしよう。そのために作成できるインデックスは、リスト2-22のようになる。

リスト2-22：フィルター選択されたインデックスの作成

```
CREATE NONCLUSTERED INDEX PendingDocuments
  ON DocumentStatus (DocumentNumber, Status)
  WHERE Status IN ('Pending publication', 'Pending expiration');
```

なお、同じ列に基づいて複数のフィルター選択されたインデックスを作成することも可能である（リスト2-23）。

リスト2-23：同じ列に基づいて複数のフィルター選択されたインデックスを作成

```
CREATE NONCLUSTERED INDEX PendPubDocuments
  ON DocumentStatus (DocumentNumber, Status)
  WHERE Status = 'Pending publication';
CREATE NONCLUSTERED INDEX PendExpDocuments
  ON DocumentStatus (DocumentNumber, Status)
  WHERE Status = 'Pending expiration';
```

項目12で言及したように、ORDER BY句の条件を満たすために必要なソート演算は、インデックスを使って回避できる。フィルター選択されたインデックスを使って、この概念を拡張してみよう。リスト2-24のように定義されたクエリがある場合は、リスト2-25のインデックスを使ってソート演算を回避できる。

リスト2-24：ソート演算を要求するクエリ

```
SELECT ProductNumber, ProductName
FROM Products
WHERE CategoryID IN (1, 5, 9)
ORDER BY ProductName;
```

リスト2-25：フィルター選択されたインデックスを使ってソートを回避

```
CREATE INDEX SelectProducts
  ON Products(ProductName, ProductNumber)
  WHERE CategoryID IN (1, 5, 9);
```

もちろん、フィルター選択されたインデックスや部分インデックスを使ってできることには限りがある。たとえば、GETDATE()などの日付関数を使用することは不可能であるため、流動的な日付の範囲を作成することはできない。WHERE句の値は正確でなければならない。

覚えておきたいポイント

- フィルター選択されたインデックスがスペースの節約に役立つのは、そのインデックスが

55

第2章　プログラム可能性とインデックスの設計

行のごく一部でのみ有効な場合である。

- フィルター選択されたインデックスは、行のサブセット(WHERE active = 'Y'である行など)で一意な制約を実装するのに使用できる。
- フィルター選択されたインデックスを使用すれば、ソート演算を回避できる。
- テーブルをパーティション分割すれば、別のインデックスを維持しなくても、フィルター選択されたインデックスと同じようなメリットが得られるかどうかについて検討する。

項目15　プログラムによるチェックの代わりに宣言型の制約を使用する

　データベースでデータ整合性を確保することの重要性については、いくら強調しても足りないくらいである。データベースを正常に稼働させるには、各フィールドの有効な値を特定し、それらのフィールドにデータ整合性を適用する方法を決定する必要がある。幸いなことに、SQLには、この分野で役立ちそうな制約がいろいろ定義されている。

　SQLの制約は、テーブルのデータに関するルールを指定するための手段となる。どのデータアクション（INSERT、DELETE、UPDATE）でも、すべての制約がチェックされる。これらの制約への違反が1つでも見つかれば、そのアクションはアボートされる。

　SQLには、次の6つの制約が存在する。

1. NOT NULL

  デフォルトでは、テーブルの列にはnull値を格納できる。NOT NULL制約は、null値の入力を許可しないことで、フィールドを常に値が含まれている状態に保つ。

2. UNIQUE

  UNIQUE制約は、指定されたフィールドに重複する値を入力できないようにする。この制約を利用すれば、主キーに含まれていない列に重複する値が入力されないことを保証できる。PRIMARY KEY制約とは異なり、UNIQUE制約ではnull値を入力できる。

3. PRIMARY KEY

  UNIQUE制約と同様に、データベーステーブルの各レコードを一意に識別する。PRIMARY KEY制約は、一意な値が含まれるようにすることに加えて、null値を入力できないようにする。テーブルには複数のUNIQUE制約を定義できるが、PRIMARY KEY制約は1つしか定義できない（第1章の項目1を参照）。

4. FOREIGN KEY

  テーブルの外部キーは、別のテーブルの主キーを指している（第1章の項目6を参照）。

5. CHECK

  CHECK制約は、単一のフィールドまたはテーブルで定義できる。この制約をフィールドで定義した場合、そのフィールドに格納できるのは指定された値だけになる。この制約を

項目15　プログラムによるチェックの代わりに宣言型の制約を使用する

テーブルで定義した場合は、同じ行の他のフィールドの値に基づいて、特定のフィールドの値を制限できる。

6. DEFAULT

DEFAULT句は、フィールドのデフォルト値を定義するために使用される。新しいレコードを追加するときに他に値が指定されていなければ、データベースシステムはデフォルト値を使用する。

> note　SQL規格の定義からすると、DEFAULT句は制約ではない。しかし、DEFAULT句はビジネスルールを適用するための手段として使用できる。多くの場合は、NOT NULL制約との組み合わせで使用される。

> note　SQL Serverでは、UNIQUEインデックス制約において各列に許可されるnull値は1つだけである。DB2では、WHERE NOT NULLフィルターを指定しない限り、UNIQUEインデックス制約において列ごとにnull値が1つ許可される。

　これらの制約は、テーブルを作成するときか、テーブルを作成した後に指定できる。前者の場合は、CREATE TABLE文の一部として指定する。後者の場合は、ALTER TABLE文の一部として指定する。

　もちろん、制約を通じて実現されるDRIだけが参照整合性を適用する方法ではない。参照整合性は手続き型の方法でも適用できる。その場合は、手続き型のコードを使ってルールがチェックされる。手続き型の参照整合性を実装するメカニズムは、次の3つである。

- クライアントアプリケーションのコード
- ストアドプロシージャ
- トリガ

　データを操作するコンピュータシステムを開発するときには、もちろん、データベース関連のルールをすべて適用するためのプログラムコードを追加することが可能である。だが、これはよい考えではない。というのも、ビジネスルールを適用することとデータの関係を維持することはデータモデルの一部であり、その実行責任はアプリケーションプログラムではなくデータベースにあるからだ。すべてのユーザーに同じデータを操作させ、更新が1つの方法で行われるようにするには、データのルールをアプリケーションから切り離す必要がある。それにより、アプリケーションごとに同じ数千行ものコードを書いて管理する必要がなくなる。もちろ

57

ん、データ整合性が破壊される可能性は否定できないが、データ整合性がデータベースの一部として定義されている場合は、DBAの腕の見せどころだ。

少なくともデータ整合性を確保するためのストアドプロシージャを追加すれば、データベースのルールは維持されるが、特に更新に関しては、はるかに難しいアプローチになる可能性がある。また、ストアドプロシージャを使ってツールを適用することは可能だが、ユーザーがデータを変更するときに必ずストアドプロシージャが使用されるようにする必要がある。そのためには、ストアドプロシージャを実行するためのアクセス許可をユーザーに割り当てる必要があるが、テーブルを直接更新できないようにする必要もある。このため、余分な作業が発生することは避けられない。

参照整合性と連鎖アクションの適用には、トリガも使用できる。トリガは自己完結型のソリューションであり、ベーステーブルを変更するにあたって開発者が通常使用するのと同じINSERT、UPDATE、DELETE文を使用できる。ただし、トリガには項目13で説明したような欠点がある。

覚えておきたいポイント

- 制約を使ってデータ整合性を確保することを検討する。
- クエリオプティマイザは、制約の定義を使用することで、パフォーマンスのよいクエリ実行プランを構築できる。

項目16 DBMSが使用しているSQLダイアレクトを調べ、それに従って記述する

一般に、SQLはデータベースにアクセスするための標準言語と考えられている。しかし、1986年にANSI（American National Standards Institute）、1987年にISO（International Organization for Standardization）の規格として策定されたにもかかわらず、これらの規格に完全に準拠しているとは言えないSQL実装が見受けられる。そうした実装にはたいていベンダー間での互換性がない。日付と時刻の構文、文字列の連結、nullの処理、大文字と小文字の区別といった詳細は、ベンダーごとに異なっている。有効なSQL文を記述するには、DBMSが使用しているSQLダイアレクトを理解することが重要となる。

ここでは、実装上の違いを表す例をいくつか紹介したい。そうした違いの詳細については、デンマークのデータベース管理者であるTroels ArvinのWebサイト[6]が参考になるだろう。このWebサイトはさまざまなSQL実装を比較したものであり、実装間の違いがひと目でわかるようになっている。

---

†6：http://troels.arvin.dk/db/rdbms/

項目16　DBMSが使用しているSQLダイアレクトを調べ、それに従って記述する

結果セットの順序

　SQL規格では、次の点を除けば、null以外の値と比較したときのnull値の順序がどうなるかについては、実際には指定されていない。

- 2つのnull値の順序は等しいと見なされる。
- null値をソートしたときの順序は、null以外のすべての値の前または後ろにすべきである。

これは意外なことではないはずだ。そして、この点に関してDBMSの見解はわかれている。

- IBM DB2

　null値はnull以外の値よりも大きいと見なされる。

- Microsoft Access

　null値はnull以外の値よりも小さいと見なされる。

- Microsoft SQL Server

　null値はnull以外の値よりも小さいと見なされる。

- MySQL

　null値はnull以外の値よりも小さいと見なされる。だがTroels Arvinが言うには、MySQLには公開されていない機能がある。列名の前にマイナス記号が付いていて、ASCがDESCに変更されるか、DESCがASCに変更されると、null値がnull以外の値よりも小さいとは見なされなくなる。

- Oracle

　デフォルトでは、null値はnull以外の値よりも大きいと見なされる。ただし、ORDER BY式にNULLS FIRSTまたはNULLS LASTを追加すると、この振る舞いを変更できることがある。

- PostgreSQL

　デフォルトでは、null値はnull以外の値よりも大きいと見なされる。ただし（バージョン8.3以降は）、ORDER BY式にNULLS FIRSTまたはNULLS LASTを追加すると、この振る舞いを変更できることがある。

結果セットの制限

　SQL規格では、返される行の数を制限する方法として、次の3つを定義している。

- FETCH FIRSTの使用
- ウィンドウ関数の使用（そのうちの1つはROW_NUMBER() OVER）

第2章　プログラム可能性とインデックスの設計

- カーソルの使用

> note
>
> ここで説明しているのは、結果セットにN行だけを取り出す「単純な制限」である。この制限は、上位N件を取得するTOP-Nクエリとは異なる。

この制限はさまざまなDBMSによって次のように実装されている。

- IBM DB2

   規格が定義しているアプローチをすべてサポートしている。

- Microsoft Access

   規格が定義しているアプローチをまったくサポートしていない。

- Microsoft SQL Server

   ROW_NUMBER()とカーソルをサポートしている。

- MySQL

   カーソルと、代替アプローチとしてLIMIT演算子をサポートしている。

- Oracle

   ROW_NUMBER()、カーソル、ROWNUM擬似列をサポートしている。

- PostgreSQL

   規格が定義しているアプローチをすべてサポートしている。

BOOLEANデータ型

SQL規格では、BOOLEANデータ型をオプションとして扱っているが、BOOLEANが次のリテラルのいずれかであることを明記している。

- TRUE
- FALSE
- UNKNOWNまたはNULL（NOT NULL制約によって禁止されていない場合）

DBMSは、NULLをUNKNOWNと同等であると解釈することがある。ただし、DBMSがブールリテラルとしてUNKNOWN、NULL、または両方をサポートしなければならないかどうかは明確に示されていない。ただし、TRUE > FALSEであることが定義されている。

このデータ型はさまざまなDBMSによって次のように実装されている。

- IBM DB2

BOOLEAN型をサポートしていない。

● Microsoft Access

nullが許可されないYes/No（はい／いいえ）型をサポートしている。

● Microsoft SQL Server

BOOLEAN型をサポートしていない。代わりにBIT型（値として0、1、またはNULLを持つ）が用意されている。

● MySQL

規格に準拠していないBOOLEAN型（TINYINT(1)型のさまざまなエイリアスの1つ）をサポートしている。

● Oracle

BOOLEAN型をサポートしていない。

● PostgreSQL

規格に準拠している。ブールリテラルとしてNULLを許可し、UNKNOWNを許可しない。

SQL関数

　SQL関数は、違いがもっとも大きい領域の1つである。SQL規格が指定している関数と、実際に実装されている関数について説明するには、少々スペースが足りない。規格に指定されている関数を実装しているかどうかに加えて、多くのDBMSには、規格に含まれていない関数が実装されている。Troels ArvinのWebサイトには、規格の関数とそれらの実装に関する説明が含まれているが、実際に使用しているDBMSのマニュアルを読むのがもっとも確実である。なお、date型とtime型に関連する関数の概要は、本書の付録にまとめてある。

UNIQUE制約

　SQL規格では、UNIQUE制約の対象となる列（または列の集まり）は、NOT NULL制約の対象でもなければならないことが明記されている。ただし、DBMSが「nullを許可する」オプション機能を実装している場合は、その限りではない。このオプション機能が実装されている場合は、UNIQUE制約に次のような特性が追加される。

● UNIQUE制約が設定されている列には、NOT NULL制約も設定されていることがあるが、必須ではない。

● UNIQUE制約が設定されている列にNOT NULL制約が設定されていない場合、その列には任意の数のnull値が含まれることがある（NULL<>NULLの論理的帰結）。

この特定はさまざまなDBMSによって次のように実装されている。

第2章　プログラム可能性とインデックスの設計

- **IBM DB2**
  UNIQUE制約のオプション以外の部分については準拠している。オプションの「nullを許可する」機能は実装していない。
- **Microsoft Access**
  規格に準拠している。
- **Microsoft SQL Server**
  「nullを許可する」機能はサポートしているが、許可されるnull値は最大で1つである（規格の2つ目の特性に違反している）。
- **MySQL**
  オプションの「nullを許可する」機能を含め、規格に準拠している。
- **Oracle**
  「nullを許可する」機能をサポートしている。UNIQUE制約が1つの列だけに指定されている場合、（規格の2つ目の特性から期待されるように）その列には任意の数のnull値が含まれることがある。ただし、UNIQUE制約が複数の列に対して指定されている場合は、1つの列に少なくともNULLが1つ含まれていて、残りの列にnull以外の値が含まれている行が2つ存在すれば、OracleはUNIQUE制約を違反と見なす。
- **PostgreSQL**
  オプションの「nullを許可する」機能を含め、規格に準拠している。

覚えておきたいポイント

- SQL規格に文が準拠していたとしても、DBMSによってはうまくいかないことがある。
- DBMSによってSQLの実装は異なるため、SQL文が同じであっても、パフォーマンスのトレードオフは異なる。
- 常にDBMSのマニュアルを調べる。
- その他の違いについては、Troels ArvinのWebサイト[7]を参照。

項目17　計算値をインデックスで使用する状況を理解する

　項目11では、計算列を格納する代わりに関数を使用することに言及した。関数ベースの計算列ではインデックスの作成が可能なので、思ったほど不利な状況にはならないかもしれない。

　DB2では、関数ベースのインデックスがDB2 for zOSのバージョン9以降でサポートされているが、DB2 for LUWではバージョン10.5以降に限られている。ただし、ユーザー定義の関数はインデックスで使用できない。解決策の1つは、関数や式の結果を保持するための実際の列をテーブルに追加し、その列でインデックスを作成することである（関数や式はトリガで管

---

[7] : http://troels.arvin.dk/db/rdbms/

項目17　計算値をインデックスで使用する状況を理解する

理するか、アプリケーション層で管理しなければならない）。この新しい列でインデックスを作成し、WHERE句で（式なしで）使用すればよい。

　MySQLでは、生成された列でのインデックスの作成がバージョン5.7以降でサポートされている。それよりも古いバージョンでは、DB2で説明したのと同じ方法を使用する必要がある。

　Oracleでは、関数ベースのインデックスがリリース8i移行でサポートされており、リリース11gでは仮想列が追加されている。

　PostgreSQLでは、式ベースのインデックスがリリース7.2で部分的にサポートされており、リリース7.4以降で完全にサポートされている。

　SQL Serverでは、計算列のインデックスがリリース2000以降でサポートされている。次の条件が満たされている限り、計算列でインデックスを作成することが可能である。

- ●所有権の要件
  計算列で参照される関数の所有者はすべてテーブルの所有者と同じである。
- ●決定性の要件
  計算列は決定的である（第1章の項目5に含まれているコラム「決定的関数と非決定的関数」を参照）。
- ●正確さの要件
  関数はfloatまたはrealデータ型の式ではなく、式の定義にfloatまたはrealデータ型を使用していない。
- ●データ型の要件
  関数はtext、ntext、imageとして評価できない。
- ●SETオプションの要件
  計算列を定義するCREATE TABLEまたはALTER TABLE文が実行されるときに、ANSI_NULLS接続レベルのオプションがONに設定されている。

　関数ベースのインデックスがほしい理由としてよくあがるのは、クエリで大文字と小文字を区別しないようにすることである。SQL Server、MySQL、Microsoft Accessは、デフォルトで大文字と小文字を区別しない（MySQLはアクセント、濁音、破裂音も区別しない）。リスト2-26のクエリについて考えてみよう。

リスト2-26：大文字と小文字を区別しないDBMSでのクエリ

```
SELECT EmployeeID, EmpFirstName, EmpLastName
FROM Employees
WHERE EmpLastName = 'Viescas';
```

名前がviescas、VIESCAS、Viescas、あるいはViEsCaSであっても、SQL Server、MySQL、

63

第2章　プログラム可能性とインデックスの設計

Accessでは従業員が検出される。ただし、他のDBMSでは、名前が正確にViescasとして格納されている従業員だけが検出される。他のバリエーションを検出するには、リスト2-27のようなクエリが必要である。

リスト2-27：大文字と小文字を区別するDBMSでのクエリ

```
SELECT EmployeeID, EmpFirstName, EmpLastName
FROM Employees
WHERE UPPER(EmpLastName) = 'VIESCAS';
```

テーブルの列に作用する関数がWHERE句に含まれているということは、このクエリではインデックスを使った検索ができないということである[8]。この関数はテーブルのすべての行に適用されなければならないため、テーブルスキャンが実行されることになる。

ただし、リスト2-28に示すようなインデックスを作成すれば、リスト2-27のクエリがそのインデックスを実際に使用するようになる。

リスト2-28：大文字と小文字を区別するDBMSでのインデックスの作成

```
CREATE INDEX EmpLastNameUpper
  ON Employees (UPPER(EmpLastName));
```

DB2、Oracle、PostgreSQL、SQL Serverでは、関数ベースのインデックスはUPPER()のような組み込み関数に限定されない。Column1 + Column2のような式を使用することや、インデックスの定義でユーザー定義関数を使用することも可能である。

> note
>
> 　SQL Serverでは、単純に関数ベースのインデックスを作成するというわけにはいかない。テーブルに計算フィールドを追加し、その計算フィールドでインデックスを作成しなければならない。

ただし、ユーザー定義関数には、「決定的でなければならない」という重要な制限がある[9]。たとえば、関数で現在の時刻を（直接または間接的に）参照し、その関数を使ってインデックスを作成することは不可能である。従業員を年齢に基づいて抽出できるようにしたいしよう。そこで、リスト2-29に示すような関数を作成する。この関数は、現在の日付（SYSDATE()）を使用することで、指定された生年月日に基づいて年齢を計算する。

リスト2-29：非決定的な関数

```
CREATE FUNCTION CalculateAge(Date_of_Birth DATE)
```

---

[8]：第4章の項目28を参照。
[9]：第1章の項目5に含まれているコラム「決定的関数と非決定的関数」を参照。

64

項目17　計算値をインデックスで使用する状況を理解する

```
   RETURNS NUMBER
AS
BEGIN
  RETURN
    TRUNC((SYSDATE() - Date_of_Birth) / 365);
END
```

> **note**　リスト2-29の`CalculateAge()`は、Oracleでは有効な関数である。SQL Serverでは、`DATEDIFF("d", Date_of_Birth, Date) / 365`を使用する。DB2では`TRUNC((DAYS(CURRENT_DATE) - DAYS(date_of_birth)) / 365, 0)`のような式を使用する必要があり、MySQLでは`TRUNCATE(DATEDIFF(SYSDATE, date_of_birth) / 365)`のような式を使用する必要がある。Microsoft Accessでは、SQLを使って式を作成することはできず、代わりにVBAを使用する必要がある。なお、この関数は年齢を正しく計算しない。`CASE`を使って年齢を正しく計算する例については、第4章の項目24を参照。

リスト2-30は、`CalculateAge()`を使って年齢が50歳を超える従業員を検索する方法を示している。

リスト2-30：CalculateAge()を使ったクエリ

```
SELECT EmployeeID, EmpFirstName, EmpLastName,
  CalculateAge(EmpDOB) AS EmpAge
FROM Employees
WHERE CalculateAge(EmpDOB) > 50;
```

この関数は`WHERE`句で使用されており、そのままではテーブルスキャンが発生するため、このクエリを最適化するために関数ベースのインデックスを作成しなければならないことは明白に思える。残念なことに、`CalculateAge()`は非決定的関数である。というのも、この関数呼び出しの結果はそのパラメータから完全に決定されるわけではないからだ。`CalculateAge()`の結果は、`SYSDATE()`から返される値によって決まる。インデックスの作成に使用できるのは、決定的関数だけである。

PostgreSQLとOracleでは、関数を定義するときに`DETERMINISTIC`キーワード（Oracle）か`IMMUTABLE`キーワード（PostgreSQL）を使用する必要がある。どちらのDBMSも開発者が関数を正しく宣言しているものと想定するため、`CalculateAge()`を決定的関数として宣言し、インデックスの定義で使用しようと思えばできないことはない。だが、そううまくはいかないだろう。というのも、インデックスに格納される年齢が計算されるのはインデックスの作成時であり、日付が変化しても年齢は変化しないからだ。

関数ベースのインデックスはクエリの最適化に効果を発揮するように思えるため、調子に

第2章　プログラム可能性とインデックスの設計

乗って片っ端からインデックスを作成する傾向が見られる。これはよい考えではない。インデックスごとに継続的な保守が必要になるため、テーブルに定義されているインデックスが増えれば増えるほど、テーブルの更新に時間がかかるようになる。関数ベースのインデックスは特に問題である。というのも、油断するとすぐに重複するインデックスになってしまうからだ。

覚えておきたいポイント

- インデックスをむやみに作成してはならない。
- データベースがどのように使用されるのかを分析することで、フィルター選択されたインデックスが本当に意味を持つ場所でのみ使用されるようにする。

第3章　設計を変更できないときはどうするか

現在の状況にとって論理的に正しいデータモデルを定義するために多くの時間を費やし、物理的に適切なモデルとして実装されるように努力を重ねてきた。それなのに、データの一部を自分の手のおよばないソースから取得しなければならないことが判明する。

だからといって、SQLクエリがうまく動作しなくなるとは限らない。本章の各項目の目的は、他のソースからの不適切に設計されたデータにうまく対処するための選択肢を理解することにある。ここでは、変換が組み込まれたオブジェクトを作成するケースと、クエリの一部として変換を実行しなければならないケースを取り上げる。

外部のデータにはそもそも手出しできないため、どうあがいてもデータの設計は変更できない。ただし、本章の項目の情報を利用すれば、DBAと協力して効果的なSQLクエリを作成できる。

項目18　変更できないものはビューを使って単純化する

ビュー（view）とは、あらかじめ定義されたSQLクエリの結果として合成されるテーブルのことである。このクエリは1つ以上の他のテーブルやビューに対して定義できる。ビューは単純だが、ビューを使用することには大きなメリットがある。

> note　Microsoft Accessには、実際にはビューと呼ばれるオブジェクトは存在しないが、Accessに保存されたクエリをビューとして考えればよいだろう。

ビューは非正規化問題の改善に役立つことがある。第1章の項目2では、正規化されていないCustomerSalesテーブルを取り上げ、4つのテーブル（Customers、AutomobileModels、SalesTransactions、Employees）に論理的に分割すべきであることを示した。また、第1章の項目3では、繰り返しグループが含まれたAssignmentsテーブルを取り上げ、2つのテー

第3章　設計を変更できないときはどうするか

ブル（Drawings、Predecessors）に論理的に分割した。こうした問題を修正するときには、ビューを使用することで、データを然るべき方法で表すことができる。

CustomerSalesテーブルからさまざまなビューを作成する方法は、リスト3-1のようになる。

リスト3-1：正規化されていないテーブルを正規化するためのビュー

```
CREATE VIEW vCustomers AS
SELECT DISTINCT cs.CustFirstName, cs.CustLastName, cs.Address,
  cs.City, cs.Phone
FROM CustomerSales AS cs;

CREATE VIEW vAutomobileModels AS
SELECT DISTINCT cs.ModelYear, cs.Model
FROM CustomerSales AS cs;

CREATE VIEW vEmployees AS
SELECT DISTINCT cs.SalesPerson
FROM CustomerSales AS cs;
```

図3-1に示すように、vCustomersビューには依然としてTom Frankのエントリが2つ含まれている。これは元のテーブルに2つの異なる住所が含まれているためである。データをCustFirstNameとCustLastNameでソートすれば、CustomerSalesテーブルの重複するエントリを確認できるはずだ。あとは、CustomerSalesテーブルで該当するデータを修正すればよい。

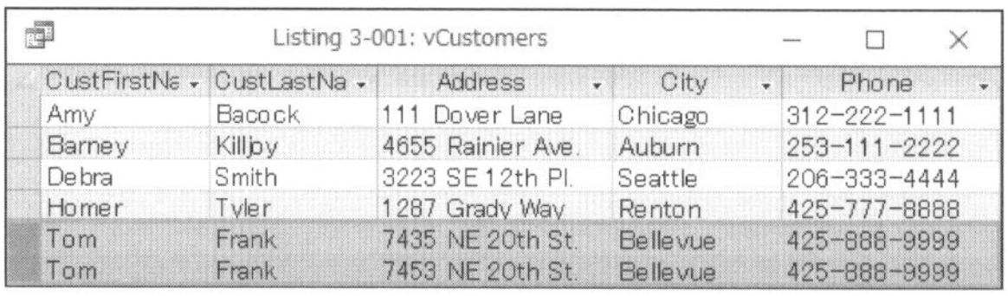

CustFirstNa	CustLastNa	Address	City	Phone
Amy	Bacock	111 Dover Lane	Chicago	312-222-1111
Barney	Killroy	4655 Rainier Ave.	Auburn	253-111-2222
Debra	Smith	3223 SE 12th Pl.	Seattle	206-333-4444
Homer	Tyler	1287 Grady Way	Renton	425-777-8888
Tom	Frank	7435 NE 20th St.	Bellevue	425-888-9999
Tom	Frank	7453 NE 20th St.	Bellevue	425-888-9999

図3-1：vCustomersビューのデータ

項目3では、UNIONクエリを使用することで、繰り返しグループを含んでいるテーブルを「正規化」する方法を示した。リスト3-2に示すように、ビューでも同じことができる。

リスト3-2：繰り返しグループを含んでいるテーブルを正規化するためのビュー

```
CREATE VIEW vDrawings AS
SELECT a.ID AS DrawingID, a.DrawingNumber
FROM Assignments AS a;

CREATE VIEW vPredecessors AS
SELECT 1 AS PredecessorID, a.ID AS DrawingID,
  a.Predecessor_1 AS Predecessor
FROM Assignments AS a
```

項目18　変更できないものはビューを使って単純化する

```
WHERE a.Predecessor_1 IS NOT NULL
UNION
SELECT 2, a.ID, a.Predecessor_2
FROM Assignments AS a
WHERE a.Predecessor_2 IS NOT NULL
UNION
SELECT 3, a.ID, a.Predecessor_3
FROM Assignments AS a
WHERE a.Predecessor_3 IS NOT NULL
UNION
SELECT 4, a.ID, a.Predecessor_4
FROM Assignments AS a
WHERE a.Predecessor_4 IS NOT NULL
UNION
SELECT 5, a.ID, a.Predecessor_5
FROM Assignments AS a
WHERE a.Predecessor_5 IS NOT NULL;
```

　ここで注意しなければならない点が1つある。ここまでのビューはすべてテーブルの正しい
設計と思われるものを模倣しているが、ビューはあくまでもレポートを目的とするものであ
る。リスト3-1ではSELECT DISTINCT、リスト3-2ではUNIONが使用されているため、これ
らのビューは更新できない。一部のベンダーは、ビューでトリガを定義することで、この制限
に対処できるようにしている。これはINSTEAD OFトリガと呼ばれる。このため、ベーステー
ブルからビューを定義することで、変更を適用するためのロジックを作成できる。

---

note | DB2、Oracle、PostgreSQL、SQL Serverでは、ビューでトリガを定義できる。
MySQLでは、ビューでトリガを定義できない。

ビューを使用する理由は他にもある。そのうちのいくつかをあげておく。

● **特定のデータに焦点を合わせる**

　特定のデータや特定のタスクに焦点を合わせることができる。ビューを使って1つ以上の
テーブルの行をすべて返すか、WHERE句を使って一部の行だけを返すことができる。ま
た、1つ以上のテーブルの列のサブセットだけを返すこともできる。

● **列名を単純にするか、明瞭にする**

　列名のエイリアスを指定することで、列の意味をより明確にすることができる。

● **複数のテーブルのデータをまとめる**

　複数のテーブルのデータを1つの論理レコードにまとめることができる。

● **データの操作を単純にする**

　ユーザーがデータを操作する方法を単純化できる。たとえば、レポートに使用される複雑

69

第3章　設計を変更できないときはどうするか

なクエリがあるとしよう。一連のテーブルからデータを取り出すためのサブクエリ、外部結合、集約を各ユーザーに定義させる代わりに、ビューを作成すればよい。レポートを生成するたびにクエリを記述しなくてもよくなるため、データへのアクセスが単純になる。それだけでなく、ユーザーが各々クエリを作成せずに済むようになれば、一貫性も保たれる。また、パラメータ化されたビューとして動作するユーザー定義関数をインラインで作成するか、WHERE句のパラメータとして検索条件やクエリの他の部分を含んでいるビューを作成することもできる。なお、テーブルの値に基づくインライン関数はスカラー関数とは異なるので注意しよう。

- **機密データの保護**

  テーブルに機密データが含まれている場合に、そのデータをビューから除外できる。たとえば、顧客のクレジットカード情報を公開するのではなく、クレジットカード番号を難読化して、ユーザーが実際の番号を認識できないようにするビューを作成できる。DBMSの中には、ユーザーからのアクセスをビューに限定し、実際のテーブルに直接アクセスする必要をなくしているものもある。また、ビューを使って列レベルと行レベルのセキュリティを適用することもできる。なお、ビューが適用している制約を超える更新や削除を実行できないようにすることで、データの整合性を維持することもできる。その場合は、WITH CHECK OPTION句が必要である。

- **下位互換性の維持**

  1つ以上のテーブルのスキーマを変更する必要がある場合は、古いテーブルと同じスキーマを持つビューを作成できる。古いテーブルにアクセスしていたアプリケーションでは、それらのビューを使用すればよくなるため、(データを読み取るだけである場合は特に) アプリケーションを変更せずに済む。アプリケーションがデータを更新する場合であっても、ビューを使用できることがある。その場合は、ビューのINSERT、DELETE、UPDATE操作を元のテーブルにマッピングするINSTEAD OFトリガを新しいビューに追加すればよい。

- **データのカスタマイズ**

  ビューを作成すれば、さまざまなユーザーが同じデータを同時に使用していたとしても、そのデータをさまざまな方法で参照できるようになる。たとえば、ユーザーのログインIDに基づいて、そのユーザーが担当している顧客のデータだけを取得するビューを作成できる。

- **サマリの提供**

  集計関数（SUM()、AVERAGE()など）を使用するビューを作成することで、データの一部として計算値を表示できる。

- **データのインポートとエクスポート**

  データを他のアプリケーションにエクスポートできる。必要なデータだけを提供するビューを作成し、適切なデータユーティリティを使ってそのデータだけをエクスポートす

70

項目18　変更できないものはビューを使って単純化する

る。また、ソースデータに含まれていないテーブルの列がある場合は、インポート目的でもビューを作成できる。

---

column | **ビューを他のビューから作成しない**

　別のビューを参照するビューの作成は許可されない。命令型プログラミングを経験してきたユーザーは、命令型プログラミング言語のプロシージャと同じようにビューを扱いたくなるかもしれない。実際には、それは大きな間違いであり、パフォーマンスや保守の問題を増やすだけである。汎用的なビューを作成しても、それを他のビューのベースとして使用すれば、節約されるはずだった作業量はパーである。リスト3-3は、ビューを他のビューから作成する例を示している。

リスト3-3：3つのビューの定義

```
CREATE VIEW vActiveCustomers AS
SELECT c.CustomerID, c.CustFirstName, c.CustLastName,
  c.CustFirstName + ' ' + c.CustLastName AS CustFullName
FROM Customers AS c
WHERE EXISTS
  (
    SELECT NULL
    FROM Orders AS o
    WHERE o.CustomerID = c.CustomerID
      AND o.OrderDate > DATEADD(MONTH, -6, GETDATE())
  );

CREATE VIEW vCustomerStatistics AS
SELECT o.CustomerID, COUNT(o.OrderNumber) AS OrderCount,
SUM(o.OrderTotal) AS GrandOrderTotal,
MAX(o.OrderDate) AS LastOrderDate
FROM Orders AS o
GROUP BY o.CustomerID;

CREATE VIEW vActiveCustomerStatistics AS
SELECT a.CustomerID, a.CustFirstName, a.CustLastName,
  s.LastOrderDate, s.GrandOrderTotal
FROM vActiveCustomers AS a
  INNER JOIN vCustomerStatistics AS s
    ON a.CustomerID = s.CustomerID;
```

　この方法には、潜在的な問題がいくつかある。それらの問題がどのように表面化するかは、DBMSによって異なる可能性がある。ただし一般的には、オプティマイザにビューをソースとして与えると、オプティマイザはまずビューを分解する。他のビューが参照されている場合は、それらも分解しなければならない。理想的な実装では、オプティマイザにより、3つのビューの定義は「インライン化」され、リスト3-4に示すものと同等の文にまとめられる。

第3章　設計を変更できないときはどうするか

リスト3-4：ビューを1つにまとめたものにする相当する文

```
SELECT c.CustomerID, c.CustFirstName, c.CustLastName,
  s.LastOrderDate, s.GrandOrderTotal
FROM Customers AS c
INNER JOIN
  (
    SELECT o.CustomerID,
      SUM(o.OrderTotal) AS GrandOrderTotal,
      MAX(o.OrderDate) AS LastOrderDate
    FROM Orders AS o
    GROUP BY o.CustomerID
  ) AS s
  ON c.CustomerID = s.CustomerID
WHERE EXISTS (
  SELECT NULL
  FROM Orders AS o
  WHERE o.CustomerID = c.CustomerID
    AND o.OrderDate > DATEADD(MONTH, -6, GETDATE())
);
```

　リスト3-4では、実際に使用されていない列や式がすでに取り除かれていることがわかる。具体的には、OrderCountとCustFullNameはメインクエリにもサブクエリにも見当たらない。だが実際には、結合などの中間結果を生成するためにすべての式を評価するなど、オプティマイザがビューを完全に処理せざるを得ないことがある。最終的なビューは一部の式をまったく使用しないため、それらを計算するためにさんざん苦労したにもかかわらず、それらの式は破棄される。

　行を取り除くときにも、同じことが当てはまる。たとえば、vCustomerStatisticsビューには無効になった顧客が含まれているが、vActiveCustomersビューによってそうした顧客は除外されるため、最終的なビューには含まれなくなる。これにより、予想をはるかに超えるI/Oが発生する可能性がある。こうした問題については、第7章の項目46で詳しく説明する。ここで示しているのはかなり単純な例だが、油断していると、他のビューを参照しているためにオプティマイザがインライン化できないビューを作成してしまう。それだけならまだしも、インライン化できないビューを作成する方法は1つだけではない。また、一般的には、実際に必要なデータだけを要求する、より単純なクエリ式を与えたほうが、オプティマイザがよい仕事をする。

　以上の理由により、他のビューに基づいてビューを作成するのは避けるに越したことはない。異なる表現のビューが必要な場合は、新しいビューを作成してベーステーブルに適切なフィルターやグループ化を適用すればよい。また、ビューにサブクエリを組み込めば、ビューの「プライベート」データとして集計値を作成するのに役立つ。このアプローチは、直接の使い道がないビューがどんどん増えていくのを防ぐことで、データベースソリューションの保守可能性を大幅に改善するのに役立つ。その他の手法については、第6章の項目42で説明する。

項目19　ETLを使って非リレーショナルデータを情報に変える

覚えておきたいポイント

- ビューを使用することで、ユーザーにとって自然（直観的）な方法でデータを構造化する。
- ビューを使ってデータへのアクセスを制限することで、ユーザーが必要なデータだけを参照（および場合によっては変更）できるようにする。必要に応じてWITH CHECK OPTIONを使用することを覚えておく。
- ビューを使用すれば、複雑なクエリの隠蔽と再利用が可能になる。
- ビューを使ってさまざまなテーブルのデータを集計すれば、レポートの生成に利用できるようになる。
- 命名規則とコーディング基準の実装と適用にビューを使用する（特に、更新が必要な古いデータベース設計を扱っている場合）。

項目19　ETLを使って非リレーショナルデータを情報に変える

　ETL（Extract、Transform、Load）とは、外部ソースからデータを抽出（extract）し、リレーショナルモデルの設計ルールやその他の要件にしたがって変換（transform）し、あとから利用したり解析したりできるようにデータベースにロード（load）するための、一連のプロシージャやユーティリティのことである。ほぼすべてのデータベースシステムに、このプロセスに役立つさまざまなユーティリティが用意されている。端的に言えば、それらのユーティリティは生のデータを情報に変えるための手段である。

　これらのユーティリティを理解するために、Microsoft Accessのツールを調べてみよう。Accessは、最初のWindows時代のデータベースシステムであり、データをロードして何か意味のあるものに変換する方法を組み込みで提供している。朝食用のシリアルを製造している会社でマーケティングマネージャーとして働いているとしよう。ライバル会社の売上を分析するだけでなく、分析結果をブランドごとに分類する必要がある。

　もちろん、総売上情報は一般に公開されているドキュメントから収集できるが、ライバル会社の売上をブランドごとに分類する必要がどうしてもある。そこで、大手のスーパーチェーンと契約を結び、製品を少し値引きする代わりに、ブランドごとの売上情報を提供してもらうことにする。このスーパーは、前年度の全店舗の売上データが含まれたスプレッドシートの送付を約束する。このスプレッドシートには、全店舗の売上データがライバル会社のブランドごとに分割された状態で含まれている。送られてきたデータが表3-1のようなものだったとしよう。

表3-1：ライバル会社の売上データのサンプル

製品	1月	2月	3月
Alpha-Bits	57775.87	40649.37	...
Golden Crisp	33985.68	17469.97	...

第3章　設計を変更できないときはどうするか

製品	1月	2月	3月
Good Morenings	40375.07	36010.81	…
Grape-Nuts	5859.51	38189.64	…
Great Grains	37198.23	41444.41	…
Honey Bunches of Oats	63283.28	35261.46	…
… その他の行 …			

　見てのとおり、読みやすさを考慮して、必要のない空欄が追加されている。また、製品ごとに各月の売り上げを1行にまとめるためにデータを変換する必要もある。ライバル会社の製品が登録されたテーブルが別にあり、独自の主キーが定義されているため、外部キーとして使用するキー値を取得するために製品名を照合する必要がある。

　まず、スプレッドシートからデータを抽出して利用可能な形式にすることから始める。Microsoft Accessでは、データをさまざまなフォーマットでインポートできるため、インポートウィザードを起動してスプレッドシートをインポートしてみよう。最初のステップでは、インポートするファイルと、出力の方法を指定する。出力の方法は、既存のデータベースの新しいテーブルにインポートするか、データを既存のテーブルに追加するか、読み取り専用テーブルとしてリンクするかのいずれかである。

　次のステップでは、データのサンプルがグリッド形式で表示される（図3-2）。最初の行を列名として使用するオプションが選択されているため、名前が設定されている列ではその名前が使用され、名前が設定されていない列では生成された名前が使用されている。

図3-2：データの最初の分析を行うスプレッドシートインポートウィザード

項目19　ETLを使って非リレーショナルデータを情報に変える

　次のステップでは、列を1つずつ選択できる画面が表示される。重要ではない列を省略し、列のデータ型を指定できる。図3-3では、データ列の1つが選択されている。小数点が含まれていることから、インポートウィザードはこの列の値を数値と見なしている。このため、この列の値は非常に扱いやすいDouble（倍精度浮動小数点数）データ型でインポートされることになる。これらの値がすべて売上を米ドルで表していることはわかっているため、データ型をCurrency（通貨）に変更したほうが、それらのデータが扱いやすくなる。また、（ドロップダウンリストの後ろにある）［このフィールドをインポートしない］チェックボックスをオンにすると、無視する列を選択できる。

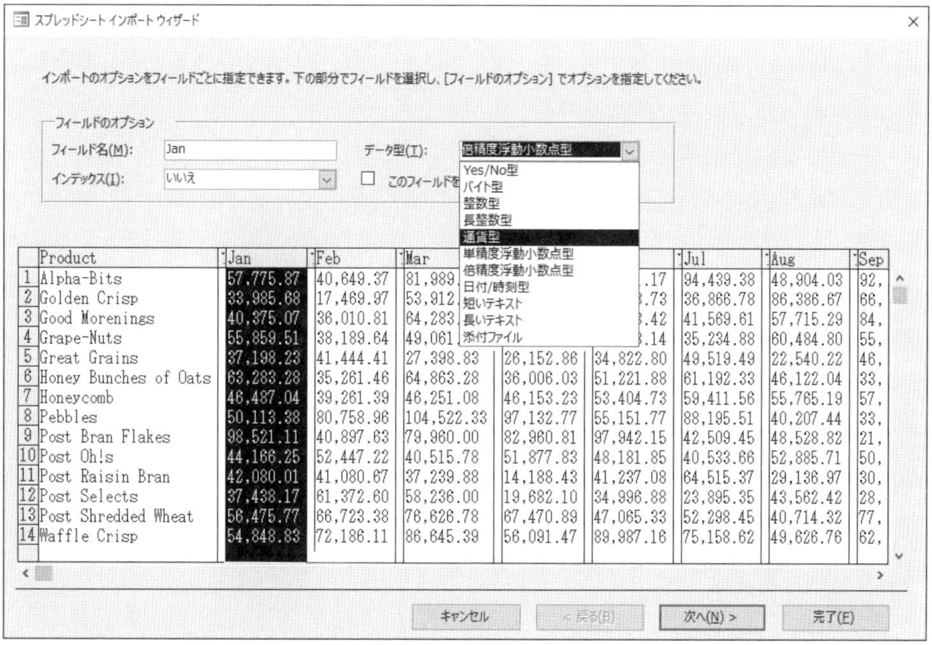

図3-3：省略する列の選択とデータ型の選択

　次のステップでは、主キー（ID列）を動的に設定するか、主キーとして使用する列を指定するか、テーブルに主キーを割り当てないことを選択できる。最後のステップでは、このテーブルに名前を付け、テーブルをインポートした後に別のユーティリティを呼び出すことで、さらに分析を行うことができる。デフォルトでは、テーブル名としてワークシートの名前が使用される。また、より正規化された設計のテーブルにデータをリロードすることもできる。テーブル正規化ウィザードの実行を選択すると、図3-4に示すようなデザインビューが表示される。この図は、すでにProduct列を別のテーブルにドラッグ＆ドロップし、両方のテーブルに名前を付けた状態である。見てのとおり、テーブル正規化ウィザードによって製品テーブルの主キーが自動的に生成され、一致する外部キーが売上データテーブルに追加されている。

75

第3章　設計を変更できないときはどうするか

図3-4：テーブル正規化ウィザードを使って製品データを別のテーブルに分割

　テーブル正規化ウィザードを実行した後も、作業はまだ残っている。売上データをさらに正規化して、月ごとに1行にする必要がある。売上データを「アンピボット」するには、リスト3-5に示すように、UNIONクエリを使って列を行に変換する[1]。

リスト3-5：UNIONクエリを使って繰り返しグループをアンピボット

```
SELECT '2015-01-01' AS SalesMonth, Product, Jan AS SalesAmt
FROM tblPostSales
UNION ALL
SELECT '2015-02-01' AS SalesMonth, Product, Feb AS SalesAmt
FROM tblPostSales
UNION ALL
... これを12か月分繰り返す ...
```

　Microsoft Accessのツールは非常に単純だが（たとえば、合計行を扱えないなど）、外部データをデータベースにロードするためにETLを実行しようとしたときに、それらのツールを利用することで作業がどれくらい節約されるのかが何となくわかる。先に述べたように、ほとんどのデータベースシステムには、同じように使用できる（場合によってはより高性能な）ツールが用意されている。たとえば、Microsoft SQL Server Integration Services（SSIS）、Oracle Data Integrator（ODI）、IBM InfoSphere DataStageなどがある。Informatica、SAP、SASなどのベンダーから商用ツールも提供されている。さらに、Webで検索すれば、さまざまなオープンソースツールが見つかる。

---

[1]：この後の項目21も参照。

項目20　サマリテーブルを作成して管理する

　ここでの主なポイントは、ビジネスのデータモデルをデータに合わせるのではなく、データをビジネスに必要なデータモデルに合わせることである。そのために、これらのツールを利用すべきである。よくある間違いは、入力されてくるデータに合わせてテーブルを構築し、そのテーブルをアプリケーションで直接使用することである。データの変換に投資すれば、データソースによってデータの収集方法が異なっていたとしても、理解しやすく保守しやすいデータベースが得られるだろう。

覚えておきたいポイント

- ETLツールを利用すれば、ほんのわずかな作業で、非リレーショナルデータをデータベースにインポートできる。
- ETLツールは、インポートされたデータのフォーマットや配置を変更することで、それらを情報に変えるのに役立つ。
- ほとんどのデータベースシステムでは、何らかのレベルのETLツールが提供されている。また、商用ツールも提供されている。

項目20　サマリテーブルを作成して管理する

　項目18で触れたように、ビューを利用すれば、複雑なクエリを単純にできるだけでなく、サマリ情報を提供することもできる。ただし、データの量によっては、サマリテーブルを作成するほうが適している場合がある。

　サマリテーブルを作成すれば、すべてが1か所にまとめられるため、データ構造を理解しやすくなり、情報をすばやく返せるようになる。

　そのためのアプローチの1つは、詳細テーブルのデータを集計するサマリテーブルを作成し、トリガを定義することである。このトリガは、詳細テーブルで何かが変更されるたびに、サマリテーブルを更新する。ただし、詳細テーブルが頻繁に変更される場合は、CPUに負荷がかかる可能性がある。

　もう1つのアプローチは、ストアドプロシージャを使ってサマリテーブルを定期的に更新することである。この場合は、既存のデータ行をすべて削除した上で、新しいサマリ情報を挿入する。

　DB2には、サマリテーブルの概念が組み込まれている。DB2のサマリテーブルでは、サマリデータを1つ以上のテーブルで管理できる。この場合は、ベーステーブルのデータが変更されるたびにサマリを更新する方法と、手動で更新する方法がある。DB2のサマリテーブルでは、ユーザーが結果をすばやく取得できるだけでなく、サマリテーブルにすでに挿入されている情報をユーザーが間接的に要求したときにオプティマイザがサマリテーブルを使用できる。ただし、サマリテーブルの作成時にENABLE QUERY OPTIMIZATIONが指定されていることが前提となる。そうしたアクティビティのすべてに「コスト」がかかる可能性はあるものの、少なくと

77

第3章　設計を変更できないときはどうするか

も、データを自動的に維持するためのトリガやストアドプロシージャを記述する必要はない。

リスト3-6は、SalesSummaryというサマリテーブルの作成方法を示している。このサマリ
テーブルは、DB2の6つのテーブルからのデータを集計する。ビューを作成するためのものと
SQLがそれほど変わらないことに注目しよう。実際のところ、サマリテーブルはDB2のMQT
（Materialized Query Table）の一種であり、CREATE文にGROUP BY句が含まれていることに
よって識別される。直積結合とフィルターを使用しなければならなかったことに注目しよう。
というのも、MQTでのINNER JOINの使用には制限があり、REFRESH IMMEDIATE句を使用
できるようにするためにSELECTリストでCOUNT(*)を指定しているからだ。

リスト3-6：6つのテーブルに基づいてサマリテーブルを作成（DB2）

```
CREATE SUMMARY TABLE SalesSummary AS (
SELECT
  t5.RegionName AS RegionName,
  t5.CountryCode AS CountryCode,
  t6.ProductTypeCode AS ProductTypeCode,
  t4.CurrentYear AS CurrentYear,
  t4.CurrentQuarter AS CurrentQuarter,
  t4.CurrentMonth AS CurrentMonth,
  COUNT(*) AS RowCount,
  SUM(t1.Sales) AS Sales,
  SUM(t1.Cost * t1.Quantity) AS Cost,
  SUM(t1.Quantity) AS Quantity,
  SUM(t1.GrossProfit) AS GrossProfit
FROM Sales AS t1, Retailer AS t2, Product AS t3,
  datTime AS t4, Region AS t5, ProductType AS t6
WHERE t1.RetailerId = t2.RetailerId
  AND t1.ProductId = t3.ProductId
  AND t1.OrderDay = t4.DayKey
  AND t2.RetailerCountryCode = t5.CountryCode
  AND t3.ProductTypeId = t6.ProductTypeId
GROUP BY t5.RegionName, t5.CountryCode, t6.ProductTypeCode,
  t4.CurrentYear, t4.CurrentQuarter, t4.CurrentMonth
)
DATA INITIALLY DEFERRED
REFRESH IMMEDIATE
ENABLE QUERY OPTIMIZATION
MAINTAINED BY SYSTEM
NOT LOGGED INITIALLY;
```

リスト3-7は、同様の機能をOracleで提供する方法を示している。この場合は、マテリアラ
イズドビューを使用している。

リスト3-7：6つのテーブルに基づいてマテリアライズドビューを作成（Oracle）

```
CREATE MATERIALIZED VIEW SalesSummary
  TABLESPACE TABLESPACE1
  BUILD IMMEDIATE
  REFRESH FAST ON DEMAND
```

項目20　サマリテーブルを作成して管理する

```
AS
SELECT SUM(t1.Sales) AS Sales,
  SUM(t1.Cost * t1.Quantity) AS Cost,
  SUM(t1.Quantity) AS Quantity,
    SUM(t1.GrossProfit) AS GrossProfit,
  t5.RegionName AS RegionName,
  t5.CountryCode AS CountryCode,
  t6.ProductTypeCode AS ProductTypeCode,
  t4.CurrentYear AS CurrentYear,
  t4.CurrentQuarter AS CurrentQuarter,
  t4.CurrentMonth AS CurrentMonth
FROM Sales AS t1
  INNER JOIN Retailer AS t2
    ON t1.RetailerId = t2.RetailerId
  INNER JOIN Product AS t3
    ON t1.ProductId = t3.ProductId
  INNER JOIN datTime AS t4
    ON t1.OrderDay = t4.DayKey
  INNER JOIN Region AS t5
    ON t2.RetailerCountryCode = t5.CountryCode
  INNER JOIN ProductType AS t6
    ON t3.ProductTypeId = t6.ProductTypeId
GROUP BY t5.RegionName, t5.CountryCode, t6.ProductTypeCode,
  t4.CurrentYear, t4.CurrentQuarter, t4.CurrentMonth;
```

SQL Serverはマテリアライズドビューを直接サポートしていないが、ビューでインデックスを作成すると同様の効果が得られる。このため、インデックス付きのビューを同じように使用できる。

---

note　さまざまなベンダーが追加の制限を実装している。サマリテーブル、マテリアライズドビュー、インデックス付きのビューを作成する前に、DBMSのマニュアルを調べて、そうした機能が実際にサポートされていることを確認しておこう。

次に示すように、サマリテーブルには、否定的な側面もある。

- サマリテーブルごとにストレージが消費される。
- 元のテーブルとサマリテーブルの両方で、システム管理作業（トリガ、制約、ストアドプロシージャ）が必要になる可能性がある。
- 必要な集計演算を実行し、計算値をサマリテーブルに挿入する前に、ユーザーがどのようなクエリを必要としているのかを知っておく必要がある。
- さまざまなグループ化やフィルターを適用する必要がある場合は、複数のサマリテーブルが必要になるかもしれない。

79

第3章　設計を変更できないときはどうするか

- サマリテーブルの更新を管理するためのスケジュールを設定する必要があるかもしれない。
- サマリテーブルの周期をSQLで管理する必要があるかもしれない。たとえば、サマリデータが過去12か月分のデータを提供することになっている場合は、1年以上経過したデータをサマリテーブルから削除する方法が必要である。

　同じようなトリガ、制約、ストアドプロシージャを繰り返し定義すれば、システム管理の負担が増えるだけである。そうした作業を回避する方法の1つは、Ken Hendersonが著書『The Guru's Guide to Transact-SQL』（Addison-Wesley、2000年）の中で「インラインサマリ」と呼んでいるものを使用することである。インラインサマリでは、集計列を既存のテーブルに追加する。つまり、INSERT INTO文を使ってデータを集計し、それらの集計値を同じテーブルに保存する。集計に含まれない列には、既知の値（NULLや固定の日付など）が設定される。インラインサマリを実行する利点は、サマリデータと詳細データを一度に取得するのも、別々に取得するのも容易であることだ。サマリレコードは特定の列に含まれている既知の値に基づいて簡単に識別できるが、それ以外は、詳細レコードと見分けがつかない。ただし、このアプローチでは、詳細データとサマリデータを両方とも含んでいるテーブルで、すべてのクエリを適切に記述する必要がある。

覚えておきたいポイント

- サマリデータを格納すれば、集計に必要な処理を最小限に抑えるのに役立つ。
- テーブルを使ってサマリデータを格納すれば、集計データを含んでいるフィールドにインデックスを作成できるようになり、集計データに対するクエリをより効率よく実行できるようになる。
- サマリテーブルがもっともうまくいくのは、ソーステーブルがかなり静的な場合である。ソーステーブルが頻繁に変化する場合は、サマリテーブルのオーバーヘッドが大きすぎる可能性がある。
- サマリデータの作成にはトリガを使用できるが、サマリテーブルの再構築にはストアドプロシージャのほうが適している。

項目21　UNIONを使って非正規化データをアンピボットする

　第1章の項目3では、UNIONクエリを使って繰り返しグループに対処する方法を示した。ここでは、UNIONクエリを少し詳しく見ていこう。次章の項目22で説明するように、和演算（union）は、Dr. Edgar F. Coddによって定義された、リレーショナルモデルで実行可能な8つの関係代数演算の1つである。和演算は、2つ（以上）のSELECT文によって作成されたデータセットをマージするために使用される。

項目21　UNIONを使って非正規化データをアンピボットする

たとえば、分析用のデータを取得する唯一の方法が、図3-5に示すようなExcelスプレッドシートであるとしよう。これらのデータは見るからに正規化されていない。

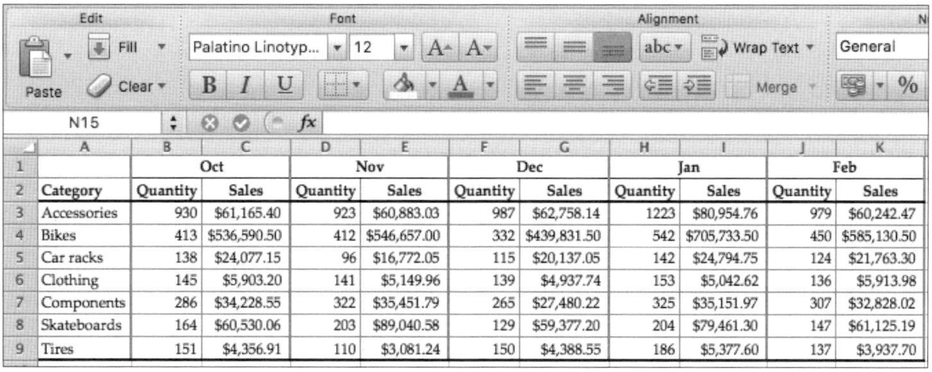

	A	B	C	D	E	F	G	H	I	J	K
1		Oct		Nov		Dec		Jan		Feb	
2	Category	Quantity	Sales	Quantity	Sales	Quantity	Sales	Quantity	Sales	Quantity	Sales
3	Accessories	930	$61,165.40	923	$60,883.03	987	$62,758.14	1223	$80,954.76	979	$60,242.47
4	Bikes	413	$536,590.50	412	$546,657.00	332	$439,831.50	542	$705,733.50	450	$585,130.50
5	Car racks	138	$24,077.15	96	$16,772.05	115	$20,137.05	142	$24,794.75	124	$21,763.30
6	Clothing	145	$5,903.20	141	$5,149.96	139	$4,937.74	153	$5,042.62	136	$5,913.98
7	Components	286	$34,228.55	322	$35,451.79	265	$27,480.22	325	$35,151.97	307	$32,828.02
8	Skateboards	164	$60,530.06	203	$89,040.58	129	$59,377.20	204	$79,461.30	147	$61,125.19
9	Tires	151	$4,356.91	110	$3,081.24	150	$4,388.55	186	$5,377.60	137	$3,937.70

図3-5：正規化されていないExcelデータ

このデータをDBMSにインポートできるとすれば、うまくいけば、繰り返しグループが5つ含まれたテーブル（SalesSummary）が作成される。それらをOctQuantity、OctSales、NovQuantity、NovSales、…、FebQuantity、FebSalesと呼ぶことにしよう。

リスト3-8は、10月（October）のデータを調べるためのクエリを示している。

リスト3-8：10月のデータを抽出するためのクエリ

```
SELECT Category, OctQuantity, OctSales
FROM SalesSummary;
```

もちろん、別の月のデータを調べるには、別のクエリが必要である。そして、分析に関しては、正規化されていないデータを使用するほうが難しいことを忘れてはならない。ここで助けとなるのが、UNIONクエリである。

UNIONクエリを使用するときに適用される基本的なルールが3つある。

1. UNIONクエリを構成している各クエリの列の数は同じでなければならない。
2. UNIONクエリを構成している各クエリの列の順序は同じでなければならない。
3. 各クエリの列のデータ型には互換性がなければならない。

UNIONクエリを構成しているクエリの列の名前に関するルールは含まれていないことに注意しよう。

すべてのデータを正規化されたビューにまとめる方法はリスト3-9のようになる。

第3章　設計を変更できないときはどうするか

リスト3-9：UNIONを使ってデータを正規化する

```
SELECT Category, OctQuantity, OctSales
FROM SalesSummary
UNION
SELECT Category, NovQuantity, NovSales
FROM SalesSummary
UNION
SELECT Category, DecQuantity, DecSales
FROM SalesSummary
UNION
SELECT Category, JanQuantity, JanSales
FROM SalesSummary
UNION
SELECT Category, FebQuantity, FebSales
FROM SalesSummary;
```

リスト3-9のクエリから返されたデータの一部は表3-2のようになる。

表3-2：リスト3-09のUNIONクエリから返されたデータの一部

Category	OctQuantity	OctSales
Accessories	923	60883.03
Accessories	930	61165.40
...	...	...
Bikes	450	585130.50
Bikes	542	705733.50
Car racks	96	16772.05
Car racks	115	20137.05
Car racks	124	21763.30
...	...	...
Skateboards	203	89040.58
Skateboards	204	79461.30
Tires	110	3081.24
Tires	137	3937.70
Tires	150	4388.55
Tires	151	4356.91
Tires	186	5377.60

　すぐに気づくのは、次の2つの点である。1つは、どの月のデータなのかを見分ける方法がないことだ。たとえば、最初の2行は10月と11月のアクセサリの販売数と売上高を表しているが、そのことはデータを見てもわからない。同様に、このデータは5か月間の売上高を表しているにもかかわらず、列の名前はOctQuantityとOctSalesである。これはUNIONクエリが最初のSELECT文の列から列名を取得しているためだ。

　これらの問題を両方とも修正したクエリは、リスト3-10のようになる。

82

項目21　UNIONを使って非正規化データをアンピボットする

リスト3-10：データを正規化するために使用したUNIONクエリの修正

```
SELECT Category, 'Oct' AS SalesMonth, OctQuantity AS Quantity,
  OctSales AS SalesAmt
FROM SalesSummary
UNION
SELECT Category, 'Nov', NovQuantity, NovSales
FROM SalesSummary
UNION
SELECT Category, 'Dec', DecQuantity, DecSales
FROM SalesSummary
UNION
SELECT Category, 'Jan', JanQuantity, JanSales
FROM SalesSummary
UNION
SELECT Category, 'Feb', FebQuantity, FebSales
FROM SalesSummary;
```

リスト3-10のクエリから返されたデータの一部は表3-3のようになる。

表3-3：リスト3-10のUNIONクエリから返されたデータの一部

Category	SalesMonth	Quantity	SalesAmount
Accessories	Dec	987	62758.14
Accessories	Feb	979	60242.47
...	...	...	...
Bikes	Nov	412	546657.00
Bikes	Oct	413	536590.50
Car racks	Dec	115	20137.05
Car racks	Feb	124	21763.30
Car racks	Jan	142	24794.75
...	...	...	...
Skateboards	Nov	203	89040.58
Skateboards	Oct	164	60530.06
Tires	Dec	150	4388.55
Tires	Feb	137	3937.70
Tires	Jan	186	5377.60
Tires	Nov	110	3081.24
Tires	Oct	151	4356.91

　データを異なる順序で表示したい場合は、最後のSELECT文の後にORDER BY句を指定しなければならない。具体的には、リスト3-11のようになる。

第3章　設計を変更できないときはどうするか

リスト3-11：UNIONクエリにソートの順序を指定

```
SELECT Category, 'Oct' AS SalesMonth, OctQuantity AS Quantity,
  OctSales AS SalesAmt
FROM SalesSummary
UNION
SELECT Category, 'Nov', NovQuantity, NovSales
FROM SalesSummary
UNION
SELECT Category, 'Dec', DecQuantity, DecSales
FROM SalesSummary
UNION
SELECT Category, 'Jan', JanQuantity, JanSales
FROM SalesSummary
UNION
SELECT Category, 'Feb', FebQuantity, FebSales
FROM SalesSummary
ORDER BY SalesMonth, Category;
```

リスト3-11のクエリから返されたデータの一部は表3-4のようになる。

表3-4：リスト3-11のUNIONクエリから返されたデータの一部

Category	SalesMonth	Quantity	SalesAmount
Accessories	Dec	987	62758.14
Bikes	Dec	332	439831.50
Car racks	Dec	115	20137.05
Clothing	Dec	139	4937.74
Components	Dec	265	27480.22
Skateboards	Dec	129	59377.20
Tires	Dec	150	4388.55
Accessories	Feb	979	60242.47
Bikes	Feb	450	585130.50
Car racks	Feb	124	21763.30
…	…	…	…

> note　Microsoft Accessなど、一部のDBMSでは、最後のSELECT文の後以外でも
> ORDER BY句を指定できるが、実際には、順序は変更されない。
>
> 　通常、ORDER BY句に列を指定するときには、名前で指定するか、位置番号（序数）で指定す
> ることができる。最初のSELECT文に列の名前が指定されていたことを思い出そう。つまり、リ
> スト3-11では、ORDER BY SalesMonth, Categoryの代わりにORDER BY 2, 1を使用で
> きる。ただし、Oracleでは、序数を参照しなければならない。

項目21　UNIONを使って非正規化データをアンピボットする

　もう1つの注意点は、UNIONクエリが重複している行を取り除いてしまうことである。重複している行を残しておきたい場合は、UNIONの代わりにUNION ALLを指定する。一方で、UNION ALLでは結果セットから重複を取り除く作業が省略されるため、パフォーマンスが向上することがある。このため、ソースデータに重複が含まれていないことがわかっている場合は、それらのクエリにUNION ALLを使用すると効果的である。

覚えておきたいポイント

- UNIONクエリを構成している各SELECT文の列の数は同じでなければならない。
- さまざまなSELECT文の各列の名前は問題にならないが、各列のデータ型には互換性がなければならない。
- データが表示される順序を制御したい場合は、最後のSELECT文の後にORDER BY句を指定できる。
- 重複している行を取り除きたくない場合、あるいは重複を取り除くためにパフォーマンスを低下させたくない場合は、UNIONではなくUNION ALLを使用する。

85

第4章 フィルタリングとデータの検索

1つ以上のテーブルのデータから有益な情報を抽出したいとしよう。その場合、SQLで実行できるもっとも重要なタスクは、おそらく、関心のあるデータを検索するか、関心のないデータを除外（フィルタリング）することだろう。フィルタリングの際には、データセット全体を別のデータセットと照合しなければならない場合がある。あるいは、1つ以上の列で特定の値を評価するだけでよい場合もある。本章では、データベースから必要な情報を正確に見つけ出すための手法を紹介する。

項目22　関係代数とSQLでの実装方法を理解する

リレーショナルモデルの「父」と言えば、Dr. Edgar F. Coddである。**リレーション**（テーブル、ビュー）、**タプル**（行）、**属性**（列）などの用語を定義したのはCoddである。また、リレーショナルモデルで実行可能な一連の演算、すなわち**関係代数**（relational algebra）を定義したのもCoddである。具体的には、次の演算が定義されている。

1. 選択（制限）
2. 射影
3. 結合
4. 交差（交わり）
5. 直積（デカルト積）
6. 和
7. 商
8. 差

現代のSQLでは、これらの演算をどれでも実行できるが、キーワードの名前はしばしば異なる。商演算の結果を得るには、SQLの演算を組み合わせる必要がある[1]。

---

[1]：本章の項目26を参照。

選択（制限）

選択（selection）は、行にフィルターを適用してサブセットを取得する演算であり、**制限**（restriction）とも呼ばれる。SQLでは、データソースをFROM句で定義し、WHEREまたはHAVING句を使って行にフィルターを適用する。データセットを一連の行と列で表すとすれば、選択演算によって返される行は、図4-1の網掛けの行として表すことができる。

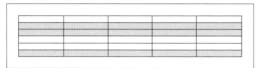

図4-1：選択演算の実行

射影

射影（projection）は、データベースシステムから返される列を選択するか、列を選択するための式を表す演算である。SQLでは、データベースシステムから返される列を定義するために、SELECT句、集計関数、GROUP BY句を使用する。選択されたデータを一連の行と列で表すとすれば、射影演算によって返されるデータは、図4-2の網掛けの列として表すことができる。

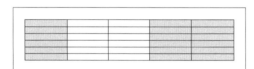

図4-2：射影演算の実行

射影演算によって最終的に選択されない列の値に基づいて、返される行を選択することもできる。その方法は完全に有効である。

結合

結合（join）は、キーの値に基づいて、関連するテーブルや一連のデータをリンクする演算である。リレーショナルモデルでは、次の2つの点が重要となる。

- すべてのテーブル（リレーション）に一意な識別子（主キー）が定義されていなければならない。
- 関連元のテーブルに関連先のテーブルの一意な識別子（外部キー）のコピーが含まれていなければならない。

もう察しがついているように、結合を実行するには、FROM句でJOINキーワードを使用す

る。SQLでは結合の概念が拡張されており、INNER JOIN、NATURAL JOIN、OUTER JOINのいずれかを指定できる。2つの関連するテーブルで内部結合（INNER JOIN）と外部結合（OUTER JOIN）を実行した結果は、図4-3のようになる。この場合は、テーブル1のPKey（主キー）をテーブル2のFKey（外部キー）と照合している。

テーブル1

PKey	ColA	ColB
1	A	q
2	B	r
3	C	s
4	D	t
5	E	u
6	F	v

テーブル2

PKey	FKey	ColX	ColY
90	1	55	ABC
91	6	62	GHI
92	3	77	PQR
93	5	50	KLM
94	2	32	STU
95	3	84	DEF
96	6	48	XYZ

テーブル1 INNER JOIN テーブル2

PKey	ColA	ColB	PKey	ColX	ColY
1	A	q	90	55	ABC
2	B	r	94	32	STU
3	C	s	92	77	PQR
3	C	s	95	84	DEF
5	E	u	93	50	KLM
6	F	v	91	62	GHI
6	F	v	96	48	XYZ

テーブル1 LEFT OUTER JOIN テーブル2

PKey	ColA	ColB	PKey	ColX	ColY
1	A	q	90	55	ABC
2	B	r	94	32	STU
3	C	s	92	77	PQR
3	C	s	95	84	DEF
4	D	t	Null	Null	Null
5	E	u	93	50	KLM
6	F	x	91	62	GHI
6	F	x	96	48	XYZ

図4-3：2つの関連するテーブルでINNER JOINとOUTER JOINを実行した結果

　INNER JOINの結果を見ると、2つのテーブルに含まれている行のうち、主キーと外部キーが一致するものだけが含まれていることがわかる。OUTER JOINの結果には、テーブル1のすべての行と、テーブル2の一致する行が含まれている。テーブル1の行のうち、テーブル2に一致する値が含まれていないものについては、テーブル2の列の値としてnull値が返されている。

---

note

　NATURAL JOIN（自然結合）はINNER JOINと似ているが、2つのテーブルに含まれている列のうち、同じ名前の列に基づいて行を照合する。NATURAL JOINでは、ON句は指定できない。主要なデータベースシステムのうち、NATURAL JOINをサポートしているのは、MySQL、PostgreSQL、Oracleだけである。

交差（交わり）

　交差（intersection）は、まったく同じ列を持つ2つのテーブル（リレーション）で実行しなければならない演算であり、**交わり**や**積**とも呼ばれる。交差演算の結果は、該当する列の値が

第4章　フィルタリングとデータの検索

すべて一致している行である。主要なデータベースシステムのうち、交差演算を直接サポートしているのは、DB2、SQL Server、Oracle、PostgreSQLである。データベースシステムが交差演算を直接サポートしている場合は、1つ目のテーブルで選択と射影を行った後、1つ目のテーブルと2つ目のテーブルでのINTERSECTを行うはずである。

データベースシステムが交差演算を直接サポートしていない場合も、同じ結果を得ることは可能である（Microsoft AccessとMySQLはサポートしていない）。その場合は、両方のテーブルのすべての列で内部結合を実行する。リスト4-1は、自転車（Bike）とスケートボード（Skateboard）を両方とも購入した顧客を、INTERSECTを使って見つけ出す方法を示している。

> note　Sales Ordersデータベースの実際の製品名は「Bike」や「Skateboard」のような単純な名前ではないため、リスト4-1、リスト4-2、リスト4-3のサンプルクエリは、実際にはデータを1行も返さない。サンプルデータベースを使って実際に結果を確認したい場合は、LIKE '%Bike%' やLIKE '%Skateboard%' を使用する必要がある。サンプルクエリで単純な値を使用したのは、クエリを理解しやすくするためである。ただし、検索を行うためのもっとも効率のよい方法ではないことに注意しよう。

リスト4-1：交差演算を使って問題を解決する

```sql
SELECT c.CustFirstName, c.CustLastName
FROM Customers AS c
WHERE c.CustomerID IN
  (
    SELECT o.CustomerID
    FROM Orders AS o
      INNER JOIN Order_Details AS od
        ON o.OrderNumber = od.OrderNumber
      INNER JOIN Products AS p
        ON p.ProductNumber = od.ProductNumber
    WHERE p.ProductName = 'Bike'
  )
INTERSECT
SELECT c2.CustFirstName, c2.CustLastName
FROM Customers AS c2
WHERE c2.CustomerID IN
  (
    SELECT o.CustomerID
    FROM Orders AS o
      INNER JOIN Order_Details AS od
        ON o.OrderNumber = od.OrderNumber
      INNER JOIN Products AS p
        ON p.ProductNumber = od.ProductNumber
    WHERE p.ProductName = 'Skateboard'
  );
```

項目22　関係代数とSQLでの実装方法を理解する

リスト4-2は、INNER JOINを使って同じ問題を解決する方法を示している。

リスト4-2：INNER JOINを使って交差演算をエミュレート

```
SELECT c.CustFirstName, c.CustLastName
FROM
  (
    SELECT DISTINCT c.CustomerFirstName, c.CustomerLastName
    FROM Customers AS c
      INNER JOIN Orders AS o
        ON c.CustomerID = o.CustomerID
      INNER JOIN Order_Details AS od
        ON o.OrderNumber = od.OrderNumber
      INNER JOIN Products AS p
        ON p.ProductNumber = od.ProductNumber
    WHERE p.ProductName = 'Bike'
  ) AS c
INNER JOIN
  (
    SELECT DISTINCT c.CustomerFirstName, c.CustomerLastName
    FROM Customers AS c
      INNER JOIN Orders AS o
        ON c.CustomerID = o.CustomerID
      INNER JOIN Order_Details AS od
        ON o.OrderNumber = od.OrderNumber
      INNER JOIN Products AS p
        ON p.ProductNumber = od.ProductNumber
    WHERE p.ProductName = 'Skateboard'
  ) AS c2
  ON c.CustFirstName = c2.CustFirstName
  AND c.CustLastName = c2.CustLastName;
```

INTERSECTを使用すると、この演算によって生成された行のうち、重複しているものはすべてデータベースシステムによって取り除かれる。DB2やPostgreSQLなど、INTERSECT ALLをサポートしているデータベースシステムでは、重複している行を含め、すべての行が返される。

直積（デカルト積）

直積（Cartesian product）は、1つ目のテーブル（リレーション）のすべての行を、2つ目のテーブルのすべての行と組み合わせた結果であり、**デカルト積**とも呼ばれる。「積」と呼ばれるのは、返される行の数が「1つ目のテーブルの行の数×2つ目のテーブルの行の数」になるためである。たとえば、1つ目のテーブルに8つの行が含まれていて、2つ目のテーブルに3つの行が含まれている場合、結果として8×3＝24行が返される。

直積を生成するには、FROM句にテーブルを指定すればよい（JOIN句は指定しない）。この構文は主要なデータベースシステムのすべてでサポートされているが、開発者の手間を省くためにCROSS JOINというキーワードを追加しているデータベースシステムもある。第8章と第9章では、直積を使用する例を紹介する。

91

第4章　フィルタリングとデータの検索

和

　和（union）は、まったく同じ列を持つ2つのテーブル（リレーション）をマージする演算である。主要なデータベースシステムはすべてUNIONキーワードをサポートしている。交差の場合と同様に、データベースシステムは一方のテーブルで選択と射影を行い、UNIONキーワードを追加した後、もう一方のテーブルで選択と射影を行うはずである。

　SQLで実装されているUNIONには、UNION ALLを指定できるという特徴がある。UNION ALLを指定すると、2つのテーブルで重複している行があったとしても、データベースシステムはそれらを取り除かなくなる。このため、両方のテーブルに存在している行が繰り返し表示されることがある。

　和演算が役立つのは、たとえば顧客とサプライヤーが両方とも含まれるようにメーリングリストを整理したい場合である。そのような場合は、2つの関連するテーブルから名前や住所を抽出する。テーブルがうまく設計されていないために、繰り返しグループが含まれていることがある。そのような場合は、前章でも説明したように、そうしたテーブルから「正規化された」データを生成するのにUNIONが役立つ可能性がある。

商

　関係代数の商（division）は、ある数を別の数で割って商と余りを求めるといった単純なものではない。一方のテーブル（リレーション）をもう一方のテーブルで割ると、データベースシステムに次のように要求することになる。データベースシステムは、割られる側のテーブル（被除数）に含まれている行のうち、割る側のテーブル（序数）のメンバーをすべて含んでいる行を返す必要がある。これはたとえば、募集条件（資格セットA）をすべて満たしている応募者（資格セットB）をリストアップするのに役立つ可能性がある。応募者を資格セットAで割ると、募集条件をすべて満たしている応募者が得られる。

　商演算をサポートしているデータベースシステムは1つもない。ただし、本章の項目26で説明するように、標準SQLを使って商演算をエミュレートすることが可能である。

差

　差（difference）は、基本的には、一方のテーブル（リレーション）からもう一方のテーブルを差し引く演算である。和演算や交差演算と同様に、まったく同じ列を持つ2つのテーブルを使用すべきである。DB2、PostgreSQL、SQL Serverは差演算をサポートしているが、EXCEPTキーワードを使用する必要がある。なおDB2では、重複している行を取り除かないEXCEPT ALLもサポートされている。Oracleは、MINUSキーワードを使って差演算をサポートしている。MySQLとMicrosoft Accessは、差演算を直接サポートしていないが、エミュレートすることが可能である。その場合は、OUTER JOINを使用し、差し引かれる側のテーブルでnull値を評価する。

項目22　関係代数とSQLでの実装方法を理解する

　たとえば、スケートボードを注文したものの、ヘルメットを注文していない顧客をすべて見つけ出したいとしよう。EXCEPTとOUTER JOINを使用する方法は、リスト4-3のようになる。

リスト4-3：差演算を使って問題を解決する

```
SELECT c.CustFirstName, c.CustLastName
FROM Customers AS c
WHERE c.CustomerID IN
  (SELECT o.CustomerID
   FROM Orders AS o
     INNER JOIN Order_Details AS od
       ON o.OrderNumber = od.OrderNumber
     INNER JOIN Products AS p
       ON p.ProductNumber = od.ProductNumber
   WHERE p.ProductName = 'Skateboard')
EXCEPT
SELECT c2.CustFirstName, c2.CustLastName
FROM Customers AS c2
WHERE c2.CustomerID IN
  (SELECT o.CustomerID
   FROM Orders AS o
     INNER JOIN Order_Details AS od
       ON o.OrderNumber = od.OrderNumber
     INNER JOIN Products AS p
       ON p.ProductNumber = od.ProductNumber
   WHERE p.ProductName = 'Helmet');
```

　OUTER JOINとIS NULLの評価を使って差問題を解決する方法については、本章の項目29で説明する。

　SQLは関係代数の演算を一対一で実装しているわけではないが、主要なデータベースエンジンはどれもSQLクエリの最適化の一部として関係代数を実際に使用している。このため、関係代数の知識があれば、データベースエンジンがSQLクエリを実行プランに変換する仕組みを理解するのに役立つ。本章の残りの項目では、間接的に実行される関係演算に言及している。また、第7章の項目46では、データベースエンジンの内部の仕組みと関係代数を取り上げる。本項目の内容を理解しておけば、項目46を読むときに役立つだろう。

覚えておきたいポイント

- 関係モデルでは、テーブル（リレーション）で実行可能な演算が8つ定義されている。
- SQLの主要な実装はすべて、選択、射影、結合、直積、和の5つの演算をサポートしている。
- 一部の実装では、INTERSECT/EXCEPTキーワードとMINUSキーワードを使って交差演算と差演算をサポートしている。
- 主要な実装のうち、商演算を直接サポートしているものはないが、SQLの他の機能を使って同じ結果を得ることができる。

93

第4章　フィルタリングとデータの検索

項目23　条件と一致しないレコードや欠けているレコードを特定する

　SQL文の一般的な用途は、実際に起きたものの詳細をデータベースから取得することである。しかし、実際に起きていないものの詳細を取得しなければならないこともある。

　会社で在庫管理を担当しているとしよう。あなたの会社ではさまざまな製品を販売している。そして、特定の製品の売れ行きを調べるためにSales Ordersデータベースから詳細を取得する方法はわかっている。売れていない製品についてはどうだろうか。どうすればそれらを特定できるだろうか。

　おそらくもっとも理解しやすいアプローチは、購入された製品のリストを作成し、そのリストに含まれていない製品を確認することだろう。そのためのコードはリスト4-4のようになる。Order_Detailsテーブルに対するサブクエリがあり、NOT IN演算子が使用されていることがわかる。Order_Detailsテーブルには、購入された製品の情報が登録されている。NOT IN演算子は、Productsテーブルのアイテムのうち、このリストに含まれていないものを特定する。

リスト4-4：NOT INの使用

```
SELECT p.ProductNumber, p.ProductName
FROM Products AS p
WHERE p.ProductNumber
  NOT IN (SELECT ProductNumber FROM Order_Details);
```

　リスト4-4のクエリを実行した結果は、表4-1のようになる。

表4-1：購入されていない製品

ProductNumber	ProductName
4	Victoria Pro All Weather Tires
23	Ultra-Pro Rain Jacket

　リスト4-4のクエリは理解しやすいかもしれないが、実行コストはかなり高い。このサブクエリを使って購入された製品のリストを生成するには、Order_Detailsテーブル全体のすべてのレコードにアクセスし、重複している値を振るい落とした上で、Productsテーブルの ProductNumber列の各値をこのリストと照合しなければならないからだ。

　同じ結果を得るためのもっと効率のよい方法があるはずだ。もちろんである。そうしたアプローチの1つは、EXISTS演算子を使用する方法である。この演算子はサブクエリが少なくとも1行のデータを返すかどうかをチェックする。具体的には、リスト4-5のようになる。Order_Detailsテーブルに対するサブクエリが特定の製品のチェックに絞り込まれたことがわかる。理論的には、EXISTSを使用するほうがNOT INを使用するよりも高速なはずである。というの

94

項目23　条件と一致しないレコードや欠けているレコードを特定する

も、クエリエンジンが最初の行を見つけた時点で、サブクエリの処理を終了できるからである。

リスト4-5：EXISTSの使用

```
SELECT p.ProductNumber, p.ProductName
FROM Products AS p
WHERE NOT EXISTS
  (SELECT *
   FROM Order_Details AS od
   WHERE od.ProductNumber = p.ProductNumber);
```

| note | 相関サブクエリを使用することの是非については、第6章の項目41を参照。 |

もう1つのアプローチは、LEFT JOIN演算子と、null値を検索するWHERE句の組み合わせを使用することである。具体的には、リスト4-6のようになる。このアプローチは「frustrated join（挫折結合）」とも呼ばれる。通常、LEFT JOINは「左側」のテーブルのレコードをすべて返すが、WHERE句により、「右側」のテーブルに一致するレコードが存在しない行だけが含まれるように結果が制限されるからだ。

リスト4-6：「挫折結合」の使用

```
SELECT p.ProductNumber, p.ProductName
FROM Products AS p LEFT JOIN Order_Details AS od
  ON p.ProductNumber = od.ProductNumber
WHERE od.ProductNumber IS NULL;
```

　残念ながら、どのアプローチが最適であるかについて明確な答えはない。データベースエンジンによってバイアスは異なる傾向にある。Microsoft AccessやMySQLの古いバージョンなどでは、「挫折結合」が優先されるようだが、SQL Serverなどでは、EXISTSのチェックが優先されるようである。手元のデータにとって最適なアプローチを評価する方法については、第7章の項目44で説明する。データベースエンジンによって優先されるアプローチが異なっているように見えたとしても、データの分散状況によっては、データベースエンジンが別のアプローチを優先するケースが常に見つかるはずだ。

　考慮すべき点がもう1つある ― DBMSのオプティマイザの性能がよい場合は、リスト4-4のように書かれたクエリをリスト4-5やリスト4-6のようなクエリに書き換えることがある。ただし、クエリがもっと複雑な場合、そうした自動変換は不可能かもしれない。このため、DBMSに適したデフォルトが何であるかに注意を払うようにし、パフォーマンスが重要な場合は評価を怠らないようにしよう。

第4章 フィルタリングとデータの検索

覚えておきたいポイント

- NOT IN演算子を使用する方法は理解しやすいが、必ずしももっとも効率のよい方法ではない。
- NOT EXISTS演算子を使用する方法は、NOT IN演算子を使用する方法よりも高速なはずである。
- 「挫折結合」を使用する方法は非常に効率がよい場合が多いものの、DBMSがnull値をどのように処理するのかに依存する。
- 特定の状況にとって最適なアプローチについては、DBMSのクエリオプティマイザに判断させる。

項目24 CASEを使って問題を解決する

　正しい出力を決定するために何らかの値や式を評価する必要がある場合は、CASEを使用する。CASEは文字どおり、SQLのIF...THEN...ELSEである。値式を使用できる場所であれば、どこにでもCASEを使用できる。つまり、SELECT句で返される列として、あるいはWHERE句やHAVING句の検索条件として使用できる。

　顧客が注文を行うときに、顧客のランクに基づいて割引が適用されるとしよう。「Aランク」の顧客の割引率は10%であり、「Bランク」の顧客の割引率は5%である。「Cランク」の顧客には、割引は適用されない。この問題には、おそらく参照テーブルを使用できるだろう。その場合、参照テーブルは、これら3つのランク値と、各顧客行にリンクされる割引率で構成されることになる。しかし、CASEを使用するという方法もある。その場合は、ランク値を直接評価して、正しい割引率を適用できる。全体的に見て、(わずかながら) 柔軟性が高いのは参照テーブルを使用するほうである。というのも、テーブルなら割引率を変更するのは簡単だからである。ただし、クエリを作成するたびにJOINを追加する必要がある。

　テーブルの中には、コード値 (性別を表すM/Fなど) を使用するものがある。しかし、レポートでは、(M/Fではなく) 完全な単語を出力するようにしたいところである。たとえば、国外の顧客に対する請求をその国の通貨で行う必要があるとしよう。そのためには、金額を表示するときに適切な通貨記号を指定する必要がある。また、全世界の気象情報が含まれているデータベースでは、摂氏と華氏で記録された気温を表すための記号としてCとFが使用される。しかし、レポートでは両方の値を表示したいので、コード値を評価して適切な換算式を適用しなければならない。

---

column | **用語の定義**

- **値式**：リテラル、列参照、関数呼び出し、CASE式、またはスカラー値を返すサブクエリ。データ型に応じて、値式を+、−、*、/、||などの演算子と組み合わせることができる。

項目24　CASEを使って問題を解決する

- **検索条件**：1つ以上の述語。必要に応じて、先頭にNOTが追加され、AND または OR で組み合わされる。
- **述語**：真または偽を返す評価であり、比較述語、範囲述語、部分集合述語、パターン照合述語、NULL述語、限定述語、存在述語のいずれか。
  - 比較述語は、=、<>、<、>、<=、>=のいずれかを使って比較される2つの値式である。
  - 範囲述語は、値式とそれに続く（必要に応じてNOTが挿入された）BETWEENキーワード、値式、ANDキーワード、値式で構成される。
  - 部分集合述語は、値式、それに続く（必要に応じてNOTが挿入された）INキーワード、それに続くサブクエリか値リストのリストで構成される。
  - パターン照合述語は、値式とそれに続く（必要に応じてNOTが挿入された）LIKEキーワード、パターン文字列で構成される。
  - NULL述語は、NULLキーワードを持つ値式であり、必要に応じてNOTが追加される。
  - 限定述語は、値式とそれに続く比較演算子、ALL/SOME/ANYキーワード、サブクエリで構成される。
  - 存在述語は、EXISTSキーワードとそれに続くサブクエリで構成される。通常、サブクエリは外側のクエリから返された値でフィルタリングを行う。

　CASE文には、「単純」と「検索」の2つの形式がある。単純CASE文は、2つの値式が等しいかどうかを評価し、等しい場合は1つ目の値式を返し、等しくない場合は2つ目の値式を返す。リスト4-7は、単純CASE文の例を示している。

> note　ISO規格では、WHEN IS NULL を指定できるという記載があるが、主要なデータベースシステムのほとんどはWHEN IS NULLをサポートしていない。NULLの評価が必要な場合は、検索CASE文のWHEN句でNULLIFまたは <式> IS NULLを使用する。

リスト4-7：単純CASE文の使用

```
-- コードを単語に置き換える例
CASE Students.Gender
  WHEN 'M'
    THEN 'Male'
    ELSE 'Female' END

CASE Students.Gender
  WHEN 'M' THEN 'Male'
  WHEN 'F' THEN 'Female'
  ELSE 'Unknown' END

-- 摂氏の観測値を華氏に変換する例
CASE Readings.Measure
  WHEN 'C'
```

第4章　フィルタリングとデータの検索

```
      THEN (Temperature * 9 / 5) + 32
      ELSE Temperature
END

-- 顧客のランクに基づいて割引率を返す例
CASE (SELECT Customers.Rating FROM Customers
    WHERE Customers.CustomerID = Orders.CustomerID)
  WHEN 'A' THEN 0.10
  WHEN 'B' THEN 0.05
  ELSE 0.00 END
```

　等価の評価以外の処理が必要な場合、あるいは複数の値式での評価が必要な場合は、検索
CASE文を使用する。この場合は、CASEキーワードの直後に値式を指定する代わりに、検索条
件が含まれたWHEN句を1つ以上指定できる。検索条件は、比較述語のような単純なものでも、
範囲述語、部分集合述語、パターン照合述語、NULL述語、限定述語、存在述語のような複雑
なものでもよい。検索CASE文の例はリスト4-8のようになる。なお、データベースエンジン
は、真の結果が得られた時点で、式の残りの部分の評価を中止する。

リスト4-8：検索CASE文の使用

```
-- 性別と配偶者の有無に基づいて敬称を生成する例
CASE WHEN Students.Gender = 'M' THEN 'Mr.'
  WHEN Students.MaritalStatus = 'S' THEN 'Ms.'
  ELSE 'Mrs.' END

-- 製品の販売数に基づいて売上をランク付けする例
SELECT Products.ProductNumber, Products.ProductName,
CASE WHEN
  (SELECT SUM(QuantityOrdered)
   FROM Order_Details
   WHERE Order_Details.ProductNumber =
     Products.ProductNumber) <= 200
  THEN 'Poor'
  WHEN
    (SELECT SUM(QuantityOrdered)
     FROM Order_Details
     WHERE Order_Details.ProductNumber =
       Products.ProductNumber) <= 500
  THEN 'Average'
  WHEN
    (SELECT SUM(QuantityOrdered)
     FROM Order_Details
     WHERE Order_Details.ProductNumber =
       Products.ProductNumber) <= 1000
  THEN 'Good'
  ELSE 'Excellent' END
FROM Products;

-- 役職に基づいて昇給を計算する例
CASE Staff.Title
```

項目24　CASEを使って問題を解決する

```
WHEN 'Instructor'
THEN ROUND(Salary * 1.05, 0)
WHEN 'Associate Professor'
THEN ROUND(Salary * 1.04, 0)
WHEN 'Professor' THEN ROUND(Salary * 1.035, 0)
ELSE Salary END
```

　特に検索CASE文を使用する場合は、可能性が無限であることが想像できる。CASEの用途をよく理解できるよう、完全なSQL文での例をいくつか見てみよう。リスト4-9に示す1つ目の例では、誕生日に基づいて年齢を正確に計算している[2]。

リスト4-9：CASEを使って年齢を計算する

```
SELECT S.StudentID, S.LastName, S.FirstName,
  YEAR(SYSDATE) - YEAR(S.BirthDate) -
    CASE WHEN MONTH(S.BirthDate) < MONTH(SYSDATE)
      THEN 0
    WHEN MONTH(S.BirthDate) > MONTH(SYSDATE)
      THEN 1
    WHEN DAY(S.BirthDate) > DAY(SYSDATE())
      THEN 1
      ELSE 0 END AS Age
FROM Students AS S;
```

> note　　DB2では、SYSDATE関数の代わりにCURRENT DATEという特別なレジスタを使用する。Oracleでは、YEARの代わりにEXTRACTを使用する。SQL Serverでは、SYSDATETIMEまたはGETDATE関数を使用する。Microsoft AccessはCASEをサポートしていないが、IIfとDateの2つの関数を使って同様の結果を得ることができる。

　CASEをWHERE句やHAVING句の述語で使用することはもちろん可能だが、他の方法を用いる場合ほど効率的ではないかもしれない。WHEN条件をいくつも使用するような問題は、解決するのに苦労することが多い。そうした問題の1つは、「スケートボードを購入し、かつヘルメットを購入しなかった顧客をすべて表示する」問題である。この問題を解決するためにWHERE句でCASEを使用する方法は、リスト4-10のようになる。

---

[2]：このサンプルコードは、John Viescas、Michael J. Hernandez共著『SQL Queries for Mere Mortals, Third Edition』（Addison-Wesley、2014年）に掲載されているものである。

第4章　フィルタリングとデータの検索

> note　Sales Ordersデータベースの実際の製品名は「Skateboard」や「Helmet」のような単純な名前ではないため、リスト4-10のサンプルクエリは、実際にはデータを1行も返さない。サンプルデータベースを使って実際に結果を確認したい場合は、LIKE '%Skateboard%' やLIKE '%Helmet%' を使用する必要がある。サンプルクエリで単純な値を使用したのは、クエリを理解しやすくするためである。

リスト4-10：スケートボードを購入し、かつヘルメットを購入しなかった顧客の検索

```
SELECT CustomerID, CustFirstName, CustLastName
FROM Customers
WHERE (1 =
  (CASE WHEN CustomerID NOT IN
    (SELECT Orders.CustomerID
     FROM Orders
       INNER JOIN Order_Details
         ON Orders.OrderNumber = Order_Details.OrderNumber
       INNER JOIN Products
         ON Order_Details.ProductNumber = Products.ProductNumber
     WHERE Products.ProductName = 'Skateboard')
   THEN 0
   WHEN CustomerID IN
    (SELECT Orders.CustomerID
     FROM Orders
       INNER JOIN Order_Details
         ON Orders.OrderNumber = Order_Details.OrderNumber
       INNER JOIN Products
         ON Order_Details.ProductNumber = Products.ProductNumber
     WHERE Products.ProductName = 'Helmet')
   THEN 0
   ELSE 1 END));
```

　まず、スケートボードを購入していない顧客を除外してから、ヘルメットを購入した顧客を除外している点に注目しよう。次の項目25では、INとNOT INを直接使用することで、この問題を解決する方法を紹介する。

覚えておきたいポイント

- CASEはIF...THEN...ELSE問題を解決しなければならない場合に大きく役立つ。
- 単純CASE文では等価の評価、検索CASE文では複雑な述語の使用が可能である。
- 値式を使用できる場所ではCASEを使用できる。これには、SELECT句の列定義や、WHEREまたはHAVING句の述語が含まれる。

項目25　複数の条件を使用する問題の解決方法を理解する

　1つのテーブルに対して条件を適用する問題の解決は、それらが複合条件であったとしても、比較的単純である。少しやっかいなのは、関連するテーブルに適用された条件に基づいて別のテーブルの行を取得したい場合である。複合条件を適用する必要がある場合は、特に注意が必要である。これはたとえば、「スケートボードの注文のうち、ヘルメットと膝パッドも含まれているものを検索する」といった問題である。この問題を解決するには、Ordersテーブルの行を取得する必要があるが、Order_Detailsテーブルに条件を適用する必要もある。

　ますますややこしくなるのは、「スケートボードを注文した顧客全員と、ヘルメット、膝パッド、グローブも注文した顧客を表示する」といった問題である。この問題を解決するには、関連するOrdersテーブルとOrder_Detailsテーブルに条件を適用した上で、Customersテーブルから行を取得する必要がある。

　この種の問題を解決するために使用できる手法がいくつかある。

- INNER JOINまたはOUTER JOINと IS NULLの評価
- INまたはNOT INとサブクエリ
- EXISTSまたはNOT EXISTSとサブクエリ

　まず、用意周到な顧客を1人残らず検索してみよう。つまり、スケートボードだけでなく、ヘルメット、膝パッド、グローブも注文した顧客を表示したい。ここでは、図4-4に示すテーブルが含まれた、「典型的な」Sales Ordersデータベースを使用しているものとする。

> note
>
> 　話を単純にするために、ここでは製品名が等しいかどうかの比較で十分であることを前提とする。現実には、製品カテゴリテーブルも結合して、カテゴリ名が一致するかどうかを確認する必要もあるだろう。というのも、現実的な販売データベースでは、スケートボード、グローブ、膝パッド、ヘルメットのブランドやモデルが複数存在することが考えられるからだ。なお、Sales Ordersデータベースの実際の製品名は、「Skateboard」、「Helmet」、「Knee Pads」、「Gloves」のような単純な名前ではないため、本項目のサンプルクエリは、実際にはデータを1行も返さない。サンプルデータベースを使って実際に結果を確認したい場合は、LIKE '%Skateboard%'やLIKE '%Helmet%'を使用する必要がある。

101

第4章　フィルタリングとデータの検索

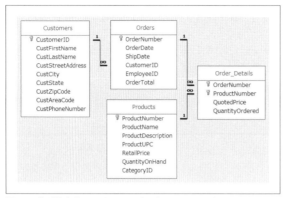

図4-4：典型的な Sales Orders データベースの設計

この問題を解決するために、リスト4-11のようなクエリを作成したくなったかもしれない。

リスト4-11：複合条件問題の誤った解決方法

```sql
SELECT c.CustomerID, c.CustFirstName, c.CustLastName
FROM Customers AS c
WHERE c.CustomerID IN
  (SELECT o.CustomerID
   FROM Orders AS o
     INNER JOIN Order_Details AS od
       ON o.OrderNumber = od.OrderNumber
     INNER JOIN Products AS p
       ON p.ProductNumber = od.ProductNumber
   WHERE p.ProductName
     IN ('Skateboard', 'Helmet', 'Knee Pads', 'Gloves'));
```

これでは、望んでいる結果は得られない。なぜなら、スケートボードか、ヘルメットか、膝パッドか、グローブを注文したことがある顧客はすべて表示されてしまうからだ。この問題を正しく解決する方法はずっと複雑である。まず、リスト4-12に示すように、`INNER JOIN`を使って解決してみよう。

リスト4-12：複合条件問題の正しい解決方法

```sql
SELECT c.CustomerID, c.CustFirstName, c.CustLastName
FROM Customers AS c
  INNER JOIN
    (SELECT DISTINCT Orders.CustomerID
     FROM Orders AS o
       INNER JOIN Order_Details AS od
         ON o.OrderNumber = oc.OrderNumber
       INNER JOIN Products AS p
         ON p.ProductNumber = od.ProductNumber
     WHERE p.ProductName = 'Skateboard') AS OSk
  ON c.CustomerID = OSk.CustomerID
```

項目25　複数の条件を使用する問題の解決方法を理解する

```
  INNER JOIN
    (SELECT DISTINCT Orders.CustomerID
     FROM Orders AS o
       INNER JOIN Order_Details AS od
         ON o.OrderNumber = od.OrderNumber
       INNER JOIN Products AS p
         ON p.ProductNumber = od.ProductNumber
     WHERE p.ProductName = 'Helmet') AS OHel
     ON c.CustomerID = OHel.CustomerID
  INNER JOIN
    (SELECT DISTINCT Orders.CustomerID
     FROM Orders AS o
       INNER JOIN Order_Details AS od
         ON o.OrderNumber = od.OrderNumber
       INNER JOIN Products AS p
         ON p.ProductNumber = od.ProductNumber
     WHERE p.ProductName = 'Knee Pads') AS OKn
     ON c.CustomerID = OKn.CustomerID
  INNER JOIN
    (SELECT DISTINCT Orders.CustomerID
     FROM Orders AS o
       INNER JOIN Order_Details AS od
         ON o.OrderNumber = od.OrderNumber
       INNER JOIN Products AS p
         ON p.ProductNumber = od.ProductNumber
     WHERE p.ProductName = 'Gloves') AS OGl
     ON c.CustomerID = OGl.CustomerID;
```

　この2つ目のクエリのほうがずっと複雑だが、正しい答えが得られる。というのも、外側の
FROM句に埋め込まれた4つのサブクエリのすべてと一致する顧客だけが検出されるからだ。
これらのサブクエリでは、DISTINCTを使用することで、顧客ごとにデータが1行だけ生成さ
れるようにしている点に注目しよう。この問題は、4つのサブクエリを使用し、WHERE句のIN
述語をCustomersテーブルに適用するという方法でも解決できる。具体的には、リスト4-13
のようになる。最終的なSQLを読みやすくするために、最初にサブクエリを処理するための関
数を定義している。

リスト4-13：複合条件問題を正しく解決するために関数を使用

```
CREATE FUNCTION CustProd(@ProdName varchar(50)) RETURNS Table
AS
RETURN
  (SELECT Orders.CustomerID AS CustID
   FROM Orders
     INNER JOIN Order_Details
       ON Orders.OrderNumber = Order_Details.OrderNumber
     INNER JOIN Products
       ON Products.ProductNumber = Order_Details.ProductNumber
   WHERE ProductName = @ProdName);

SELECT C.CustomerID, C.CustFirstName, C.CustLastName
```

103

第4章　フィルタリングとデータの検索

```
FROM Customers AS C
WHERE C.CustomerID IN
  (SELECT CustID FROM CustProd('Skateboard'))
AND C.CustomerID IN
  (SELECT CustID FROM CustProd('Helmet'))
AND C.CustomerID IN
  (SELECT CustID FROM CustProd('Knee Pads'))
AND C.CustomerID IN
  (SELECT CustID FROM CustProd('Gloves'));
```

さらに、EXISTSと相関サブクエリ[†3]を使用する方法でも、この問題を同じように解決できる。EXISTSを使ってWHERE句を組み立てる方法はリスト4-14のようになる。

リスト4-14：EXISTSを使って複合条件問題を解決する

```
SELECT c.CustomerID, c.CustFirstName, c.CustLastName
FROM Customers AS c
WHERE EXISTS
  (SELECT o.CustomerID
   FROM Orders AS o
     INNER JOIN Order_Details AS od
       ON o.OrderNumber = od.OrderNumber
     INNER JOIN Products AS p
       ON p.ProductNumber = od.ProductNumber
   WHERE p.ProductName = 'Skateboard'
   AND o.CustomerID = C.CustomerID)
AND EXISTS
...
```

　関連するテーブルで複数の肯定条件と否定条件を使って行を検出する必要がある場合も、同じ課題に直面することになる。ここまでの目的は、スケートボードと一緒にヘルメットや膝パッドといったプロテクターも購入した顧客をリストアップすることだった。しかし、マーケティングの観点からすると、店舗のオーナーにとってより重要なのは、スケートボードだけを購入した顧客に手紙やメールを送信する戦略かもしれない。そうすれば、それらの顧客がプロテクターも購入する気になるかもしれない。

　そこで、スケートボードを購入し、かつヘルメット、グローブ、膝パッドを購入していない顧客を洗い出してみよう。この問題を解決するために、リスト4-15のようなクエリを作成したくなったかもしれない。

リスト4-15：プロテクターを購入しなかった顧客の検索

```
SELECT c.CustomerID, c.CustFirstName, c.CustLastName
FROM Customers AS c
WHERE c.CustomerID IN
  (SELECT o.CustomerID
```

---

†3：第6章の項目41を参照。

104

項目25　複数の条件を使用する問題の解決方法を理解する

```
    FROM Orders AS o
      INNER JOIN Order_Details AS od
        ON o.OrderNumber = od.OrderNumber
      INNER JOIN Products AS p
        ON p.ProductNumber = od.ProductNumber
    WHERE p.ProductName = 'Skateboard')
AND c.CustomerID NOT IN
  (SELECT o.CustomerID
   FROM Orders AS o
      INNER JOIN Order_Details AS od
        ON o.OrderNumber = od.OrderNumber
      INNER JOIN Products AS p
        ON p.ProductNumber = od.ProductNumber
    WHERE p.ProductName
      IN ('Helmet', 'Gloves', 'Knee Pads'));
```

　これがなぜうまくいかないのかわかるだろうか。ヘルメット、グローブ、膝パッドのいずれ
かを購入したことがある顧客は、このクエリの結果として返されないことになるからだ。この
クエリを修正し、先ほど作成した関数を利用するようにしてみよう。

リスト4-16：購入していないプロテクターがある顧客の検索

```
SELECT c.CustomerID, c.CustFirstName, c.CustLastName
FROM Customers AS c
WHERE c.CustomerID IN
  (SELECT CustID FROM CustProd('Skateboard'))
AND (c.CustomerID NOT IN
  (SELECT CustID FROM CustProd('Helmet'))
OR c.CustomerID NOT IN
  (SELECT CustID FROM CustProd('Gloves'))
OR c.CustomerID NOT IN
  (SELECT CustID FROM CustProd('Knee Pads')));
```

　WHERE句の最初の述語はスケートボードを購入した顧客を検索するが、それ以降の述語は、
ヘルメットを購入していないか、グローブを購入していないか、膝パッドを購入していない顧
客を検索する。このように、必須のものにはANDを使用し、可能性を考慮に入れる場合はORを
使用する。

覚えておきたいポイント

- 場合によっては、関連する1つ以上のテーブルを通じて複数の条件を評価しなければなら
  ないことがある。そうした問題を正しく解決するのは単純でも容易でもない。
- 関連する1つ以上の子テーブルに複数の条件を適用した結果に基づき、親テーブルから行
  を取得したいことがある。そのような場合は、テーブルのサブクエリでINNER JOINまた
  はOUTER JOINとnullの評価（挫折結合）を使用するか、IN/NOT INとAND/ORを使用し
  なければならない。

105

項目26　完全に一致させる必要がある場合はデータを分割する

　商演算は、Dr. E. F. Coddが名著『The Relational Model for Database Management』(Addison-Wesley) で定義した8つの演算の1つである。残りの7つは、選択（制限）、射影、結合、交差（交わり）、直積（デカルト積）、和、差である[†4]。商演算では、大きなデータセット（被除数）を小さなデータセット（除数）で「割る」ことで、商を求める。この場合の商は、被除数のセットに含まれているメンバーのうち、除数のセットと完全に一致するすべてのメンバーで構成される。

　商演算を使って解決できる一般的な問題をいくつかあげてみよう。

- 募集条件をすべて満たしている応募者の検索
- コンポーネントを構築するための部品をすべて供給できるサプライヤーのリストアップ
- 特定の製品を注文した顧客全員の表示

　商演算がどのようなものかイメージできるよう、図4-5を見てみよう。

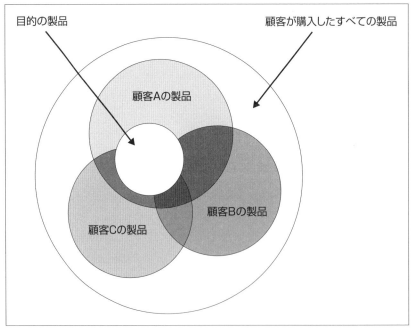

図4-5：完全に一致させる必要がある場合はデータを分割する

[†4]：本章の項目22を参照。

項目26 完全に一致させる必要がある場合はデータを分割する

　図4-5の外側の円は、顧客が購入したすべての製品を表している。網掛けになっている3つの円は、特定の顧客が購入した製品を表している。これら3人の顧客全員が購入している製品があることもわかる。真ん中にある白い円は、購入した顧客を特定したいと考えている製品のサブセット（目的の製品）を表している。

　この単純な例では、3人の顧客全員が購入した製品の中に、目的の製品の一部が含まれている。ただし、顧客Aだけは目的の製品をすべて購入している。顧客が購入したすべての製品を目的の製品で割った場合は、目的の製品をすべて購入している顧客Aが答えになるはずだ。

　残念ながら、SQLでは、商演算は単体の演算として定義されていない。このため、同じ結果を得るには、サポートされている演算を組み合わせて使用する必要がある。項目25では、この問題を解決する1つの方法を実際に見ている。その際には、除数のメンバーごとにINとサブクエリを使用した。この方法が適しているのは、除数がほんのいくつかのメンバーで構成されている場合である。除数が大きなデータセットである場合は、たいていうまくいかなくなる。

　まず、2つのデータセット（被除数と除数）のビューを定義してみよう。被除数のビューを作成する方法はリスト4-17のようになる。被除数のビューは、すべての顧客とそれらの顧客が購入した製品で構成される。

リスト4-17：すべての顧客とそれらの顧客が購入した製品からなるビューを作成

```
CREATE VIEW CustomerProducts AS
SELECT DISTINCT c.CustomerID, c.CustFirstName,
  c.CustLastName, p.ProductName
FROM Customers AS c
  INNER JOIN Orders AS o
    ON c.CustomerID = o.CustomerID
  INNER JOIN Order_Details AS od
    ON o.OrderNumber = od.OrderNumber
  INNER JOIN Products AS p
    ON p.ProductNumber = od.ProductNumber;
```

　顧客が同じ製品を2回以上注文している場合を考慮し、DISTINCTを使用することで、顧客と製品ごとにデータが1行だけ生成されるようにしている。

　次に、除数のビューを作成する方法はリスト4-18のようになる。除数のビューは、目的の製品で構成される。項目25の場合と同様に、ここではスケートボード、ヘルメット、膝パッド、グローブを目的の製品とし、それらを購入した顧客をすべて検索してみよう。

リスト4-18：目的の製品からなるビューを作成

```
CREATE VIEW ProdsOfInterest AS
SELECT Products.ProductName
FROM Products
WHERE ProductName IN
  ('Skateboard', 'Helmet', 'Knee Pads', 'Gloves');
```

107

第4章 フィルタリングとデータの検索

---

note | Sales Ordersデータベースの実際の製品名は「Skateboard」、「Helmet」、
「Knee Pads」、「Gloves」のような単純な名前ではないため、リスト4-17〜4-20に示した
単純なソリューションは、実際にはうまくいかない。単純な値を使用したのは、このプロセス
を理解しやすくするためである。GitHubには、ここで示したバージョンに加えて、LIKEを使
用する少し複雑なバージョンが含まれている。後者のバージョンでは、実際に結果を生成する
ために、LIKEを使って製品名をカテゴリ名に変換している。

さて、商演算を実行する1つ目の手法を見てみよう。この手法は、Dr. Coddのパートナーで
あるChris Dateが著書で説明しているものである。

リスト4-19：顧客が購入した製品を目的の製品で割る

```
SELECT DISTINCT CP1.CustomerID, CP1.CustFirstName, CP1.CustLastName
FROM CustomerProducts AS CP1
WHERE NOT EXISTS
  (SELECT ProductName
   FROM ProdsOfInterest AS PofI
   WHERE NOT EXISTS
     (SELECT CustomerID
      FROM CustomerProducts AS CP2
      WHERE CP2.CustomerID = CP1.CustomerID
        AND CP2.ProductName = PofI.ProductName));
```

そのまま読み上げると、CustomerProductsの行をすべて取得したい。ただし、それらの行
には、製品名と顧客IDが一致するCustomerProductsの行が存在しない製品は存在しない。
二重否定のややこしい文章だが、ロジックは何となくわかる。この手法には興味深い副作用が
ある。それは、除数のビュー（この場合は目的の製品）が空である場合、このクエリが
CustomerProductsの行をすべて返すことだ。

次に、GROUP BY と HAVING に基づくもう1つの手法を見てみよう。この手法は、Joe Celko
の著書がきっかけで広まったものである。この手法では、1つ目のビューでDISTINCTを使用
することで、一意なCustomerProducts行を生成することが重要となる。というのも、この
ソリューションはカウントに基づいており、重複する行があるとカウントが狂ってしまうから
だ。たとえば、顧客がスケートボードを注文し、ヘルメットを注文し、さらにグローブを2回
に分けて注文している場合、行の数は4つになる。これは奇しくも目的の製品の数（カウント）
と一致している。DISTINCTを使用しないと、膝パッドを購入していないにもかかわらず、こ
の顧客が誤って選択されることになる。2つ目のビューでは、Productsテーブルから製品名
に基づいて選択される行は一意であるため、DISTINCTを使用する必要はない。この手法はリ
スト4-20のようになる。

項目27　日付と時刻を含んでいる列で日付の範囲を正しくフィルタリングする

リスト4-20：GROUP BYとHAVINGを使った2つのビューの除算

```
SELECT CP.CustomerID, CP.CustFirstName, CP.CustLastName
FROM CustomerProducts AS CP
  CROSS JOIN ProdsOfInterest AS PofI
WHERE CP.ProductName = PofI.ProductName
GROUP BY CP.CustomerID, CP.CustFirstName, CP.CustLastName
HAVING COUNT(CP.ProductName) =
  (SELECT COUNT(ProductName) FROM ProdsOfInterest);
```

　基本的には、顧客が購入した製品（CustomerProducts）の行のうち、目的の製品（ProdsOfInterest）の行のいずれかと一致するものはすべて検出される。ただし、カウントを比較することで、ProdsOfInterestのすべての行と一致する行だけを残している。最初の手法との違いは、除数のビューが空である場合、このクエリがデータを1行も返さないことである。

覚えておきたいポイント

- 商演算は関係代数の8つの演算の1つだが、SQL規格はDIVIDEキーワードを定義しておらず、主要なデータベースシステムでもそのようなキーワードは実装されていない。
- 商演算を利用すれば、一方のテーブルから、もう一方のテーブルのすべての行と一致する行を検出できる。
- 商演算を実行するには、除数のテーブルで各行を評価するか（項目25のINとサブクエリ）、NOT EXISTSを使用するか、GROUP BYとHAVINGを使用する。

項目27　日付と時刻を含んでいる列で日付の範囲を正しくフィルタリングする

　さて、WHERE句を使ってクエリから返されるものを制限する方法にすっかり慣れた頃だろう。だが、多くの開発者は日付の範囲のフィルタリングに思いのほか苦戦しているようだ。

　付録で説明しているように、日付と時刻の格納に使用できるデータ型は何種類かある。ここで取り上げるのは、表4-2に示すデータ型を使って格納されたデータである。

表4-2：日付と時刻のデータ型

DBMS	データ型
IBM DB2	TIMESTAMP
Microsoft Access	日付／時刻型
Microsoft SQL Server	smalldatetime、datetime、datetime2、datetimeoffset
MySQL	datetime、timestamp
Oracle	TIMESTAMP
PostgreSQL	TIMESTAMP

109

第4章　フィルタリングとデータの検索

リスト4-21のテーブルについて考えてみよう。

リスト4-21：ログテーブルの作成

```
CREATE TABLE ProgramLogs (
  LogID int PRIMARY KEY,
  LogUserID varchar(20) NOT NULL,
  LogDate timestamp NOT NULL,
  Logger varchar(50) NOT NULL,
  LogLevel varchar(10) NOT NULL,
  LogMessage varchar(1000) NOT NULL
);
```

特定の日のログメッセージを表示したいとしよう。その場合は、リスト4-22に示すようなクエリを作成したくなるかもしれない。

リスト4-22：特定の日のログメッセージを表示するための最初の試み

```
SELECT L.LogUserID, L.Logger, L.LogLevel, L.LogMessage
FROM ProgramLogs AS L
WHERE L.LogDate = CAST('7/4/2016' AS timestamp);
```

だが、このクエリにはちょっとした問題がある。このクエリは7月4日のデータを取得することを目的として書かれているが、システムの地域設定がアメリカではない場合、あるいは言語設定が英語ではない場合はどうなるだろうか。この日付が4月7日として解釈される可能性は十分にある。yyyy-mm-dd、yyyymmdd、yyyy-mm-dd hh:mm:ss[.nnn]など、あいまいさのない日付フォーマットを使用するほうがはるかに効果的である。

> note　ISO 8601のyyyy-mm-ddThh:mm:ss[.nnn]フォーマットは有効なオプションとして表示されることが多いが、実際には、SQL規格の一部ではない。ANSI SQL規格の日付と時刻のフォーマットはyyyy-mm-dd hh:mm:ssだが、実際のところ、「T」セパレータを要求するISO 8601規格には準拠していない。すべてのDBMSがISO 8601の仕様に準拠しているわけではない。

しかし、それでも十分ではないかもしれない。たとえば、Microsoftは非標準の日付フォーマットであるnnnn-nn-nnの実装を選択している。一般的な日付フォーマットがdmy（日／月／年）であるとしても、SQL Serverはydm（年／日／月）として日付を解釈する。日付のデフォルトのフォーマットは各ユーザーのログイン設定によって異なるため、ユーザーの言語設定によっては、「2016-07-04」が「07 April 2016」として解釈されることも考えられる。こうした問題を回避するには、日付の暗黙的な変換に頼るのではなく、日付を明示的に変換する関数を使用すべきである。たとえば、リスト4-22はリスト4-23のように書き換えるべきである。

110

項目27　日付と時刻を含んでいる列で日付の範囲を正しくフィルタリングする

リスト4-23：特定の日のログメッセージを表示するための2つ目の試み

```
SELECT L.LogUserID, L.Logger, L.LogLevel, L.LogMessage
FROM ProgramLogs AS L
WHERE L.LogDate = CONVERT(datetime, '2016-07-04', 120);
```

> note　リスト4-23はSQL Serverを対象として書かれている。データベースシステムが
> CONVERT関数をサポートしていない場合は、データベースシステムのマニュアルで別の方法を
> 調べる必要がある。SQL Serverは、SQL規格の一部であるCAST関数をサポートしているが、
> 日付のスタイルを明示的に指定できるようにはなっていない。120という引数は、日付が
> yyyy-mm-dd hh:nn:ssフォーマットで指定されていることを表している。

　リスト4-23のクエリを実行した場合、実際にはデータがまったく返されない可能性がある。
LogDate列がtimestamp型で定義されていることを思い出そう。つまり、この列の値は日付
と時刻で構成される。引数として指定されている日付リテラルには時間要素が含まれていない
ため、この値はSQL Serverによって「2016-07-04 00:00:00」に変換されるだろう。そして、
ちょうどこの時間に記録されたログエントリが存在しない限り、SQL Serverはデータを1行も
返さないことになる。

　CAST(L.LogDate AS date)を使ってLogDate列から時間要素を取り除く、という手もあ
るが、それではインデックスを使った検索が不可能になってしまう[5]。

　インデックスを使った検索が可能なクエリは、リスト4-24のようになる。

リスト4-24：特定の日のログメッセージを表示するための3つ目の試み

```
SELECT L.LogUserID, L.Logger, L.LogLevel, L.LogMessage
FROM ProgramLogs AS L
WHERE L.LogDate BETWEEN CONVERT(datetime, '2016-07-04', 120)
  AND CONVERT(datetime, '2016-07-05', 120);
```

　問題になりそうなのは、BETWEENが閉区間であり、境界値が含まれることである。ログテー
ブルに「2016-07-05 00:00:00」のレコードが存在する場合は、それらのレコードも含まれる
ことになる。この問題を回避するために、より正確なdatetimeを使った式を試してみよう
（リスト4-25）。

リスト4-25：特定の日のログメッセージを表示するための4つ目の試み

```
SELECT L.LogUserID, L.Logger, L.LogLevel, L.LogMessage
FROM ProgramLogs AS L
WHERE L.LogDate BETWEEN CONVERT(datetime, '2016-07-04', 120)
  AND CONVERT(datetime, '2016-07-04 23:59:59.999', 120);
```

---

†5：詳細については、本章の項目28を参照。

第4章　フィルタリングとデータの検索

だが、この場合も（少なくとも SQL Server では）問題がある。`datetime`型の分解能は3.33ミリ秒である。つまり、SQL Server によって「2016-07-04 23:59:59.999」が実際には「2016-07-05 00:00:00.000」に丸められてしまうため、すべては台なしである。この問題に対処するために「2016-07-04 23:59:59.997」に変更するという手もあるが、`datetime`型のフィールドの精度がすべて同じであるとは限らないし、`smalldatetime`型のフィールドではやはり丸められてしまう。また、新しいリリースで精度が変更される可能性や、DBMSごとに精度が異なる可能性もある。それよりもはるかに安定した解決策は、BETWEEN演算の境界値問題をなくしてしまうことである（リスト4-26）。

リスト4-26：特定の日のログメッセージを表示するための推奨されるアプローチ

```
SELECT L.LogUserID, L.Logger, L.LogLevel, L.LogMessage
FROM ProgramLogs AS L
WHERE L.LogDate >= CONVERT(datetime, '2016-07-04', 120)
  AND L.LogDate < CONVERT(datetime, '2016-07-05', 120);
```

検討しなければならないことがもう1つある。ユーザーからの入力がクエリに含まれる場合、つまり、ストアドプロシージャに日付のパラメータが含まれている場合は、開始日として「2016-07-04」、終了日として「2016-07-05」のような入力が渡されることがある。しかし、ユーザーが実際に求めているのは、`>= '2016-07-04'`かつ`< '2016-07-06'`である。このため、DATEADD関数を使って日付を前進させる習慣を身につけるとよいだろう。具体的には、リスト4-27のようになる。

リスト4-27：ユーザー入力によって指定された終了日を前進させる

```
WHERE L.LogDate >= CONVERT(datetime, @startDate, 120)
  AND L.LogDate <  CONVERT(datetime, DATEADD(DAY, 1, @endDate) 120);
```

ここで重要となるのは、DATEADD関数を使用するか、この関数に相当するDBMSの関数を使用すべきであることだ。それにより、DBMSの実装をあてにするのではなく、明確に定義された方法で日付を前進させ、「終わり」が何かに関するユーザーとソフトウェアプログラムの見解の違いに対処するのである。

覚えておきたいポイント

- 日付リテラルについては、日付の暗黙的な変換に頼るのではなく、明示的な変換関数を使用する。
- `datetime`型の列には関数を適用しない。そうしないと、インデックスを使った検索が不可能になる。
- 丸め誤差が原因で`datetime`列の値が正確ではなくなることがある。BETWEENではなく、`>=`と`<`を使用する。

項目28　検索にインデックスが使用されるようにクエリを記述する

第2章の項目11では、クエリのパフォーマンスを改善するにあたって適切なインデックスの作成が重要であることについて説明した。ただし、インデックスだけでは不十分である。データベースエンジンにインデックスを利用させるには、WHERE、ORDER BY、GROUP BY、HAVINGといったクエリの述語がsargable(Search ARGument ABLE)でなければならない。このため、インデックスを使った検索が不可能になる原因について理解することが重要となる。

> note　DB2はバージョン1とバージョン2で「sargableな述語」と「非sargableな述語」という表現を使用していたが、これらの表現は使用されなくなっている。DB2は代わりに、「Stage 1述語」が「Stage 2述語」よりも性能がよいという意味で、「Stage 1述語」と「Stage 2述語」という表現を使用するようになっている。DB2のバージョンによっては、特定の述語が「Stage 2」から「Stage 1」へ移行する傾向にある。

チェックの対象となる値によっては、次の演算子は一般に「sargable」であると考えることができる。

- =
- \>
- <
- \>=
- <=
- BETWEEN
- LIKE（先頭にワイルドカードが付いていない場合）
- IS [NOT] NULL

次の演算子は「sargable」の可能性があるが、それらを使用してもパフォーマンスが向上することは滅多にない。

- <>
- IN
- OR
- NOT IN

113

第4章　フィルタリングとデータの検索

- NOT EXISTS
- NOT LIKE

次のケースはどれも「sargableではない」クエリになる[6]。

- 1つ以上のフィールドを操作する関数をWHERE句の条件で使用する場合（この関数は各行に対して評価されるため、インデックス自体に同じ関数が含まれている場合を除いて、クエリオプティマイザはインデックスを使用しない）
- WHERE句でフィールドの値を使って算術演算を実行する場合
- LIKE '%something%'のようなワイルドカード検索を使用する場合

リスト4-28のEmployeesテーブルについて考えてみよう。このテーブルのフィールドごとにSQLがインデックスを作成することに注意する。

リスト4-28：テーブルとインデックスの作成

```
CREATE TABLE Employees (
  EmployeeID int IDENTITY (1, 1) PRIMARY KEY,
  EmpFirstName varchar(25) NULL,
  EmpLastName varchar(25) NULL,
  EmpDOB date NULL,
  EmpSalary decimal(15,2) NULL
);
CREATE INDEX [EmpFirstName]
  ON [Employees]([EmpFirstName] ASC);
CREATE INDEX [EmpLastName]
  ON [Employees]([EmpLastName] ASC);
CREATE INDEX [EmpDOB]
  ON [Employees]([EmpDOB] ASC);
CREATE INDEX [EmpSalary]
  ON [Employees]([EmpSalary] ASC);
```

まず、特定の年（1950）に生まれた従業員だけになるようにデータを絞り込んでみよう。検索にインデックスを使用しない方法は、リスト4-29のようになる。EmpDOBのインデックスが使用されないのは、一致する行を特定するには、テーブルのすべての行でYear関数を呼び出す必要があるからだ。

リスト4-29：データを特定の年に絞り込むクエリ（検索にインデックスを使用しない）

```
SELECT EmployeeID, EmpFirstName, EmpLastName
FROM Employees
WHERE YEAR(EmpDOB) = 1950;
```

---

[6]：SELECT句に「sargableではない」式を追加しても、パフォーマンスに悪影響はおよばない。

114

項目28　検索にインデックスが使用されるようにクエリを記述する

| note | Oracleには、Year関数がないため、代わりにEXTRACT(year FROM EmpDOB)を使用する必要がある。 |

インデックスを使って同じデータを取得する方法は、リスト4-30のようになる。

リスト4-30：データを特定の年に絞り込むクエリ（検索にインデックスを使用）

```
SELECT EmployeeID, EmpFirstName, EmpLastName
FROM Employees
WHERE EmpDOB >= CAST('1950-01-01' AS Date)
  AND EmpDOB < CAST('1951-01-01' AS Date);
```

次に、ラストネームが特定の英字で始まる従業員をすべて検索してみよう。検索にインデックスを使用しない方法は、リスト4-31のようになる。

リスト4-31：データを特定のイニシャルに絞り込むクエリ（検索にインデックスを使用しない）

```
SELECT EmployeeID, EmpFirstName, EmpLastName
FROM Employees
WHERE LEFT(EmpLastName, 1) = 'S';
```

| note | Oracleには、Left関数がないため、代わりにSUBSTR(EmpLastName,1,1)を使用する必要がある。 |

インデックスを使って同じデータを取得する方法は、リスト4-32のようになる。LIKE演算子を使用しても、インデックスは依然として使用される。というのも、ワイルドカード文字が文字列の末尾にしかないからだ。なお、このこと自体は、インデックスが使用されるという保証にはならないことに注意しよう。

リスト4-32：データを特定のイニシャルに絞り込むクエリ（検索にインデックスを使用）

```
SELECT EmployeeID, EmpFirstName, EmpLastName
FROM Employees
WHERE EmpLastName LIKE 'S%';
```

次に、値がnullになる可能性があるフィールドで特定の名前を検索するクエリを見てみよう。検索にインデックスを使用しない方法は、リスト4-33のようになる。このクエリでは、IsNull関数を使用している。

第4章　フィルタリングとデータの検索

リスト4-33：フィールドで特定の名前を検索するクエリ（検索にインデックスを使用しない）

```
SELECT EmployeeID, EmpFirstName, EmpLastName
FROM Employees
WHERE IsNull(EmpLastName, 'Viescas') = 'Viescas';
```

> note　IsNullはSQL Serverの関数である。OracleではNVL関数、DB2とMySQLではIFNULL関数を使用する。その他の可能性としては、COALESCE関数を使用することが考えられる。

インデックスを使って同じデータを取得する方法は、リスト4-34のようになる。

リスト4-34：フィールドで特定の名前を検索するクエリ（検索にインデックスを使用）

```
SELECT EmployeeID, EmpFirstName, EmpLastName
FROM Employees
WHERE EmpLastName = 'Viescas'
  OR EmpLastName IS NULL;
```

実際には、ORを使用するとやはりEmpLastNameのインデックスを使用できなくなる場合があるため、リスト4-35のクエリのほうが安全かもしれない。とりわけ、値とnullとで別々の「フィルター選択されたインデックス」を使用している場合は、こちらのほうが安全である。

リスト4-35：フィールドで特定の名前を検索する改善されたクエリ（検索にインデックスを使用）

```
SELECT EmployeeID, EmpFirstName, EmpLastName
FROM Employees
WHERE EmpLastName = 'Viescas'
UNION ALL
SELECT EmployeeID, EmpFirstName, EmpLastName
FROM Employees
WHERE EmpLastName IS NULL;
```

リスト4-36のクエリでは、フィールドで計算を行っている。このため、EmpSalaryのインデックスは使用されず、Employeesテーブルのすべての行で計算が実行される。

リスト4-36：計算値を検索するクエリ（検索にインデックスを使用しない）

```
SELECT EmployeeID, EmpFirstName, EmpLastName
FROM Employees
WHERE EmpSalary*1.10 > 100000;
```

ただし、リスト4-37に示すように、フィールドの値が計算に使用されない場合は、クエリの検索にインデックスを使用できる。

116

項目29　左結合の右側でフィルタリングを正しく行う

リスト4-37：計算値を検索するクエリ（検索にインデックスを使用）

```
SELECT EmployeeID, EmpFirstName, EmpLastName
FROM Employees
WHERE EmpSalary > 100000/1.10;
```

残念ながら、LIKE '%something%'でインデックスを使用できるようにする方法はない。

覚えておきたいポイント

- 検索にインデックスを使用できない（非sargableな）演算子は使用しない。
- 1つ以上のフィールドを操作する関数をWHERE句で使用しない。
- フィールドの値を使った算術演算をWHERE句で実行しない。
- LIKE演算子を使用する場合は、文字列の末尾でのみワイルドカードを使用する（'%something'や'some%thing'を使用しない）。

項目29　左結合の右側でフィルタリングを正しく行う

まだ一度も注文を行ったことがない顧客をリストアップするように依頼されているとしよう。そのためには、SQLで関係演算の「差」を実行する必要がある。つまり、テーブル1には含まれているが、テーブル2には含まれていないデータを返さなければならない。これには、OUTER JOINとIS NULL評価を使用する。たとえば、一度も注文を行ったことがない顧客をリストアップするには、Customers LEFT OUTER JOIN Ordersを使用し、Ordersテーブルの主キーでnull値の評価を行う。これは「frustrated outer join（挫折外部結合）」とも呼ばれる。「過去に注文を行ったことがある顧客のリスト」に含まれていない顧客を見つけ出すには、「すべての顧客のリスト」から「過去に注文を行ったことがある顧客のリスト」を差し引けばよい。

note	他の関係演算の詳細については、本章の項目22を参照。

基本的に、「左結合」では、**右側**にあるリストが「差し引く側のリスト」になる。「差し引く側のリスト」にフィルターを適用する必要がある場合は、油断しているとミスを犯しやすい。Customers LEFT JOIN Ordersを実行するクエリでは、Customersテーブルは結合の**左側**にあり、Ordersテーブルは**右側**にある。たとえば、次の問題について考えてみよう。

第4章　フィルタリングとデータの検索

> すべての顧客を表示する。それらの顧客が2015年の第4四半期に注文を行っている場合
> は、それらの注文も表示する。

この問題を解決するために、リスト4-38のようなクエリを作成したくなったかもしれない。

リスト4-38：すべての顧客と注文の一部を表示するための最初の試み

```
SELECT c.CustomerID, c.CustFirstName, c.CustLastName,
  o.OrderNumber, o.OrderDate, o.OrderTotal
FROM Customers AS c
  LEFT JOIN Orders AS o
    ON c.CustomerID = o.CustomerID
WHERE o.OrderDate BETWEEN CAST('2015-10-01' AS DATE)
  AND CAST('2015-12-31' AS DATE);
```

> note　リスト4-38のSQLは、ISO規格のSQLを使用している。DBMSがCAST関数を
> サポートしていない場合、代替手段についてはDBMSのマニュアルを参照する必要がある。

リスト4-38のクエリを実行すると、すべての行で注文データが検索され、顧客の多くが消え
ているように見える。「見えなくなった」行を見えるようにするには、NULLの評価が必要であ
ることを思い出そう。そこで、今度はリスト4-39のクエリを試してみる。

リスト4-39：すべての顧客と注文の一部を表示するための2つ目の試み

```
SELECT c.CustomerID, c.CustFirstName, c.CustLastName,
  o.OrderNumber, o.OrderDate, o.OrderTotal
FROM Customers AS c
  LEFT JOIN Orders AS o
    ON c.CustomerID = o.CustomerID
WHERE (o.OrderDate BETWEEN CAST('2015-10-01' AS DATE)
  AND CAST('2015-12-31' AS DATE))
  OR o.OrderNumber IS NULL;
```

2つ目のクエリの出力は少しましになったが、まだ表示されていない顧客行があるように思
える。

データベースエンジンは、まずFROM句を解決し、次にWHERE句を適用し、最後にSELECT句
でリクエストされた列を返す。1つ目のクエリでは、Customers LEFT JOIN Ordersはたし
かに顧客全員の行を返しており、Ordersテーブルに一致する行があれば、それらも返してい
る。WHERE句を適用すると、一度も注文したことのない顧客はすべて自動的に取り除かれる。
なぜなら、それらの行に対応するOrdersテーブルの列には、NULLが含まれているからだ。
NULLはどの値とも比較できないため、日付の範囲でフィルタリングを行うと、それらの行は削

118

項目29　左結合の右側でフィルタリングを正しく行う

除されてしまう。このため、リスト4-38のクエリによって返されるのは、指定された期間内に注文を行った顧客だけである。つまり、INNER JOINによって返される結果と同じである。

リスト4-39のクエリでは、指定された期間内の注文だけでなく、すべての顧客が返されることを期待して、OrderNumber列にNULLが含まれている行も要求している。FROM句によって返されるデータには、たしかにすべての顧客が含まれている。顧客が過去に注文を行っていれば、Ordersの列の値はNULLではない。顧客が一度も注文を行ったことがなければ、その顧客のデータは1行で返され、Ordersテーブルの列にはNULL値が含まれることになる。

リスト4-39のクエリは、実際のところ、一度も注文を行っていない顧客全員と、2015年の第4四半期に注文を行っている顧客を返す。第4四半期よりも前に注文を行っている顧客が存在した場合、その顧客の行は日付フィルターによって取り除かれてしまうため、まったく表示されないことになる。

正しい解決策は、「差し引く側のリスト」にフィルターを適用した上で、結合を行うことである。フィルターが適用されたリストを提供するには、FROM句でSELECT文を使用する。SQL規格では、フィルターが適用されたリストを**派生テーブル**（derived table）と呼んでいる。

リスト4-40：すべての顧客と注文の一部を表示する正しい方法

```
SELECT c.CustomerID, c.CustFirstName, c.CustLastName,
  OFiltered.OrderNumber, OFiltered.OrderDate, OFiltered.OrderTotal
FROM Customers AS c
  LEFT JOIN
  (SELECT o.OrderNumber, o.CustomerID, o.OrderDate, o.OrderTotal
  FROM Orders AS o
  WHERE o.OrderDate BETWEEN CAST('2015-10-01' AS DATE)
    AND CAST('2015-12-31' AS DATE)) AS OFiltered
  ON c.CustomerID = OFiltered.CustomerID;
```

論理的に説明すると、リスト4-40のクエリはまず、2つの日付の間に実行された注文を取り出した後、Customersテーブルとの結合を行っている。このクエリはすべての顧客を返す。指定された期間内に顧客が注文を行っていない場合、OFilteredサブクエリの列の値はNULLになる。2015年の第4四半期に注文を行っていない顧客だけを表示したい場合は、結合指定のONの後にNULLを評価するためのWHERE句を追加すればよい。

覚えておきたいポイント

- 差演算を実行するには、OUTER JOINを使用する。
- 「左結合」の「右側」に対して外側にあるWHERE句でフィルターを適用した場合、望みどおりの結果は得られない。
- フィルター選択されたサブセットを正しく差し引くには、データベースシステムが外部結合を実行する前にフィルターを適用しなければならない。

119

第5章　集約

　SQL規格は当初からデータの集約をサポートしている。データの集約はレポートの生成に役立つ可能性がある。ただし、何かを集約するときには、「あのデータとこのデータがほしいが、それらがx、y、またはzの場合に限る」と指定するだけでは不十分である。通常は、「顧客あたりの合計金額」や、「1日あたりの注文数」、「ひと月あたりの各カテゴリの平均売上」などを確認したいと考える。ここで注目すべきは、「〜あたり」と「各〜」の部分である。本章では、この種の問題を解決するのに役立つGROUP BY句とHAVING句を取り上げる。また、集約のパフォーマンスを最適化し、集約クエリにつきもののミスを回避するための手法も紹介する。なお、SQL標準化委員会では、より複雑な集約への需要が高まっていることを受けて、規格の拡張に着手している。その答えとして登場したのが**ウィンドウ関数**（window function）である。以前は、「データベースからデータを取り出し、それをスプレッドシートに貼り付けて、あとは好きなように切り刻めばよい」というつれない返事をしていたことを思えば、これは転換と言えるだろう。データの量が爆発的に増えている昨今では、そんな悠長なことをしている暇はない。このため、SQLにおける集約を何もかも知っておくのが得策である。

項目30　GROUP BY の仕組みを理解する

　データを何らかの方法で集約できるようにするには、多くの場合、データを分割してグループにまとめる必要がある。この場合のグループは一連の行である。それらの行のグループ化に使用された列にはそれぞれ同じ値が含まれている。データをグループに分割するには、GROUP BY句を使用する。多くの場合は、GROUP BY句と併せてHAVING句も使用する。それ自体は単純なことに思えるが、データを正しくグループ化するためのクエリはどのように作成すればよいのだろうか。

　SELECT文の一般的な構文は、リスト5-1のとおりである。

リスト5-1：SELECT文の構文

```
SELECT  <選択リスト>
FROM  <テーブルソース>
                                                        ▼次頁へ続く
```

121

第5章　集約

```
[WHERE <検索条件> ]
[GROUP BY <グループを定義する式> ]
[HAVING <検索条件> ]
[ORDER BY <順序を定義する式> [ ASC | DESC ] ]
```

> note　ISO SQL規格では、FROMが含まれていないSELECTは規格に準拠したSQLでは
> ないが、多くのDBMSでは、FROM句の省略が許可されている。

クエリの仕組みは次のようになる。

1. FROM句により、データセットが生成される。
2. WHERE句により、FROM句によって生成されたデータセットにフィルタリングが適用される。
3. GROUP BY句により、フィルタリング後のデータセットが集約される。
4. HAVING句により、GROUP BY句によって集約されたデータセットにフィルタリングが適用される。
5. SELECT句により、フィルタリング後の集約されたデータセットが変換される（通常は、集計関数を使用する）。
6. ORDER BY句により、変換後のデータセットがソートされる。

　GROUP BY句に含まれている列は、**グループ化列**（grouping column）と呼ばれる。実際には、SELECT句に含まれているGROUP BY句に列が指定されている必要はない（ただし、グループ化の対象となる値がわからないと、奇妙な結果になるかもしれない）。なお、GROUP BY句では、エイリアスは使用できない。

　SELECT句に含まれていて、GROUP BY句に含まれていない列には、集計関数が適用されていなければならない（ただし、計算は集約の結果に基づいて行ってもよいし、定数で行ってもよい）。集計関数は決定的な関数[1]であり、一連の値で計算を行い、結果として単一の値を返す。この場合、GROUP BY句の結果は一連の値である。集約はグループごとに1つ以上定義できる。それらの集約はグループ内の各行に適用される。集約をまったく指定しない場合、GROUP BY句の振る舞いはSELECT DISTINCTと同じである。

　ISO SQL規格では、さまざまな集計関数を定義している。もっともよく使用されるのは、次の9つの関数である。

---

†1：第1章、項目5の「決定的関数と非決定的関数」を参照。

122

項目30　GROUP BYの仕組みを理解する

- COUNT()

  データセットまたはグループ内の行を数える。

- SUM()

  データセットまたはグループ内の値の合計を求める。

- AVG()

  データセットまたはグループ内の数値の平均を求める。

- MIN()

  データセットまたはグループ内の最小値を検索する。

- MAX()

  データセットまたはグループ内の最大値を検索する。

- STDDEV_POP()、STDDEV_SAMP()

  データセットまたはグループ内の指定された列の母標準偏差または標本標準分散を返す。

- VAR_POP()、VAR_SAMP()

  データセットまたはグループ内の指定された列の母分散（母標準偏差の自乗）または標本分散（標本標準分散の自乗）を返す。

　GROUP BY句での列の指定方法は、SELECT句に含まれている列に左右される。というのも、SELECT句に含まれていて、集計関数が適用されていない列は、GROUP BY句に含まれていなければならないからだ。リスト5-2は、SELECT句で列が指定される方法に即したグループ化の例を示している。

リスト5-2：有効なGROUP BY句

```
SELECT ColumnA, ColumnB
FROM Table1 GROUP BY ColumnA, ColumnB;

SELECT ColumnA + ColumnB
FROM Table1 GROUP BY ColumnA, ColumnB;

SELECT ColumnA + ColumnB
FROM Table1 GROUP BY ColumnA + ColumnB;

SELECT ColumnA + ColumnB + constant
FROM Table1 GROUP BY ColumnA, ColumnB;

SELECT ColumnA + ColumnB + constant
FROM Table1 GROUP BY ColumnA + ColumnB;

SELECT ColumnA + constant + ColumnB
FROM Table1 GROUP BY ColumnA, ColumnB;
```

　ただし、SELECT句に含まれている列とグループ化が適合しない場合、グループ化は許可されない（リスト5-3）。

123

第5章 集約

リスト5-3：無効なGROUP BY句

```
SELECT ColumnA, ColumnB
FROM Table1 GROUP BY ColumnA + ColumnB;

SELECT ColumnA + constant + ColumnB
FROM Table1 GROUP BY ColumnA + ColumnB;
```

ISO SQL規格によれば、GROUP BY句は結果セットを並べ替えない。結果セットを並べ替えるには、ORDER BY句を使用しなければならない。ただし、ほとんどのDBMSは、GROUP BY句で作業用のインデックスを一時的に生成する。このため、他に命令が含まれていない場合、結果セットはGROUP BY句の列の順序になる。結果セットの順序が重要である場合は、常にORDER BY句を追加する必要がある。

WHERE句では、できるだけフィルタリングを適用すべきである。そうすれば、集約しなければならないデータの量が少なくなるからだ。フィルタリングが集約の結果に依存する場合は、HAVING句のみを使用すべきである。たとえば、HAVING Count(*) > 5やHAVING Sum(Price) < 100を使用する。

ROLLUP、CUBE、GROUPING SETSの機能を利用すれば、さらに複雑なグループ化が可能である。それにより、FROM句とWHERE句によって選択されたデータをかっこ（()）の中で指定された方法で別々にグループ化し、それらのグループごとに集計演算を行えるようになる。その場合は、グループ化に使用する列を1つ以上指定する。かっこの中が空の場合は、すべての行が1つのグループに集約されることを意味する。集約クエリにGROUP BY句が含まれていない場合と同じである。

> note
>
> Microsoft AccessやMySQLを含め、一部のDBMSでは、ROLLUPとCUBEはサポートされていない。

表5-1のデータについて考えてみよう。ここでは、このデータをサンプルクエリのベースとして使用する。

表5-1：サンプル在庫データ

Color	Dimension	Quantity
Red	L	10
Blue	M	20
Red	M	15
Blue	L	5

ROLLUPを利用すれば、グループの列セットごとに集計演算を行うことができる。たとえば、

124

項目30　GROUP BYの仕組みを理解する

リスト5-4のクエリを実行した結果は表5-2のようになる。

リスト5-4：ROLLUPサンプルクエリ

```
SELECT Color, Dimension, SUM(Quantity)
FROM Inventory
GROUP BY ROLLUP (Color, Dimension);
```

表5-2：ROLLUPによって集計された在庫データ

Color	Dimension	Quantity
Blue	L	5
Blue	M	20
Blue	NULL	25
Red	L	10
Red	M	15
Red	NULL	25
NULL	NULL	50

　各色の合計数と全体の合計数が示されている。ただし、色を考慮に入れないサイズ（Dimension）ごとの合計数に関するデータは含まれていない。これはROLLUPが右から左に処理していくためである。このデータを取得したい場合は、代わりにCUBEを使用すればよい。たとえば、リスト5-5のクエリのクエリを実行した結果は表5-3のようになる。

リスト5-5：CUBEサンプルクエリ

```
SELECT Color, Dimension, SUM(Quantity)
FROM Inventory
GROUP BY CUBE (Color, Dimension);
```

表5-3：CUBEによって集計された在庫データ

Color	Dimension	Quantity
Red	M	15
Red	L	10
Red	NULL	25
Blue	M	20
Blue	L	5
Blue	NULL	25
NULL	M	35
NULL	L	15
NULL	NULL	50

　さらに、グループ化を追加することで集約をさらに制御したい場合は、GROUPING SETSを使用できる。たとえば、リスト5-6のクエリを実行した結果は表5-4のようになる。このクエリ

125

第5章　集約

には、色のセット（(Color)）、サイズのセット（(Dimension)）、空のセット（()）の3種類のグループ化が指定されている。空のセットは総計を生成する。

リスト5-6：GROUPING SETS サンプルクエリ

```
SELECT Color, Dimension, SUM(Quantity)
FROM Inventory
GROUP BY GROUPING SETS
(
    -- 3種類のグループ化セット
    (Color),
    (Dimension),
    ()
);
```

表5-4：GROUPING SETS サンプルクエリの結果

Color	Dimension	Quantity
Red	NULL	25
Blue	NULL	25
NULL	L	15
NULL	M	35
NULL	NULL	50

ROLLUPやCUBEとは異なり、結果セットをどのように集約したいのかを正確に指定できることがわかる。すべての組み合わせについて、必要かどうかを指定できる。基本的には、GROUPING SETSはもちろん、ROLLUPやCUBEでも、UNIONを使って組み合わせていた複数のクエリを1つのクエリにまとめることができる。単純なGROUP BYに基づくクエリを使ってリスト5-6のクエリと同じ結果を得る方法は、リスト5-7のようになる。

リスト5-7：GROUPING SETS の代わりに単純な GROUP BY を使用する

```
SELECT Color, NULL AS Dimension, SUM(Quantity)
FROM Inventory
GROUP BY Color
UNION
SELECT NULL, Dimension, SUM(Quantity)
FROM Inventory
GROUP BY Size
UNION
SELECT NULL, NULL, SUM(Quantity)
FROM Inventory;
```

ROLLUP、CUBE、GROUPING SETSは、Microsoft Accessではサポートされていない。また、グリッドに条件を追加するたびに、AccessのクエリビルダーがデフォルトでHAVING句を使用することもわかる。図5-1に示されているクエリから、リスト5-8のSQLが生成される。

126

項目30　GROUP BYの仕組みを理解する

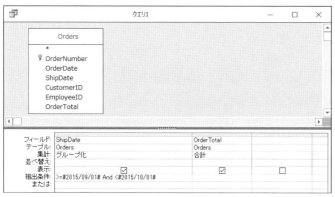

図5-1：Microsoft Accessでの合計クエリの構築

リスト5-8：図5-1のクエリから生成されたSQL

```
SELECT Orders.ShipDate, Sum(Orders.OrderTotal) AS OrderTotalの合計
FROM Orders
GROUP BY Orders.ShipDate
HAVING (((Orders.ShipDate)>=#9/1/2015#
  And (Orders.ShipDate)<#10/1/2015#));
```

それよりも望ましいのは、リスト5-9に示すようなクエリである。このクエリを生成するには、図5-2に示すように、この条件を明示的に分割する必要がある。

リスト5-9：図5-2のクエリから生成されたSQL

```
SELECT Orders.ShipDate, Sum(Orders.OrderTotal) AS OrderTotalの合計
FROM Orders
WHERE (((Orders.ShipDate)>=#9/1/2015#
  And (Orders.ShipDate)<#10/1/2015#))
GROUP BY Orders.ShipDate;
```

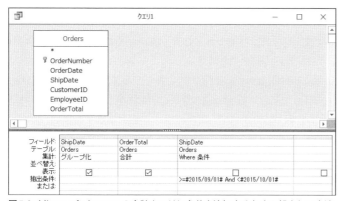

図5-2：Microsoft Accessの合計クエリに条件を追加するための望ましい方法

第5章　集約

覚えておきたいポイント

- WHEREは集約が実行される前に適用される。
- GROUP BY句はフィルタリングが適用されたデータセットを集約する。
- HAVING句は集約されたデータセットにフィルタリングを適用する。
- ORDER BY句は変換されたデータセットをソートする。
- SELECT句に指定された列（フィールド）のうち、集計関数や計算に含まれていない列は、GROUP BY句に含まれていなければならない。
- ROLLUP、CUBE、GROUPING SETSを利用すれば、複数の集約クエリをUNIONで組み合わせる代わりに、1つのクエリにまとめることができる。

項目31　GROUP BYは短く保つ

SQL/92規格が登場するまで、集約されない列はすべてGROUP BY句に含まれていなければならなかった。そして、多くのベンダーはこの仕様に準拠していた。リスト5-10に示すクエリでは、GROUP BY句に複数の列が指定されている。

リスト5-10：GROUP BY句に複数の列が指定された集約クエリ

```
SELECT c.CustomerID, c.CustFirstName, c.CustLastName, c.CustState,
  MAX(o.OrderDate) AS LastOrderDate,
  COUNT(o.OrderNumber) AS OrderCount,
  SUM(o.OrderTotal) AS TotalAmount
FROM Customers AS c
  LEFT JOIN Orders AS o
    ON c.CustomerID = o.CustomerID
GROUP BY c.CustomerID, c.CustFirstName, c.CustLastName, c.CustState;
```

このクエリはどのDBMSでも動作するだろう。だが、注目すべきは、GROUP BY句に列が4つ含まれていることだ。このグループ化がCustomerIDに基づいていて、CustomerIDがCustomersテーブルの主キーであることについて考えてみよう。定義上、主キーは一意でなければならないため、他の3つの列にどのような値が含まれているかはそれほど重要ではない。それらが同一の値だったとしても、集約の結果は変わらない。

これは**関数従属性**（functional dependency）と呼ばれるものである。CustFirstName、CustLastName、CustStateの3つの列は、CustomerID列に関数従属している。SQL/99以降では、関数従属性が認識されている。したがって、現在のSQL規格に準拠するには、実際にはリスト5-11のクエリで十分である。

リスト5-11：現在のSQL規格に準拠するようにリスト5-10のクエリを修正

```
SELECT c.CustomerID, c.CustFirstName, c.CustLastName, c.CustState,
  MAX(o.OrderDate) AS LastOrderDate,
  COUNT(o.OrderNumber) AS OrderCount,
```

128

項目31　GROUP BYは短く保つ

```
    SUM(o.OrderTotal) AS TotalAmount
FROM Customers AS c
  LEFT JOIN Orders AS o
    ON c.CustomerID = o.CustomerID
GROUP BY c.CustomerID;
```

　ただし、本書の執筆時点では、このバージョンを許可しているのはMySQLとPostgreSQLだけである。他のDBMSでは、このクエリは拒否され、「集約または式の一部として含まれていない列参照」に関するエラーになる。ただし、GROUP BY句に含まれる列の数ができるだけ少なくなるように同じクエリを書き換えることができる。リスト5-12に示すように、これにはサブクエリを使用する。

リスト5-12：可搬性を持つようにリスト5-10のクエリを修正

```
SELECT c.CustomerID, c.CustFirstName, c.CustLastName,
       c.CustState, o.LastOrderDate, o.OrderCount, o.TotalAmount
FROM Customers AS c
  LEFT JOIN
    (SELECT t.CustomerID,
      MAX(t.OrderDate) AS LastOrderDate,
      COUNT(t.OrderNumber) AS OrderCount,
      SUM(t.OrderTotal) AS TotalAmount
    FROM Orders AS t
    GROUP BY t.CustomerID) AS o
  ON c.CustomerID = o.CustomerID;
```

> note　リスト5-12のクエリをもう少し読みやすくする方法については、第6章の項目42を参照。

　リスト5-12のクエリには、重要な利点がもう1つある。それは、実際に何が集約されるのかが理解しやすくなることである。これらの例では、主キーであるCustomerIDを使用しているが、必ずしも集約グループに主キーを使用する必要はない。リスト5-13に示すGROUP BY句について考えてみよう。

リスト5-13：複雑なGROUP BY句

```
...
GROUP BY CustCity, CustState, CustZip, YEAR(OrderDate),
        MONTH(OrderDate), EmployeeID
...
```

　このGROUP BY句に削除可能な関数従属列が存在するかどうかわかるだろうか。この集約は顧客の地域に基づくものだろうか。それとも、注文の日付（年、月）と注文を処理した従業員

129

第5章　集約

に基づくものだろうか。あるいは別の集約だろうか。このGROUP BY句を見ても、きっとわからないだろう。グループ化の決め手となるものを特定するには、クエリ全体を分析し、結果を調べる必要がある。詳細を取得するためだけに存在する列の数が多すぎて、クエリの目的がわかりにくくなってしまっている。このようなクエリを分析して理解するのは難しい。このため、クエリの最適化が必要になった場合の書き直しや、ベーステーブルに適用する必要があるインデックスの特定は難しい作業になるだろう。

このため、集約クエリを作成するにあたって、次のような習慣を身につけることが非常に望ましい。データを正しく集約するために実際に必要な列だけがGROUP BY句に含まれるようにするのである。詳細を取得するために追加の列が必要な場合は、それらをGROUP BY句に追加するのではなく、外側のクエリに追加するようにしよう。

覚えておきたいポイント

- 一部のDBMSでは、集約に使用されない列をGROUP BYに追加しなければならない。ただし、現在のSQL規格では、そうする必要はなくなっている。
- GROUP BY句の列の数が多すぎると、クエリのパフォーマンスに悪影響をおよぼすことがある。また、そうしたクエリを読んで理解するのは難しいため、書き直すのも難しくなる。
- 集約と詳細の両方が必要なクエリでは、まずサブクエリですべての集約を実行し、それらの結果をテーブルに結合した上で情報を取り出せばよい。

項目32　複雑な問題の解決にGROUP BYとHAVINGを利用する

集計関数は、データセット全体にわたって、あるいはデータセットの複数の行グループで値を計算するのに役立つ。本章の項目30では、GROUP BY句が集約の対象となるデータをどのように定義するのかを示した。ここでは、HAVING句を使って結果をさらに制御する方法について説明する。

WHERE句でのフィルタリングは、行が集約される前に適用される。これに対し、HAVING句を利用する場合は、集約自体にフィルタリングを適用できる。集約したい値は、何らかのリテラル値よりも大きいまたは小さい値だけかもしれない。しかし、HAVING句の威力は、あるグループの集約結果を別の集約値と比較できることにある。この機能を利用すれば、次のような問題を解決できる。

- **配達が遅いベンダーを選択する**
  平均配達時間がすべてのベンダーの平均配達時間を超えているベンダーを検索する。
- **カテゴリごとにベストセラーを特定する**
  指定された期間の合計売上高が同じカテゴリ内のすべての製品の平均売上高を超えている

製品をリストアップする。
- **多額の注文を出す顧客を特定する**
  1日に合計1,000ドル以上の注文をしたことがある顧客を表示する。
- **特定の商品の売れ行きを確認する**
  最後の四半期の注文に対して、特定の商品が注文された割合を計算する。

最初の2つの問題を解決してみよう。そうすれば、HAVING句を利用する方法が理解できるはずだ。図5-3は、ここで使用するテーブルを示している。

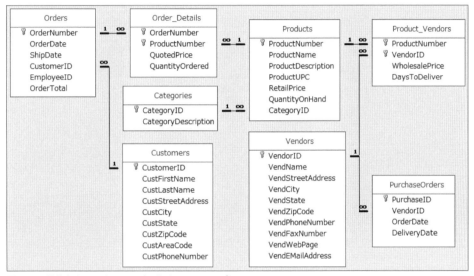

図5-3：一般的なSales Ordersデータベースのテーブル

配達が遅いベンダーを特定する問題から見ていこう。ここでは、Sales Ordersデータベースに Vendors テーブルと PurchaseOrders テーブルが存在するものとする。PurchaseOrders テーブルには、Vendors テーブルに対する外部キー（VendorID）と、ベンダーが注文された商品を配達するのにかかる時間を計算するための OrderDate 列と DeliveryDate 列が含まれている。2015年の第4四半期（Q4）を対象とした場合、この問題を解決するためのクエリはリスト5-14のようになる。

> note　日時の計算には、付録で説明しているSQL Serverの関数を使用している。これらに相当する関数については、DBMSのマニュアルを調べる必要がある。

第5章　集約

リスト5-14：配達時間が2015年のQ4の平均時間を超えているベンダーを特定

```
SELECT v.VendName,
       AVG(DATEDIFF(DAY, p.OrderDate, p.DeliveryDate)) AS DeliveryDays
FROM Vendors AS v
  INNER JOIN PurchaseOrders AS p
    ON v.VendorID = p.VendorID
WHERE p.DeliveryDate IS NOT NULL
  AND p.OrderDate BETWEEN '2015-10-01' AND '2015-12-31'
GROUP BY v.VendName
HAVING AVG(DATEDIFF(DAY, p.OrderDate, p.DeliveryDate)) >
  (SELECT AVG(DATEDIFF(DAY, p2.OrderDate, p2.DeliveryDate))
   FROM PurchaseOrders AS p2
   WHERE p2.DeliveryDate IS NOT NULL
     AND p2.OrderDate BETWEEN '2015-10-01' AND '2015-12-31');
```

　2015年の第4四半期の平均配達時間が14日であることを示すクエリを実行したところなので、表5-5の結果はそれほど意外ではない。アメリカでは、第4四半期は感謝祭とクリスマスのシーズンであるため、配達に時間がかかるのは想定内である。ほとんどの小売店がホリデーシーズンの前に在庫を補充するのは、そのためだ。しかし、このようなレポートは、そうした時期に急ぎの注文がある場合にもっとも期待できないベンダーを特定するのに役立つ。

表5-5：2015年のQ4において配達が遅かったベンダー

VendName	DeliveryDays
Armadillo Brand	15
Big Sky Mountain Bikes	17
Nikoma of America	22
ProFormance	15

> note 　DeliveryDaysの結果はDBMSによって異なる可能性がある。ROUND関数の実装もDBMSによって異なるため、日付の小数部が必要ない場合は、平均値の書式を設定する必要がある。

　ほとんどの実装（およびISO SQL規格）では、SELECT句で計算されたDeliveryDays列をHAVING句で参照するのは文法的に正しくない。式がまったく同じだったとしても認められないので注意しよう。つまり、同じ式をもう一度入力しなければならない。

　次に、指定された期間の合計売上高が同じカテゴリのすべての製品の平均売上高を超えている製品をリストアップしてみよう。そのための方法はリスト5-15のようになる。

リスト5-15：2015年のQ4のベストセラーをカテゴリごとに特定

```
SELECT c.CategoryDescription, p.ProductName,
```

132

項目32　複雑な問題の解決にGROUP BYとHAVINGを利用する

```
    SUM(od.QuotedPrice * od.QuantityOrdered) AS TotalSales
FROM Products AS p
  INNER JOIN Order_Details AS od
    ON p.ProductNumber = od.ProductNumber
  INNER JOIN Categories AS c
    ON c.CategoryID = p.CategoryID
  INNER JOIN Orders AS o
    ON o.OrderNumber = od.OrderNumber
WHERE o.OrderDate BETWEEN '2015-10-01' AND '2015-12-31'
GROUP BY p.CategoryID, c.CategoryDescription, p.ProductName
HAVING SUM(od.QuotedPrice * od.QuantityOrdered) >
  (SELECT AVG(SumCategory)
    FROM
      (SELECT p2.CategoryID, SUM(od2.QuotedPrice * od2.QuantityOrdered)
        AS SumCategory
      FROM Products AS p2
      INNER JOIN Order_Details AS od2
        ON p2.ProductNumber = od2.ProductNumber
      INNER JOIN Orders AS o2
        ON o2.OrderNumber = od2.OrderNumber
      WHERE p2.CategoryID = p.CategoryID
      AND o2.OrderDate BETWEEN '2015-10-01' AND '2015-12-31'
      GROUP BY p2.CategoryID, p2.ProductNumber) AS s
    GROUP BY CategoryID)
ORDER BY c.CategoryDescription, p.ProductName;
```

　この問題は複雑である。というのも、HAVING句では、まず、現在のグループのカテゴリで
売上高の合計を製品ごとに計算しなければならず、次に、それらの合計売上高の平均を求めな
ければならないからだ。しかも、外側のクエリでは、そのカテゴリを現在のグループのカテゴ
リでフィルタリングしなければならない。さらにややこしいことに、データを特定の期間に限
定したいので、日付を取得するためにOrdersテーブルを結合する必要もある。最終的な結果
は表5-6のようになる。

表5-6：2015年のQ4においてそのカテゴリの平均よりも売れた製品

CategoryDescription	ProductName	TotalSales
Accessories	Cycle-Doc Pro Repair Stand	32595.76
Accessories	Dog Ear Aero-Flow Floor Pump	15539.15
Accessories	Glide-O-Matic Cycling Helmet	23640.00
Accessories	King Cobra Helmet	27847.26
Accessories	Viscount CardioSport Sport Watch	16469.79
Bikes	GT RTS-2 Mountain Bike	527703.00
Bikes	Trek 9000 Mountain Bike	954516.00
Clothing	StaDry Cycling Pants	8641.56
Components	AeroFlo ATB Wheels	37709.28
Components	Cosmic Elite Road Warrior Wheels	32064.45
Components	Eagle SA-120 Clipless Pedals	17003.85

▼次頁へ続く

133

第5章　集約

CategoryDescription	ProductName	TotalSales
Car racks	Ultimate Export 2G Car Rack	31014.00
Tires	Ultra-2K Competition Tire	5216.28
Skateboards	Viscount Skateboard	196964.30

　第6章の項目42に進んだ場合は、CTE（Common Table Expression）を利用することで、このクエリを少し単純にできることがわかるだろう。参考までに、CTEを使ったクエリはリスト5-16のようになる。

リスト5-16：CTEを使ってリスト5-15を単純化

```
WITH CatProdData AS (
  SELECT c.CategoryID, c.CategoryDescription,
    p.ProductName, od.QuotedPrice, od.QuantityOrdered
  FROM Products AS p
    INNER JOIN Order_Details AS od
      ON p.ProductNumber = od.ProductNumber
    INNER JOIN Categories AS c
      ON c.CategoryID = p.CategoryID
    INNER JOIN Orders AS o
      ON o.OrderNumber = od.OrderNumber
  WHERE o.OrderDate BETWEEN '2015-10-01' AND '2015-12-31'
)
SELECT d.CategoryDescription, d.ProductName,
  SUM(d.QuotedPrice * d.QuantityOrdered) AS TotalSales
FROM CatProdData AS d
GROUP BY d.CategoryID, d.CategoryDescription, d.ProductName
HAVING SUM(d.QuotedPrice * d.QuantityOrdered) >
  (SELECT AVG(SumCategory)
   FROM
     (SELECT d2.CategoryID,
        SUM(d2.QuotedPrice * d2.QuantityOrdered) AS SumCategory
      FROM CatProdData AS d2
      WHERE d2.CategoryID = d.CategoryID
      GROUP BY d2.CategoryID, d2.ProductName) AS s
   GROUP BY CategoryID)
ORDER BY d.CategoryDescription, d.ProductName;
```

　CTEを利用すれば、複雑な結合と日付でのフィルタリングを一度定義すれば、外側のクエリとサブクエリの両方で再利用できる。

覚えておきたいポイント

- グループ化を実行する前の行のフィルタリングには、WHERE句を使用する。グループ化を実行した後の行のフィルタリングには、HAVING句を使用する。
- HAVING句を使用すれば、集約式のフィルタリングが可能になる。
- SELECT句では、集約式に名前を付けているが、その式をHAVING句で使用したい場合は、同じ式をもう一度入力しなければならない。SELECTで割り当てた名前を使用することはできない。

項目33　GROUP BYを使用せずに最大値や最小値を特定する

● 集約値は、単純なリテラル値と比較してもよいし、複雑な集約サブクエリによって返された値と比較してもよい。

項目33　GROUP BYを使用せずに最大値や最小値を特定する

　GROUP BYはさまざまな問題の解決に役立つが、集約の対象になるデータが多すぎて、必要な詳細が得られないこともある。ウィンドウ関数[†2]をサポートしていないDBMSを使用している場合は、列を集約せずに追加の列を取得できる方法があると便利である。この方法は、第4章の項目23で説明した方法の延長線上にあり、集約を行わずに最大値や最小値を特定することが可能になる。

　表5-7に示されているデータについて考えてみよう。

表5-7：BeerStylesテーブル

Category	Country	Style	MaxABV
American Beers	United States	American Barley Wine	12
American Beers	United States	American Lager	4.2
American Beers	United States	American Malt Liquor	9
American Beers	United States	American Stout	11.5
American Beers	United States	American Style Wheat	5.5
American Beers	United States	American Wild Ale	10
American Beers	United States	Double/Imperial IPA	10
American Beers	United States	Pale Lager	5
British or Irish Ales	England	English Barley Wine	12
British or Irish Ales	England	India Pale Ale	7.5
British or Irish Ales	England	Ordinary Bitter	3.9
British or Irish Ales	Ireland	Irish Red Ale	6
British or Irish Ales	Scotland	Strong Scotch Ale	10
European Ales	Belgium	Belgian Black Ale	6.2
European Ales	Belgium	Belgian Pale Ale	5.6
European Ales	Belgium	Flanders Red	6.5
European Ales	France	Biére de Garde	8.5
European Ales	Germany	Berliner Weisse	3.5
European Ales	Germany	Dunkelweizen	6
European Ales	Germany	Roggenbier	6
European Lagers	Austria	Vienna Lager	5.9
European Lagers	Germany	Maibock	7.5
European Lagers	Germany	Rauchbier	6
European Lagers	Germany	Schwarzbier	3.9
European Lagers	Germany	Traditional Bock	7.2

---

†2：本章の項目37を参照。

第5章　集約

　カテゴリごとにもっとも高いアルコール度数（MaxABV）が知りたい場合は、リスト5-17に
示すSQL文を使用することになるだろう。

リスト5-17：カテゴリごとに最も高いアルコール度数を特定

```
SELECT Category, MAX(MaxABV) AS MaxAlcohol
FROM BeerStyles
GROUP BY Category;
```

　リスト5-17のクエリを実行した結果は表5-8のようになる。

表5-8：カテゴリごとの最大アルコール度数

Category	MaxAlcohol
American Beers	12
British or Irish Ales	12
European Ales	8.5
European Lagers	7.5

> note　　リスト5-17にはORDER BY句が含まれていないため、項目30で言及したように、
> DBMSによっては、少し異なる結果になるかもしれない。

　ただし、もっとも高いアルコール度数だけでなく、そのビールの産地（Country）も知りた
いとしよう。しかし、リスト5-18に示すように、先のクエリにCountryを追加してクエリを
拡張する、というわけにはいかない。

リスト5-18：アルコール度数がもっとも高いビールの産地を特定するクエリ（正しくない）

```
SELECT Category, Country, MAX(MaxABV) AS MaxAlcohol
FROM BeerStyles
GROUP BY Category, Country;
```

　リスト5-18のクエリを実行した結果は表5-9のようになる。これは思っていた結果ではない。

表5-9：リスト5-18のクエリの結果（正しくない）

Category	Country	MaxAlcohol
American Beers	United States	12
British or Irish Ales	England	12
British or Irish Ales	Ireland	6
British or Irish Ales	Scotland	10
European Ales	Belgium	6.5
European Ales	France	8.5

136

項目33　GROUP BYを使用せずに最大値や最小値を特定する

Category	Country	MaxAlcohol
European Ales	Germany	6
European Lagers	Austria	5.9
European Lagers	Germany	7.5

　明らかに別のアプローチが必要である。

　この問題の本質は、MaxABVの値がもっとも大きい行をカテゴリごとに特定することにある。テーブルをそのテーブル自体に結合すれば、各行を調べて、その行と、そのカテゴリに属している他のすべての行との間で、MaxABVの値を比較することが可能になる。そうすれば、目的の行を見つけ出すことができるはずだ。そのためのクエリはリスト5-19のようになる。

リスト5-19：各行のMaxABVを比較するためにBeerStylesテーブルを自身に結合

```
SELECT l.Category, l.MaxABV AS LeftMaxABV,
       r.MaxABV AS RightMaxABV
FROM BeerStyles AS l
  LEFT JOIN BeerStyles AS r
    ON l.Category = r.Category
      AND l.MaxABV < r.MaxABV;
```

　このクエリは、テーブルの各行を同じCategoryに属している他のすべての行と比較し、MaxABVの値がもっとも大きい行だけを返す。これは左結合であるため、右側のテーブルにMaxABVの値がもっとも大きい行が存在しなかったとしても、左側のテーブルの行ごとに少なくとも1つの行を返す。リスト5-19のクエリを実行した結果は表5-10のようになる。

表5-10：リスト5-19のクエリの結果

Category	LeftMaxABV	RightMaxABV
...	...	...
European Lagers	3.9	7.2
European Lagers	3.9	7.5
British or Irish Ales	12	NULL
British or Irish Ales	7.5	10
British or Irish Ales	7.5	12
European Ales	6.5	8.5
European Lagers	7.5	NULL
American Beers	5	11.5
American Beers	5	12
American Beers	5	9
...	...	...

　表5-10の2つの行で、RightMaxABV列にNULLが含まれていることがわかる。その行のLeftMaxABV列の値は、そのカテゴリの最大アルコール度数である。表5-8から、British or

137

第5章　集約

Irish Alesの最大アルコール度数は12%、European Lagersの最大アルコール度数は7.5%であることがわかる。

　目的の行を特定する方法がわかったところで、他の列を取得する方法を見てみよう。そのためのクエリはリスト5-20のようになる。

リスト5-20：各カテゴリにおいてアルコール度数がもっとも高い行の詳細を取得

```
SELECT l.Category, l.Country, l.Style, l.MaxABV AS MaxAlcohol
FROM BeerStyles AS l
  LEFT JOIN BeerStyles AS r
    ON l.Category = r.Category
      AND l.MaxABV < r.MaxABV
WHERE r.MaxABV IS NULL
ORDER BY l.Category;
```

リスト5-20のクエリを実行した結果は表5-11のようになる。

表5-11：リスト5-20のクエリを実行した結果

Category	Country	Style	MaxAlcohol
American Beers	United States	American Barley Wine	12
British or Irish Ales	England	English Barley Wine	12
European Ales	France	Biére de Garde	8.5
European Lagers	Germany	Maibock	7.5

　リスト5-20のクエリには集計関数が含まれていないため、GROUP BY句は必要ない。GROUP BY句がないため、このクエリは他のテーブルと簡単に結合できる。

　リスト5-20のON句を見てみよう。1つ目の式であるl.Category = r.Categoryについては、リスト5-18のGROUP BY Categoryと機能的に等しいと考えることができる。この新しいクエリで「グループ化」を定義する仕組みは、このようになる。2つ目の式であるl.MaxABV < r.MaxABVについては、MAX(MaxABV)と機能的に等しいと考えることができる。というのも、WHERE r.MaxABV IS NULL句により、最大値のみの選択が可能になるからだ（関係演算子を逆にすれば、最小値のみを選択できる）。

　ここでの核心は、リソースに負荷をかける可能性がある集約とGROUP BYを両方とも回避することにある。この問題は次の式でも解決できるが、集計関数だけでなく、相関サブクエリも必要となる。

```
MaxAlcohol =
  (SELECT MAX(MaxAlcohol)
   FROM BeerStyles AS b2
   WHERE b2.Category = BeerStyles.Category)
```

　第6章の項目41で説明するように、相関サブクエリはかなり高くつくことがある。というの

138

項目34　OUTER JOINを使用するときはCOUNT()を正しく使用する

も、データベースエンジンが行ごとにサブクエリを実行しなければならないからだ。

> note　テーブルを2回スキャンすることを考えると、テーブルが大きい場合はその限りではない。第7章の項目44では、状況を分析することで、本項目のアプローチが適しているかどうかを調べる方法を紹介する。

覚えておきたいポイント

- LEFT JOINを使って「メイン」テーブルをそれ自体に結合する必要がある。
- GROUP BY句に含まれていた列はすべて、等価（=）の比較を用いることで、ON句の一部となる。
- MAX（またはMIN）関数に含まれていた列は、小なり（<）または大なり（>）演算子を用いることで、ON句の一部となる。
- 最初から大きなデータセットを扱う場合は特にそうだが、パフォーマンスを向上させるために、ON句に含まれる列にはインデックスを付けるべきである。

項目34　OUTER JOINを使用するときはCOUNT()を正しく使用する

　SQLコードのちょっとした誤りが正しくない答えにつがなることがある。ここで取り組むのは、データセットの行の数をカウントするという単純な問題なので、単純なデータベースを使用することにしよう。図5-4は、自宅で、あるいはレストランのシェフが使用するようなレシピを管理するデータベースの設計を示している。

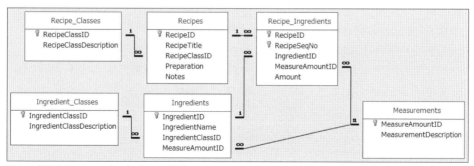

図5-4：単純なRecipesデータベースの設計

　単純な問題の1つは、レシピクラスをすべてリストアップし、各クラスのレシピの数をカウントすることである。レシピクラスがすべて必要なので、外部結合を使用することで、すべて

第5章　集約

のクラスが取得されるようにするのが賢明だろう。この問題を解決するための最初の試みは、
リスト5-21のようになる。

リスト5-21：すべてのレシピクラスでレシピをカウント

```
SELECT Recipe_Classes.RecipeClassDescription,
  COUNT(*) AS RecipeCount
FROM Recipe_Classes
  LEFT OUTER JOIN Recipes
    ON Recipe_Classes.RecipeClassID = Recipes.RecipeClassID
GROUP BY Recipe_Classes.RecipeClassDescription;
```

リスト5-21のクエリを実行した結果は表5-12のようになる。

表5-12：各レシピクラスのレシピの数

RecipeClassDescription	RecipeCount
Dessert	2
Hors d'oeuvres	2
Main course	7
Salad	1
Soup	1
Starch	1
Vegetable	2

　レシピクラスごとに少なくともレシピが1つ存在しているように見える。だが、表示されて
いる値はあてにならない。というのも、この答えは実際には間違っているからだ。COUNT(*)
を使用すると、各グループから返された行をカウントすることになる。ここでは左外部結合を
実行したため、レシピクラスごとに最低でも1行が返されることになる。ただし、レシピクラ
スにレシピが1つも存在しない場合は、Recipesテーブルの（1つ以上の）列に対してnull値
が返されているはずだ[3]。

　解決策の1つは、Recipesテーブルから返された列の1つをカウントすることである。アス
タリスク（*）の代わりに列名を使用すると、その列にnull値が含まれている行はデータベース
エンジンによって無視されるようになる。この問題を正しく解決する方法は、リスト5-22の
ようになる。

リスト5-22：すべてのレシピクラスでレシピを正しくカウント

```
SELECT Recipe_Classes.RecipeClassDescription,
  COUNT(Recipes.RecipeClassID) AS RecipeCount
FROM Recipe_Classes
  LEFT OUTER JOIN Recipes
    ON Recipe_Classes.RecipeClassID = Recipes.RecipeClassID
```

---

[3]：本章の項目36も参照。

項目34　OUTER JOINを使用するときはCOUNT()を正しく使用する

```
GROUP BY Recipe_Classes.RecipeClassDescription;
```

正しい答え（Soupレシピは存在しない）は表5-13のようになる。

表5-13：各レシピクラスのレシピの正しい数

RecipeClassDescription	RecipeCount
Dessert	2
Hors d'oeuvres	2
Main course	7
Salad	1
Soup	0
Starch	1
Vegetable	2

　LEFT OUTER JOINとGROUP BYを使用する方法は、この問題を解決するにあたってもっとも効率のよい方法だろうか。そうではないかもしれない。数千とはいかないまでも、各レシピクラスの行の数は数百になってもおかしくないわけだが、レシピクラスの数が限られている場合は、サブクエリを使ってカウントを取得するほうが効率的かもしれない。

　「Recipesテーブルからすべての行を取り出し、グループ化し、カウントする」という方法よりも、サブクエリを使ってカウントするほうが高速であることが考えられる。とりわけ、インデックス付けされたフィールドをカウントする場合、データベースエンジンがカウントするのは実際の行ではなく、インデックスエントリになる可能性がある。サブクエリを使った解決策はリスト5-23のようになる。このクエリを実行した結果は表5-13とまったく同じである。

リスト5-23：サブクエリを使って各レシピクラスでレシピをカウント

```
SELECT Recipe_Classes.RecipeClassDescription,
  (
    SELECT COUNT(Recipes.RecipeClassID)
    FROM Recipes
    WHERE Recipes.RecipeClassID = Recipe_Classes.RecipeClassID
  ) AS RecipeCount
FROM Recipe_Classes;
```

　サブクエリのほうが（相関サブクエリであったとしても）高速であるという推測を検証するには、SQL Serverのクエリウィンドウに両方のクエリを入力し、推定実行プランを表示してみればよい。結果は図5-5のようになる。なお、クエリアナライザーを使用する方法については、第7章の項目44で説明する。相関サブクエリと非相関サブクエリについては、第6章の項目41で説明する。

141

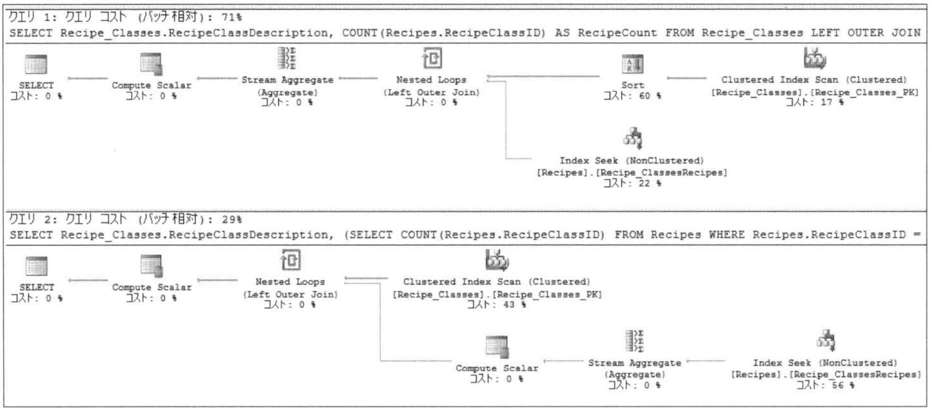

第5章　集約

```
クエリ 1: クエリ コスト (バッチ相対): 71%
SELECT Recipe_Classes.RecipeClassDescription, COUNT(Recipes.RecipeClassID) AS RecipeCount FROM Recipe_Classes LEFT OUTER JOIN

SELECT          Compute Scalar      Stream Aggregate      Nested Loops                         Sort        Clustered Index Scan (Clustered)
コスト: 0 %      コスト: 0 %          (Aggregate)           (Left Outer Join)                    コスト: 60 %  [Recipe_Classes].[Recipe_Classes_PK]
                                    コスト: 0 %           コスト: 0 %                                       コスト: 17 %

                                                                      Index Seek (NonClustered)
                                                                      [Recipes].[Recipe_ClassesRecipes]
                                                                      コスト: 22 %

クエリ 2: クエリ コスト (バッチ相対): 29%
SELECT Recipe_Classes.RecipeClassDescription, (SELECT COUNT(Recipes.RecipeClassID) FROM Recipes WHERE Recipes.RecipeClassID =

SELECT          Compute Scalar      Nested Loops          Clustered Index Scan (Clustered)
コスト: 0 %      コスト: 0 %          (Left Outer Join)     [Recipe_Classes].[Recipe_Classes_PK]
                                    コスト: 0 %           コスト: 43 %

                                    Compute Scalar        Stream Aggregate       Index Seek (NonClustered)
                                    コスト: 0 %            (Aggregate)            [Recipes].[Recipe_ClassesRecipes]
                                                          コスト: 0 %            コスト: 56 %
```

図5-5：SQL Serverで2つのクエリを分析

　データの量は比較的少ないが、それでも、GROUP　BYを使用した場合のコスト（71%）がサブクエリを使用した場合のコスト（29%）の2倍以上であることがわかる。ただし、この実行プランはあくまでもSQL Serverのデータベースエンジンのものであり、他のデータベースエンジンではまったく逆の結果になる可能性もある。SQL問題を解決するためのより効率のよい方法を見つけ出したい場合は、ためらわずに他の方法を調べてみよう。SQL文の効率性を評価する方法については、第7章で説明する。

覚えておきたいポイント

- null値を含んでいる行を含め、すべての行をカウントしたい場合は、COUNT(*)を使用する。
- 列の値がNULLではない行だけをカウントしたい場合は、COUNT(<列名>)を使用する。
- サブクエリのほうが（相関サブクエリであっても）GROUP　BYよりも効率がよいことがある。

項目35　HAVING COUNT(x)＜Nを評価するときは値が0の行もカウントする

　ここでは、小なり演算を指定するHAVING述語を適用するときに、値が0の行も考慮に入れる方法について説明する。

　ここでも、項目34と同じRecipesデータベースを使用する。このデータベースの設計をもう一度見ておこう。

項目35　HAVING COUNT(x) < Nを評価するときは値が0の行もカウントする

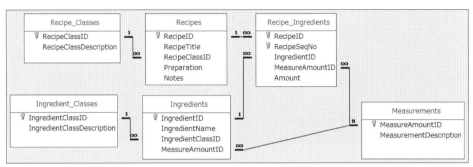

図5-6：単純なRecipesデータベースの設計

　たとえば、使用する香辛料（Spice）が2つ以下のメインコース（Main course）を探しているとしよう。レシピクラスの説明（`RecipeClassDescription`）に「Main course」によるフィルタリングを適用し、材料クラスの説明（`IngredientClassDescription`）に「Spice」によるフィルタリングを適用する必要がある。この問題を解決するための最初の試みはリスト5-24のようになる。

リスト5-24：香辛料が2つ以下のメインコースを特定するための最初の試み

```
SELECT Recipes.RecipeTitle,
  COUNT(Recipe_Ingredients.RecipeID) AS IngredCount
FROM Recipe_Classes
  INNER JOIN Recipes
    ON Recipe_Classes.RecipeClassID = Recipes.RecipeClassID
  INNER JOIN Recipe_Ingredients
    ON Recipes.RecipeID = Recipe_Ingredients.RecipeID
  INNER JOIN Ingredients
    ON Recipe_Ingredients.IngredientID = Ingredients.IngredientID
  INNER JOIN Ingredient_Classes
    ON Ingredients.IngredientClassID = Ingredient_Classes.IngredientClassID
WHERE Recipe_Classes.RecipeClassDescription = 'Main course'
  AND Ingredient_Classes.IngredientClassDescription = 'Spice'
GROUP BY Recipes.RecipeTitle
HAVING COUNT(Recipe_Ingredients.RecipeID) < 3;
```

　リスト5-24のクエリを実行した結果は表5-14のようになる。

表5-14：香辛料が2つ以下のメインコース

RecipeTitle	IngredCount
Fettuccine Alfredo	2
Salmon Filets in Parchment Paper	2

　これは正しい答えではない。というのも、`Recipe_Ingredients`テーブルに対して左結合を行っていないため、カウントが0の行を取得できないからだ。リスト5-25は同じクエリを示

第5章　集約

しているが、このクエリでは LEFT JOIN を使用している。

リスト5-25：香辛料が2つ以下のメインコースを特定するための2つ目の試み

```
SELECT Recipes.RecipeTitle,
  COUNT(ri.RecipeID) AS IngredCount
FROM Recipe_Classes
  INNER JOIN Recipes
    ON Recipe_Classes.RecipeClassID = Recipes.RecipeClassID
  LEFT OUTER JOIN
    (SELECT Recipe_Ingredients.RecipeID,
       Ingredient_Classes.IngredientClassDescription
     FROM Recipe_Ingredients
       INNER JOIN Ingredients
         ON Recipe_Ingredients.IngredientID =
           Ingredients.IngredientID
       INNER JOIN Ingredient_Classes
         ON Ingredients.IngredientClassID =
           Ingredient_Classes.IngredientClassID) AS ri
    ON Recipes.RecipeID = ri.RecipeID
WHERE Recipe_Classes.RecipeClassDescription = 'Main course'
  AND ri.IngredientClassDescription = 'Spice'
GROUP BY Recipes.RecipeTitle
HAVING COUNT(ri.RecipeID) < 3;
```

> note 外部結合の右側でサブクエリを使用したのは、ほとんどのDBMS実装との間で構文上の互換性を確保するためである。たとえばMicrosoft Accessでは、単に INNER を LEFT OUTER に置き換えた場合、「あいまいな外部結合」を表すエラーになる[14]。

　このクエリもうまくいかない。「左結合」の「右側」でテーブルの1つにフィルタリングを適用すると、外部結合の効果が打ち消されてしまうからだ。このクエリを実行した結果は1つ目のクエリと同じになる[15]。フィルターをサブクエリへ移動してから結合を行うのが正しい方法である。具体的には、リスト5-26のようになる。

リスト5-26：香辛料が2つ以下のメインコースを特定するための正しい方法

```
SELECT Recipes.RecipeTitle,
  COUNT(ri.RecipeID) AS IngredCount
FROM Recipe_Classes
  INNER JOIN Recipes
    ON Recipe_Classes.RecipeClassID = Recipes.RecipeClassID
  LEFT OUTER JOIN
  (SELECT Recipe_Ingredients.RecipeID,
```

---

†4 [訳注]：Access 2016では、「JOIN式はサポートされていません」というエラーになる。

†5：第4章の項目29も参照。

144

項目35　HAVING COUNT(x) < Nを評価するときは値が0の行もカウントする

```
            Ingredient_Classes.IngredientClassDescription
   FROM Recipe_Ingredients
     INNER JOIN Ingredients
       ON Recipe_Ingredients.IngredientID =
         Ingredients.IngredientID
     INNER JOIN Ingredient_Classes
       ON Ingredients.IngredientClassID =
         Ingredient_Classes.IngredientClassID
   WHERE Ingredient_Classes.IngredientClassDescription = 'Spice') AS ri
   ON Recipes.RecipeID = ri.RecipeID
 WHERE Recipe_Classes.RecipeClassDescription = 'Main course'
 GROUP BY Recipes.RecipeTitle
 HAVING COUNT(ri.RecipeID) < 3;
```

これにより、ついに正しい答えが得られる（表5-15）。

表5-15：香辛料が2つ以下のメインコース

RecipeTitle	IngredCount
Fettuccine Alfredo	2
Irish Stew	0
Salmon Filets in Parchment Paper	2

　率直に言って、香辛料を使わないアイリッシュシチュー（Irish Stew）なんて想像もできないが、そのおかげで味わい深い例になったわけである。この場合は、肝心な材料がレシピから抜け落ちていたことがわかったので、材料リストを修正することができる。

　項目34で指摘したように、COUNT(RI.RecipeID)ではなくCOUNT(*)を使用するという間違いを犯した場合でも、アイリッシュシチューは表示されただろうが、材料の数は1になっていただろう。項目34と本項目でわかったように、COUNT()やHAVING < Nを使用するときには、0値の扱いに注意しなければならない。

　また、リスト5-25のWHERE句のAND ri.IngredientClassDescription = 'Spice'をJOIN句のON述語へ移動するという方法もある。この場合も、リスト5-26と同じ結果になるはずだ。というのも、ON述語で定義された条件は、外側のテーブル参照に結合される前にフィルタリングされるからだ。WHERE句の述語は結合の後に適用される。それでは「遅すぎる」ために、正しくない結果が返されるのである。

覚えておきたいポイント

- カウントが0の検索は、INNER JOINを使用する場合はうまくいかない。
- 「左結合」の「右側」でフィルタリングを適用する場合は、内部結合と同じことになる。フィルターをサブクエリへ移動するか、「右側」でフィルタリングを行うためにON述語を使用する。
- カウントが1以上であることが期待される場合に0のカウントを検索すると、データの問

145

第5章　集約

題を特定するのに役立つことがある。

項目36　重複なしのカウントを取得するには DISTINCTを使用する

COUNT集計関数の目的は、名前からも明らかである。ここでは、この関数の微妙な部分を少し詳しく見てみよう。

COUNT集計関数を使ってグループ内のアイテムの数を取得する方法には、次の3種類がある。

- COUNT(*)

  グループ内のアイテムの数を返す。これには、null値と重複が含まれる。

- COUNT(ALL <式>)

  グループ内の行ごとに式を評価し、null以外の値の数を返す。なお、ALLはデフォルトであるため、COUNT(<式>)でも同じである。

- COUNT(DISTINCT <式>)

  グループ内の行ごとに式を評価し、null以外の一意な値の数を返す。

通常、<式>には列（フィールド）名を指定するが、単一の値を得るために評価できるものであれば、記号と演算子の組み合わせでもよい。

表5-16に示すデータについて考えてみよう。

表5-16：サンプルデータ

OrderNumber	OrderDate	ShipDate	CustomerID	EmployeeID	OrderTotal
16	2012-09-02	2012-09-06	1001	707	2007.54
7	2012-09-01	2012-09-04	1001	NULL	467.85
2	2012-09-01	2012-09-03	1001	703	816.00
3	2012-09-01	2012-09-04	1002	707	11912.45
8	2012-09-01	2012-09-01	1003	703	1492.60
15	2012-09-02	2012-09-06	1004	701	2974.25
9	2012-09-01	2012-09-04	1007	NULL	69.00
4	2012-09-01	2012-09-03	1009	703	6601.73
24	2012-09-03	2012-09-05	1010	705	864.85
20	2012-09-02	2012-09-02	1011	706	4699.98
10	2012-09-01	2012-09-04	1012	701	2607.00
14	2012-09-02	2012-09-03	1013	704	6819.90
17	2012-09-02	2012-09-03	1014	702	4834.98
21	2012-09-03	2012-09-03	1014	702	709.97

146

項目36　重複なしのカウントを取得するにはDISTINCTを使用する

OrderNumber	OrderDate	ShipDate	CustomerID	EmployeeID	OrderTotal
6	2012-09-01	2012-09-05	1014	702	9820.29
18	2012-09-02	2012-09-03	1016	NULL	807.80
23	2012-09-03	2012-09-04	1017	705	16331.91
25	2012-09-03	2012-09-04	1017	NULL	10142.15
1	2012-09-01	2012-09-04	1018	707	12751.85
11	2012-09-02	2012-09-04	1020	706	11070.65
5	2012-09-01	2012-09-01	1024	NULL	5544.75
13	2012-09-02	2012-09-02	1024	704	7545.00
12	2012-09-02	2012-09-05	1024	706	72.00
22	2012-09-03	2012-09-07	1026	702	6456.16
19	2012-09-02	2012-09-06	1027	707	15278.98

　COUNT(*)を使用すると、表5-16に示すテーブルの行が全部で25個であることがわかる。

　このテーブルでは、すべての行でCustomerID列に値が含まれている。このため、COUNT(CustomerID)を使用した結果もやはり25になる。これに対し、COUNT(EmployeeID)を使用した結果は20になる。EmployeeID列にNULLが含まれている行が5つあるからだ。

　COUNT(DISTINCT CustomerID)を使用すると、それら25行のデータにおいて、CustomerID列の値が18種類あることがわかる。

　先ほど述べたように、COUNT関数に引数として指定できるのは、列名だけではない。たとえば、1,000ドルを超える注文の数を知りたいとしよう。リスト5-27に示すクエリを実行すると、18という結果が得られる。

リスト5-27：1,000ドルを超える注文の数を特定するためのクエリ

```
SELECT COUNT(*) AS TotalOrders
FROM Orders
WHERE OrderTotal > 1000;
```

　この場合は、次の文を使用することもできる。

```
COUNT(CASE WHEN OrderTotal > 1000 THEN CustomerID END)
```

　というのも、CASE関数がCustomerID列を返すのは、OrderTotalの値が1,000ドルを超える行に限られるからだ。それ以外の場合、この関数はNULLを返す。

　CASE文とDISTINCTを組み合わせることも可能である。次の文を使用すると、1,000ドルを超える18件の注文を出したのは、15人の顧客（1001、1002、1003、1004、1009、1011、1012、1013、1014、1017、1018、1020、1024、1026、1027）であることがわかる。

```
COUNT(DISTINCT CASE WHEN OrderTotal > 1000 THEN CustomerID END)
```

147

第5章　集約

リスト5-28に示すように、1つのクエリを複数のCOUNT関数で構成すると、テーブル全体を1回スキャンするだけで済む。

リスト5-28：1つのクエリで複数のCOUNTを実行

```
SELECT COUNT(*) AS TotalRows,
  COUNT(CustomerID) AS TotalOrdersWithCustomers,
  COUNT(EmployeeID) AS TotalOrdersWithEmployees,
  COUNT(DISTINCT CustomerID) AS TotalUniqueCustomers,
  COUNT(CASE WHEN OrderTotal > 1000
    THEN CustomerID END) AS TotalLargeOrders,
  COUNT(DISTINCT CASE WHEN OrderTotal > 1000
    THEN CustomerID END) AS TotalUniqueCust_LargeOrders
FROM OrdersTable;
```

リスト5-28のクエリを実行した結果は表5-17のようになる。

表5-17：リスト5-28のクエリを実行した結果

TotalRows	TotalOrdersWithCustomers	TotalOrdersWithEmployees
25	25	20
TotalUniqueCustomers	TotalLargeOrders	TotalUniqueCust_LargeOrders
18	18	15

> note
>
> COUNT関数はint型の値を返す。つまり、この関数の戻り値は2,147,483,647までの値に制限されている。DB2とSQL Serverは、bigint型の値を返すCOUNT_BIG関数をサポートしている。その場合は、9,223,372,036,854,775,807までの値が許可される。Microsoft AccessはDISTINCTとCOUNT()の組み合わせをサポートしていない。

覚えておきたいポイント

- 計算を単純にするには、COUNT()を適切な形式で使用する必要がある。
- COUNT()の引数として関数を使用することを検討する。そうすれば、WHERE句がなくても計算を組み合わせることが可能になる。

項目37　ウィンドウ関数を使用する方法を理解する

SQL:2003規格が策定されるまで、SQL規格の最大の弱点とされていた領域の1つは、結果が隣接する行に依存するデータを処理することだった。それまでの規格では、SQLにはそもそも「隣接する行」という概念がなかった。理論的には、行が特定のフィルターと一致する限り、

項目37　ウィンドウ関数を使用する方法を理解する

行の順番は問題にならないはずである。ORDER BY句は、関係演算の一部というよりは、表示のためのものと考えられていた。結果として、演算の種類によっては、SQLだけで実行するのは非常に難しい、という状況になっていた。主な例の1つは、表5-18に示すような累積和の生成である。

表5-18：累積和の例

OrderNumber	CustomerID	OrderTotal	TotalByCustomer	TotalOverall
1	1	213.99	213.99	213.99
2	1	482.95	696.94	696.44
3	1	321.50	1018.44	1018.44
4	2	192.20	192.20	1210.64
5	2	451.00	643.20	1661.64
6	3	893.40	893.40	2555.04
7	3	500.01	1393.41	3055.05
8	4	720.99	720.99	3776.04

　SQL:2003規格が登場するまで、このようなクエリの記述は非常に難しかった。仮にそうしたクエリを実行できたとしても、非常に効率が悪く、時間がかかる傾向にあった。SQL:2003規格では、**ウィンドウ関数**（window function）という概念が追加された。この場合の「ウィンドウ」は、当該の行の前後にある一連の行を表す。おなじみのSUM()、COUNT()、AVG()といった集計関数の多くは、ウィンドウ関数として使用できる。さらに、SQL:2003規格では、ウィンドウを適用しなければならないROW_NUMBER()やRANK()といった新しい関数も追加されている。DBMSの中には、少なくとも現在のバージョンの一部で、ウィンドウ関数をすでに実装しているものがある。どのようなウィンドウ関数が利用可能であるかについては、DBMSのマニュアルを調べる必要がある。

　表5-18に示すような累積和を生成するクエリは、リスト5-29のようになる。

リスト5-29：累積和を求めるクエリ

```
SELECT o.OrderNumber, o.CustomerID, o.OrderTotal,
  SUM(o.OrderTotal) OVER (
    PARTITION BY o.CustomerID
    ORDER BY o.OrderNumber, o.CustomerID
  ) AS TotalByCustomer,
  SUM(o.OrderTotal) OVER (
    ORDER BY o.OrderNumber
  ) AS TotalOverall
FROM Orders AS o
ORDER BY o.OrderNumber, o.CustomerID;
```

　リスト5-29には、注目すべき点がいくつかある。最初に注目すべきは、OVER句である。このOVER句は、SUM()の式でウィンドウを使用することを表している。このOVER句では、

149

第5章　集約

PARTITION BYとORDER BYの2つの述語を使用している。PARTITION BY述語は、ウィンドウの分割方法（パーティション分割）を指定する。この述語を省略した場合、SUM関数は結果セット全体に適用される。TotalByCustomerで指定されているo.CustomerIDは、o.CustomerIDの値が同じであるウィンドウ（行の範囲）に対してSUM関数を適用すべきであることを意味する。概念的にはGROUP BY句と似ているが、大きな違いがある。PARTITION BY述語は、SUM()のために生成されたウィンドウでのみグループ化を適用するものであり、独立している。これに対し、GROUP BYはクエリ全体にグループ化を適用し、グループ化にも集約にも含まれない列参照を許可しないなど、クエリに追加の制約を課す[6]。

TotalOverallには、PARTITION BY述語が含まれていないことに注目しよう。このため、機能的には、TotalOverallはクエリから返された行全体のグループ化に相当する。つまり、GROUP BY句を省略したときと同じである。

次に注目すべき部分は、ORDER BY述語である。本項目の冒頭で述べたように、結果は返される行の順番に左右される。累積和の例では、これはウィンドウに読み込まれる行の順番を表す。

どの場合も、各OVER句に定義する述語は異なっていてもよい。それらの述語は、他の述語に関係なく、その集計関数にのみ適用される。したがって、リスト5-30に示すようなクエリを記述することも可能である。

リスト5-30：OVER句ごとに異なる述語が定義されたクエリ

```
SELECT t.AccountID, t.Amount,
  SUM(t.Amount) OVER (
    PARTITION BY t.AccountID
    ORDER BY t.TransactionID DESC
  ) - t.Amount AS TotalUnspent,
  SUM(t.Amount) OVER (
    ORDER BY t.TransactionID
  ) AS TotalOverall
FROM Transactions AS t
ORDER BY t.TransactionID;
```

このクエリが支出レポートの生成に使用されると考えてみよう。このレポートは、支出全体と支出の内訳を報告する。特定の顧客の支出総額に対する差額を表すには、t.TransactionIDに基づいてTotalUnspentの順序を逆にしなければならない。表5-19は、リスト5-30のクエリによってデータがどのように構成されるのかを示している。

---

†6：本章の項目30を参照。

項目38　行をランク付けする

表5-19：リスト5-30のクエリを実行した結果

AccountID	Amount	TotalUnspent	TotalOverall
1	1237.10	606.98	1237.10
1	298.19	308.79	1535.29
1	54.39	254.40	1589.68
1	123.77	130.63	1713.45
1	49.25	81.38	1762.70
1	81.38	0.00	1844.08
2	394.29	1676.49	2238.37
2	683.39	993.10	2921.76
2	993.10	0.00	3914.86

　ウィンドウ関数を利用しない場合、表5-19と同じ結果を生成するには、ウィンドウを別々に表すために複数のSELECT文を入れ子にする必要があるだろう。ウィンドウ関数を利用する場合は、OVER句ごとにPARTITION　BYとORDER　BYを指定できるため、さまざまな範囲のデータにわたって集約を行う文を1つ記述するだけでよい。文レベルのGROUP　BY句の定義に従う必要はない。

　次の項目38では、ウィンドウを適用しなければならない新しい集計関数を取り上げる。項目39では、ウィンドウのサイズを表すための高度なオプションを取り上げる。

覚えておきたいポイント

- ウィンドウ関数は行の範囲を「認識」するため、従来の集計関数や文レベルのグループ化を使用する場合よりも、累積計算や移動集計の生成が容易になる。
- 集約を異なる方法で適用しなければならない、あるいは独立して適用しなければならない場合は、ウィンドウ関数のほうが適している。
- ウィンドウ関数は、SUM()、COUNT()、AVG()といった既存の集計関数を使って適用することが可能であり、OVER句に追加することで有効になる。
- PARTITION BY述語では、集約式に適用しなければならないグループ化を指定できる。
- ORDER　BY述語は、その後の行で集約式を計算する方法に影響を与える点で、重要になることが多い。

項目38　行をランク付けする

　項目37では、ウィンドウ関数がSUM()といったおなじみの集計関数で役立つことを示した。しかし、ROW_NUMBER()やRANK()といった新しい集計関数も登場している。これらの関数では、OVER句を定義する必要がある。ランクの意味を定義せずに何かをランク付けすることはできないため、これは納得がいく。ROW_NUMBER()とRANK()はどのように使用すればよいのだろうか。リスト5-31を見てみよう。

151

第5章 集約

リスト5-31：ROW_NUMBER()とRANK()を使用するクエリ

```
SELECT
  ROW_NUMBER() OVER (                          ▼次頁へ続く
    ORDER BY o.OrderDate, o.OrderNumber
  ) AS OrderSequence,
  ROW_NUMBER() OVER (
    PARTITION BY o.CustomerID
    ORDER BY o.OrderDate, o.OrderNumber
  ) AS CustomerOrderSequence,
  o.OrderNumber, o.CustomerID, o.OrderDate, o.OrderAmount,
  RANK() OVER (
    ORDER BY o.OrderTotal DESC
  ) AS OrderRanking,
  RANK() OVER (
    PARTITION BY o.CustomerID
    ORDER BY o.OrderTotal DESC
  ) AS CustomerOrderRanking
FROM Orders AS o
ORDER BY o.OrderDate;
```

リスト5-31のクエリを実行した結果は表5-20のようになる。

表5-20：リスト5-31のクエリによって返された架空のデータ

OrderSequence	CustomerOrderSequence	OrderNumber	CustomerID	...
1	1	2	4	...
2	1	9	3	...
3	2	4	3	...
4	1	3	1	...
5	1	1	2	...
6	2	5	2	...
7	3	6	3	...
8	2	7	4	...
9	3	8	4	...
10	4	10	4	...

...	OrderDate	Amount	OrderRanking	CustomerOrderRanking
...	2/15	291.01	6	3
...	2/16	102.23	8	3
...	2/16	431.62	3	2
...	2/16	512.76	2	1
...	2/17	102.23	8	1
...	2/18	49.12	10	2
...	2/18	921.87	1	1
...	2/19	391.39	5	2
...	2/20	428.48	4	1
...	2/20	291.01	6	3

項目38 行をランク付けする

> note SQL Serverがランクを返す方法は、DB2、Oracle、PostgreSQLとは異なる場合がある。GitHubで公開しているスクリプトによって返されるデータは、表5-20とは異なるものになる。

　項目37で説明したように、PARTITION BY述語はランク関数による実際のグループ化に影響を与える。OrderSequenceでは、ウィンドウはデータセット全体に適用されるが、CustomerOrderSequenceでは、CustomerIDに基づくグループ化が適用される。それにより、ROW_NUMBER()によるランク付けを最初からやり直せるため、顧客のランクにおいて1番目の注文がどれで、2番目の注文がどれかを特定できる。

　RANK()では、同じORDER BY述語を使用していない。ここでは、注文を金額に基づいて（支払い金額が高い順に）ランク付けしたかったので、このORDER BY述語は行がランク付けされる方法を制御するものとなっている。ROW_NUMBER()の場合と同様に、ランク付けをグループによって分割することで、特定の顧客による注文のうち、金額がもっとも高いのはどれかを確認できるようになる。CustomerOrderRankingでは、PARTITION BY述語を定義することで、特定の顧客による注文のうち金額がもっとも高いのはどれかを確認できるようにしている。

　また、ランクがタイのときにRANK()がどのように動作するのかに注意する必要もある。OrderRankingでは、OrderNumberの2と10がタイである。したがって、RANK()には抜けている順位がある。6位と8位にランク付けされている注文が2つずつ存在するため、抜けているのは7位と9位である。抜けている順位がないようにしたい場合は、代わりにDENSE_RANK()を使用する。あるいは、同じ順位になることがあり得ないようにOVER句を記述すればよい。

　これらの関数で他に注意すべき点は、ORDER BY述語が要求されることである。ソートの基準として異なる列が指定されれば、これらの関数の結果は異なる可能性がある。そう考えれば、これは当然である。

覚えておきたいポイント

- ROW_NUMBER()やRANK()などのランク関数には、常にウィンドウを適用しなければならない。このため、OVER句なしで定義することはできない。
- ランク関数でタイをどのように扱うかを検討する。順位が連続していて、抜けている順位がないようにしたい場合は、代わりにDENSE_RANK()を使用する。
- ウィンドウ関数では、ORDER BY述語は必須である。というのも、結果をどのような順番にするのか（どのようにランク付けするのか）に影響を与えるからだ。

153

第5章　集約

項目39　移動集計を生成する

　項目37と項目38では、ウィンドウ関数に適用されるウィンドウの境界についてはデフォルトの設定を使用した。ただし、移動集計を行う式を作成するとしたら、デフォルトの設定ではうまくいかない。企業は、データセット全体ではなく、より狭い範囲でパフォーマンスを比較することがよくある。たとえば売上レポートの場合は、創業してからこれまでの売上の平均よりも、3か月間の売上の平均を報告するほうが通常は有益である。あるいは季節的な要因に左右される企業の場合は、前の月の売上ではなく、前年の同じ月の売上と比較したいと考えるかもしれない。どちらの場合も、関数に適用されるウィンドウの境界をどのように設定するのかを指定しなければならない。項目37と項目38では、ウィンドウの境界を指定しなかったため、ORDER BY述語が指定されたかどうかに応じてデフォルトが適用された。リスト5-32のコードはリスト5-29のコードと同様だが、デフォルトを適用することが明示的に指定されている。

リスト5-32：累積和を実行するウィンドウ関数とデフォルトの指定

```
SELECT o.OrderNumber, o.CustomerID, o.OrderTotal
  SUM(o.OrderTotal) OVER (
    PARTITION BY o.CustomerID
    ORDER BY o.OrderNumber, o.CustomerID
    RANGE BETWEEN UNBOUNDED PRECEDING AND CURRENT ROW
  ) AS TotalByCustomer,
  SUM(o.OrderTotal) OVER (
    PARTITION BY o.CustomerID
    --RANGE BETWEEN UNBOUNDED PRECEDING AND UNBOUNDED FOLLOWING
  ) AS TotalOverall
FROM Orders AS o
ORDER BY o.OrderID, o.CustomerID;
```

　TotalOverallでは、ウィンドウの境界の定義がコメントアウトされている。というのも、ORDER BY述語が指定されない場合は、ウィンドウの境界の定義が有効ではないためだ。いずれにしても、ウィンドウ関数を表す式を定義するたびにデフォルト設定が想定されることがわかる。RANGEで有効な境界オプションは次の3つである。

- BETWEEN UNBOUNDED PRECEDING AND CURRENT ROW
  パーティションの最初の行から現在の行までがウィンドウとなる。
- BETWEEN CURRENT ROW AND UNBOUNDED FOLLOWING
  現在の行からパーティションの最後の行までがウィンドウとなる。
- BETWEEN UNBOUNDED PRECEDING AND UNBOUNDED FOLLOWING
  パーティションの最初の行から最後の行までがウィンドウとなる。

BETWEEN ... AND ...構文の代わりに、省略表記を使用することもできる。次の2つのオ

154

項目39　移動集計を生成する

プションはそれぞれ1つ目と2つ目のオプションに相当する。

- UNBOUNDED PRECEDING
- UNBOUNDED FOLLOWING

RANGEを使用すると、現在の行が他の行と比較され、ORDER BY述語に基づいてグループ化される。これは必ずしも望ましくない。実際には、ORDER BY述語の結果が2つの行で同じかどうかにかかわらず、物理的なオフセット（間隔）を維持したいかもしれない。その場合は、RANGEの代わりにROWSを指定する。これにより、先の3つのオプションに加えて、次の3つのオプションが有効となる。

- BETWEEN N PRECEDING AND CURRENT ROW
  N行前の行から現在の行までがウィンドウとなる。
- BETWEEN CURRENT ROW AND N FOLLOWING
  現在の行からN行までがウィンドウとなる。
- BETWEEN N PRECEDING AND N FOLLOWING
  N行前の行から、現在の行からN行までがウィンドウとなる。

Nには正の整数を指定する。また、CURRENT ROWをUNBOUNDED PRECEDINGまたはUNBOUNDED FOLLOWINGのどちらか適切なほうと置き換えることもできる。このように、ウィンドウの境界を任意に指定したい場合はROWSを使用しなければならず、現在の行からの物理的なオフセットで指定しなければならない。式を使ってウィンドウの境界を指定することはできないが、ウィンドウの境界を適用する前にデータを処理しておけば、この制限に対処できる。たとえば、何らかのグループ化を行うCTEを作成し、そのCTEでウィンドウ関数を適用すればよい。

先の構文を念頭に置いた上で、3か月間の移動集計を生成する方法を見てみよう。それらの平均値が正しいことを実証するために、リスト5-33にはLAG()とLEAD()の2つのウィンドウ関数が追加されている。LAG()は引数で指定されたアイテムを現在の行からN行だけ戻って取得する関数である。LEAD()はその逆で、引数で指定されたアイテムを現在の行からN行だけ進んで取得する関数である。Nはオフセットを表し、正の整数として指定する。なお、PurchaseStatisticsはCTEであり、GitHubのサンプル[†7]に含まれている。

リスト5-33：移動平均ウィンドウ関数

```
SELECT s.CustomerID, s.PurchaseYear, s.PurchaseMonth,
  LAG(s.PurchaseTotal, 1) OVER (                        ▼次頁へ続く
```

---

†7：https://github.com/TexanInParis/Effective-SQL

第5章　集約

```
    PARTITION BY s.CustomerID, s.PurchaseMonth
    ORDER BY s.PurchaseYear
  ) AS PreviousMonthTotal,
  s.PurchaseTotal AS CurrentMonthTotal,
  LEAD(s.PurchaseTotal, 1) OVER (
    PARTITION BY s.CustomerID, s.PurchaseMonth
    ORDER BY s.PurchaseYear
  ) AS NextMonthTotal,
  AVG(s.PurchaseTotal) OVER (
    PARTITION BY s.CustomerID, s.PurchaseMonth
    ORDER BY s.PurchaseYear
    ROWS BETWEEN 1 PRECEDING AND 1 FOLLOWING
  ) AS MonthOfYearAverage
FROM PurchaseStatistics AS s
ORDER BY s.CustomerID, s.PurchaseYear, s.PurchaseMonth;
```

　CustomerIDとPurchaseMonthに基づいてパーティション分割（グループ化）を定義していることがわかる。これにより、1年のすべての月を同じグループにまとめることができるため、現在の月を前後の月と比較するのではなく、ある年の月を別の年の同じ月と比較できるようになる。ウィンドウの境界を定義するにあたって、前後のオフセットとしてそれぞれ1が指定されているのは、そのためである。リスト5-33のクエリを実行した結果は表5-21のようになる。

表5-21：リスト5-33のクエリを実行した結果

CustomerID	PurchaseYear	PurchaseMonth	PreviousMonthTotal	CurrentMonthTotal	NextMonthTotal	MonthOfYearAverage
1	2011	5	NULL	1641.16	9631.94	5636.55
1	2011	6	NULL	1402.53	6254.64	3828.59
1	2011	7	NULL	2517.81	10202.26	6360.04
...	...	...	...	...	...	...
1	2012	5	1641.16	9631.94	10744.23	7339.11
1	2012	6	1402.53	6254.64	8400.52	5352.56
1	2012	7	2517.81	10202.26	12517.99	8412.69
...	...	...	...	...	...	...
1	2013	5	9631.94	10744.23	4156.48	8177.55
1	2013	6	6254.64	8400.52	6384.93	7013.36
1	2013	7	10202.26	12517.99	10871.25	11197.17
...	...	...	...	...	...	...
1	2014	5	10744.23	4156.48	11007.72	8636.14
1	2014	6	8400.52	6384.93	6569.74	7118.40
1	2014	7	12517.99	10871.25	12786.33	12058.52

　平均売上高を見ると、2012年と2013年はかなり好調だったことがわかる。2012年6月の行を見てみよう。2011年6月の合計売上高は1,402.53ドル、2013年6月の合計売上高は

156

8,400.52 ドルである。これを 2012 年 6 月の合計売上高である 6.254.64 ドルと合わせると、6 月の平均売上高は 5,352.56 ドルとなる。

　ここで重要となるのは、このクエリが物理的なオフセットに一貫性があることをあてにしていることである。つまり、どの年にも常に 12 の行が存在することを前提としている。そうでない場合、PARTITION BY 句と ORDER BY 句は正しく機能できない。会社がその月は営業を行っていないなど、特定の月の売上がない、ということがあり得る場合は、それらの月のデータが提供されるようにする必要があるだろう。第 9 章の項目 56 では、予定表を表すテーブルを作成する例を紹介する。このテーブルを Purchases テーブルに結合することで、欠測している月の合計売上高に 0 が設定されるようにすれば、パーティション分割を正しく行うことができる。

---

column | **RANGE と ROWS のどちらを使用するか**

　RANGE と ROWS の違いを理解するのは難しいかもしれない。先に述べたように、RANGE は論理的なグループ化に対応している。このため、違いが表面化するのは、ORDER BY 句が重複する値を返す場合である。リスト 5-34 のクエリは、RANGE と ROWS を使って同等のウィンドウを定義する方法を示している。話を単純に保つために、CTE である PurchaseStatistics の定義は省略しているが、GitHub で確認できる。

リスト 5-34：RANGE と ROWS を使ったクエリ

```
SELECT s.CustomerID, s.PurchaseYear, s.PurchaseMonth,
  SUM(s.PurchaseCount) OVER (
    PARTITION BY s.PurchaseYear
    ORDER BY s.CustomerID
    RANGE BETWEEN UNBOUNDED PRECEDING AND CURRENT ROW
  ) AS CountByRange,
  SUM(s.PurchaseCount) OVER (
    PARTITION BY s.PurchaseYear
    ORDER BY s.CustomerID
    ROWS BETWEEN UNBOUNDED PRECEDING AND CURRENT ROW
  ) AS CountByRows
FROM PurchaseStatistics AS s
ORDER BY s.CustomerID, s.PurchaseYear, s.PurchaseMonth;
```

　ORDER BY 述語が s.CustomerID に基づいて定義されていることに注目しよう。s.CustomerID は 12 か月にわたって重複しており、一意ではない。リスト 5-34 のクエリを実行した結果が表 5-22 のようになるとしよう。

第5章　集約

表5-22：リスト5-34のクエリを実行した結果

CustomerID	PurchaseYear	PurchaseMonth	CountByRange	CountByRows
1	2011	1	181	66
1	2011	2	181	78
1	2011	3	181	181
1	2011	4	181	39
1	2011	5	181	97
1	2011	6	181	153
1	2011	7	181	54
1	2011	8	181	107
1	2011	9	181	171
1	2011	10	181	11
1	2011	11	181	128
1	2011	12	181	142

　ORDER BY述語にはPurchaseMonthが含まれていないため、PurchaseYearごとにCustomerIDの値が同じである行が12個存在する。RANGEは、それらの行を論理的に同じ「グループ」であると見なし、12の行のすべてに同じ合計売上高を割り当てる。これに対し、ROWSは行を検出するたびにカウントを累積する。それらの順番はぐちゃぐちゃである。というのも、それらはPurchaseMonthの順序ではなく、行を受け取った順序で処理されるからだ（PurchaseMonthはORDER BY述語に指定されていない）。このため、たまたま最後に受け取った行が3月であるために、Decemberの代わりに181が割り当てられている。項目37で説明したように、ORDER BYは重要であり、結果を劇的に変化させる可能性がある。このため、ウィンドウ関数を定義する式にPARTITION BY述語とORDER BY述語を両方とも指定する場合は、細心の注意を払う必要がある。

覚えておきたいポイント

- ウィンドウの境界をデフォルト以外の設定に変更する必要がある場合は、オプションであるとしても、必ずORDER BY述語を指定しなければならない。
- ウィンドウを任意のサイズで定義する必要がある場合は、ROWSを使用しなければならない。ROWSでは、ウィンドウを構成する前後の行の数を指定できる。
- RANGEの有効なオプションは、UNBOUNDED PRECEDING、CURRENT ROW、またはUNBOUNDED FOLLOWINGである。
- 行の論理的なグループに対するRANGEか、行の物理的なオフセットに対するROWSのどちらかを選択できる。ORDER BY述語が重複する値を返さない場合は、どちらの結果も同じである。

第6章　サブクエリ

　サブクエリ（subquery）とは、完全なSELECT文全体をかっこ（()）で囲み、名前を付ける
という方法で作成されるテーブル式である。一般に、テーブル名を使用できる場所では、サブ
クエリを使用できる。本章で説明するように、IN句など、値のリストを使用できる場所では、
単一の列を返すサブクエリも使用できる。列名または単一のリテラルを使用できる場所では、
単一の列、0、または値を1つだけ返すサブクエリを使用できる。サブクエリは、SQLでの柔軟
性を大幅に高める強力な構文である。最初の項目では、さまざまな種類のサブクエリを使用で
きる場所を詳しく見ていこう。

項目40　サブクエリを使用できる場所を理解する

　「サブクエリ」という用語は、かっこ（()）で囲まれた完全なSELECT文という意味で使用さ
れる。通常は、かっこの外側でAS句を使用することで、サブクエリにエイリアス名を付ける。
サブクエリは、別のSELECT、UPDATE、INSERT、またはDELETE文の複数の場所で使用でき
る。場合によっては、サブクエリから複数の列や行を含んだデータセット全体を返すこともで
きる。このようなサブクエリは、**テーブルサブクエリ**（table subquery）と呼ばれる。他の場
所では、サブクエリから返されるのは列が1つだけ含まれた複数の行でなければならない。こ
のようなサブクエリは、**単一列のテーブルサブクエリ**（table subquery with only one
column）と呼ばれる。さらに、値を1つだけ返すサブクエリが役立つ場合もある。このような
サブクエリは**スカラーサブクエリ**（scalar subquery）と呼ばれる。次に、サブクエリの用途を
いくつかあげておく。

- **テーブルサブクエリ**
  テーブルまたはビューの名前を指定できる場所か、テーブルを返すストアドプロシージャ
  または関数を指定できる場所で使用できる。
- **単一列のテーブルサブクエリ**
  テーブルサブクエリを使用できる場所で、あるいはIN述語で比較する値のリストとして

第6章　サブクエリ

使用できる。

- スカラーサブクエリ
  列名を指定できる場所か、列名に基づく式を指定できる場所で使用できる。

ここでは、例を見ながら、これら3種類のサブクエリについて説明する。

テーブルサブクエリ

テーブルサブクエリが特に役立つのは、複数のデータセットを結合するFROM句である。その場合は、結合を行う前に1つ以上のデータセットでフィルタリングを行う必要がある。「一般的なRecipesデータベースで牛肉（beef）とニンニク（garlic）を両方とも使用するレシピをすべて検索する」という問題について考えてみよう。この問題を解決する方法の1つは、2つのテーブルサブクエリを作成することである。1つ目のサブクエリは、牛肉を使用するレシピを検索し、2つ目のサブクエリは、ニンニクを使用するレシピを検索する。次に、これら2つのサブクエリを結合することで、牛肉とニンニクを両方とも使用するレシピを突き止める。この解決策は、リスト6-1のようなものになるかもしれない。

リスト6-1：テーブルサブクエリを使って牛肉とニンニクを使用するレシピを検索

```
SELECT BeefRecipes.RecipeTitle
FROM
  (
    SELECT Recipes.RecipeID, Recipes.RecipeTitle
    FROM Recipes
      INNER JOIN Recipe_Ingredients
        ON Recipes.RecipeID = Recipe_Ingredients.RecipeID
      INNER JOIN Ingredients
        ON Ingredients.IngredientID = Recipe_Ingredients.IngredientID
    WHERE Ingredients.IngredientName = 'Beef'
  ) AS BeefRecipes
  INNER JOIN
  (
    SELECT Recipe_Ingredients.RecipeID
    FROM Recipe_Ingredients
      INNER JOIN Ingredients
        ON Ingredients.IngredientID = Recipe_Ingredients.IngredientID
    WHERE Ingredients.IngredientName = 'Garlic'
  ) AS GarlicRecipes
  ON BeefRecipes.RecipeID = GarlicRecipes.RecipeID;
```

2つのサブクエリのうち、RecipeTitle列が含まれているのは1つ目のサブクエリだけであるため、2つ目のサブクエリにRecipesテーブルを指定する必要はなかった。というのも、この結合を実行するために必要なのは、RecipeID列の値だけだからだ。

あまり一般的ではないものの、テーブルサブクエリはEXISTS述語で使用されることがある。ただし、EXISTS述語がテーブルサブクエリに対応していることが前提となる。たとえば、

160

項目40　サブクエリを使用できる場所を理解する

スケートボードとヘルメットを同じ注文で購入した顧客をすべて検索したいとしよう。この問題を解決するには、EXISTSと2つの相関テーブルサブクエリを使用できる。これらのテーブルサブクエリは、外側のクエリによって返されるOrderNumberの現在の値をフィルタリングし、関連するProductsテーブルで「スケートボード」または「ヘルメット」を検索する。

note	相関サブクエリについては、次の項目41で説明する。

リスト6-2：テーブルサブクエリとEXISTS述語を使用する

```sql
SELECT Customers.CustomerID, Customers.CustFirstName,
       Customers.CustLastName, Orders.OrderNumber, Orders.OrderDate
FROM Customers
  INNER JOIN Orders
    ON Customers.CustomerID = Orders.CustomerID
WHERE EXISTS
  (
    SELECT NULL
    FROM Orders AS o2
      INNER JOIN Order_Details
        ON o2.OrderNumber = Order_Details.OrderNumber
      INNER JOIN Products
        ON Products.ProductNumber = Order_Details.ProductNumber
    WHERE Products.ProductName = 'Skateboard'
      AND o2.OrderNumber = Orders.OrderNumber
  )
  AND EXISTS
  (
    SELECT NULL
    FROM Orders AS o3
      INNER JOIN Order_Details
        ON o3.OrderNumber = Order_Details.OrderNumber
      INNER JOIN Products
        ON Products.ProductNumber = Order_Details.ProductNumber
    WHERE Products.ProductName = 'Helmet'
      AND o3.OrderNumber = Orders.OrderNumber
  );
```

note	Sales Ordersデータベースの実際の製品名は、「Skateboard」や「Helmet」のような単純な名前ではないため、リスト6-2のサンプルクエリは、実際にはデータを1行も返さない。サンプルデータベースを使って実際に結果を確認したい場合は、LIKE '%Skateboard%'やLIKE '%Helmet%'を使用する必要がある。サンプルクエリで単純な値を使用したのは、サンプルクエリを理解しやすくするためである。

161

第6章　サブクエリ

EXISTS述語を使用すると、SELECTのリストが通常は無関係となる。唯一の列選択として
NULLを使用したのは、この点を強調するためである。ほとんどのデータベースエンジンでは、
*か1でも同じようにうまくいくが、コードを見てわかるものにするには、NULLが最適である
と考えた。

リスト6-2は、この問題を解決するもっともよい方法ではないかもしれない。理論的には、
データベースで検出された注文ごとに、両方のサブクエリをデータベースエンジンが実行しな
ければならない。なぜなら、それらのサブクエリは、外側のクエリによって返される各行の
OrderNumber列の値によるフィルタリングに依存するからだ。この問題をこのように解決で
きるからといって、そうしなければならないわけではない。この方法の長所と短所については、
次の項目41で改めて取り上げる。

単一列のテーブルサブクエリ

列を1つだけ返すテーブルサブクエリは、完全なテーブルサブクエリを使用できる場所であ
れば、どの場所でも使用できる。このテーブルサブクエリが返す列は1つだけなので、その列
は値のリストとして扱われる。もちろん、IN述語やNOT IN述語のリストとして使用できる。

たとえば、2015年12月にまったく注文されなかった製品をすべてリストアップしたいとし
よう。単一列のテーブルサブクエリを使った解決策は、リスト6-3のようになるかもしれない。

リスト6-3：単一列のテーブルサブクエリを使って2015年12月に注文されなかった製品を検索

```
SELECT Products.ProductName
FROM Products
WHERE Products.ProductNumber NOT IN
  (
    SELECT Order_Details.ProductNumber
    FROM Orders
      INNER JOIN Order_Details
        ON Orders.OrderNumber = Order_Details.OrderNumber
    WHERE Orders.OrderDate BETWEEN '2015-12-01' AND '2015-12-31'
  );
```

もちろん、IN句を使用できる場所では、単一列のテーブルサブクエリを使用できる。たとえ
ば、SELECT句の列リストに含まれているCASE文でも使用できる。営業担当者が複数の州に住
んでいて、それらの営業担当者に同じ州に住んでいる既存の顧客を担当させたいとしよう。同
じ州に住んでいる営業担当者と顧客をすべてリストアップし、注文を行っている顧客と注文を
行っていない顧客を営業担当者に知らせたい。この問題の解決策はリスト6-4のようになるか
もしれない。

リスト6-4：単一列のテーブルサブクエリをCASE文で使用する

```
SELECT Employees.EmpFirstName, Employees.EmpLastName,
       Customers.CustFirstName, Customers.CustLastName,
       Customers.CustAreaCode, Customers.CustPhoneNumber,
```

162

項目40　サブクエリを使用できる場所を理解する

```
    CASE
      WHEN Customers.CustomerID IN
        (
          SELECT CustomerID
          FROM Orders
          WHERE Orders.EmployeeID = Employees.EmployeeID
        )
      THEN 'Ordered from you.'
      ELSE ' '
      END AS CustStatus
FROM Employees
  INNER JOIN Customers
    ON Employees.EmpState = Customers.CustState;
```

スカラーサブクエリ

　スカラーサブクエリは、ゼロを返すか、単一行単一列の1つの値だけを返す。テーブルサブ
クエリか単一列のテーブルサブクエリを使用できる場所では、当然ながら、スカラーサブクエ
リを使用できる。ただし、スカラーサブクエリは列名や式を使用する場所でも役立つ可能性が
ある。さらに、他の列や演算子で構成された式でも使用できる。

　スカラーサブクエリを使用する例をいくつか見てみよう。最初の例では、すべての製品をリ
ストアップし、製品ごとに最後に注文された日付を表示する。これにはMAX集計関数を使用す
る。MAX関数から返される値は1つだけなので、もちろんスカラーサブクエリを使用できる。こ
の問題の解決策はリスト6-5のようになる。

リスト6-5：スカラーサブクエリをSELECT句の列として使用する

```
SELECT Products.ProductNumber, Products.ProductName,
  (
    SELECT MAX(Orders.OrderDate)
    FROM Orders
      INNER JOIN Order_Details
        ON Orders.OrderNumber = Order_Details.OrderNumber
    WHERE Order_Details.ProductNumber = Products.ProductNumber
  ) AS LastOrder
FROM Products;
```

　比較述語で使用する単一の値をスカラーサブクエリから返すこともできる。たとえば、すべ
ての製品の配達にかかる平均日数がすべてのベンダーの平均日数を超えているベンダーをすべ
てリストアップしたいとしよう。この場合の解決策は、リスト6-6のようになるかもしれない。

リスト6-6：スカラーサブクエリを比較述語で使用する

```
SELECT Vendors.VendName,
  AVG(Product_Vendors.DaysToDeliver) AS AvgDelivery
FROM Vendors
  INNER JOIN Product_Vendors
```

163

```
    ON Vendors.VendorID = Product_Vendors.VendorID
GROUP BY Vendors.VendName
HAVING AVG(Product_Vendors.DaysToDeliver) >
  (
    SELECT AVG(DaysToDeliver) FROM Product_Vendors
  );
```

HAVING句で比較する値を生成するためにスカラーサブクエリを使用していることがわかる。

覚えておきたいポイント

- テーブル、ビュー、またはテーブルを返す関数やプロシージャの名前を使用できる場所では、テーブルサブクエリを使用できる。
- テーブルサブクエリを使用できる場所か、INまたはNOT IN述語のリストを生成しなければならない場所では、単一列のテーブルサブクエリを使用できる。
- 列名を使用できる場所では、スカラーサブクエリを使用できる。具体的には、SELECT句のリスト、SELECT句のリストに含まれている式、または比較述語の一部として使用できる。

項目41　相関サブクエリと非相関サブクエリの違いを理解する

　項目40で説明したように、かっこで囲まれた上で別のクエリに埋め込まれるSELECT文は、強力なツールになる可能性がある。サブクエリが「相関」になるのは、サブクエリの（WHEREまたはHAVING句の）条件が、外側のクエリで処理される現在の行の値に依存するときである。非相関サブクエリは、外側の値に依存しない。つまり、他のクエリに埋め込まれていない状態では、単独のクエリとして実行できる。ここでは、相関サブクエリと非相関サブクエリの例をいくつか紹介する。

　まず、本項目で使用するデータベースの設計を確認しておこう。図6-1に示すのは、お気に入りのレシピを管理しているデータベースである。

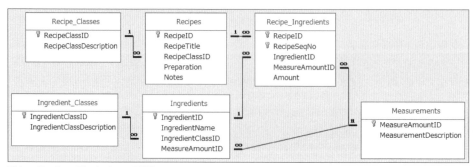

図6-1：Recipesデータベースの設計

項目41　相関サブクエリと非相関サブクエリの違いを理解する

それでは、相関サブクエリと非相関サブクエリの例を見てみよう。

非相関サブクエリ

一般に、非相関サブクエリを使用するのは、次の2つのケースである。

- FROM句でフィルタリング済みのデータとして
- WHERE句のIN述語で使用する単一列のデータとして、あるいは、WHEREまたはHAVING句の比較述語で使用する単一の値（スカラーサブクエリ）として

まず、非相関サブクエリをFROM句で使用する方法から見てみよう。材料として牛肉とニンニクを両方とも使用するレシピをすべて検索する方法の1つは、リスト6-7のようになる（項目40のリスト6-1と同じ）。

リスト6-7：非相関サブクエリを使って牛肉とニンニクを使用するレシピを検索

```
SELECT BeefRecipes.RecipeTitle
FROM
  (
    SELECT Recipes.RecipeID, Recipes.RecipeTitle
    FROM Recipes
      INNER JOIN Recipe_Ingredients
        ON Recipes.RecipeID = Recipe_Ingredients.RecipeID
      INNER JOIN Ingredients
        ON Ingredients.IngredientID = Recipe_Ingredients.IngredientID
    WHERE Ingredients.IngredientName = 'Beef'
) AS BeefRecipes
INNER JOIN
  (
    SELECT Recipe_Ingredients.RecipeID
    FROM Recipe_Ingredients
      INNER JOIN Ingredients
        ON Ingredients.IngredientID = Recipe_Ingredients.IngredientID
    WHERE Ingredients.IngredientName = 'Garlic'
) AS GarlicRecipes
  ON BeefRecipes.RecipeID = GarlicRecipes.RecipeID;
```

　1つ目のサブクエリは、牛肉を使用するすべてのレシピのタイトルとIDを返す。2つ目のサブクエリは、ニンニクを使用するすべてのレシピのIDを返す。これら2つのサブクエリに対してRecipeID列に基づく内部結合を実行すると、正しい答え（牛肉とニンニクを両方とも使用するレシピ）が得られる。どちらのサブクエリでもフィルタリングが適用されるが、WHERE句のフィルターはサブクエリの外側で返される値にまったく依存していない。どちらのサブクエリも単独で実行できる。

　次に、非相関サブクエリをWHERE句のIN述語のフィルターとして使用する例を見てみよう（リスト6-8）。

165

第6章 サブクエリ

リスト6-8：サラダ、スープ、またはメインコースのレシピを検索

```
SELECT Recipes.RecipeTitle
FROM Recipes
WHERE Recipes.RecipeClassID IN
  (
    SELECT rc.RecipeClassID
    FROM Recipe_Classes AS rc
    WHERE rc.RecipeClassDescription IN
      (
        'Salad', 'Soup', 'Main course'
      )
  );
```

　この場合も、IN述語に値を提供しているサブクエリは外側で返される値にまったく依存していないため、やはり単独で実行できる。この問題は別の方法でも解決できる。具体的には、外側のFROM句でRecipesテーブルとRecipe_Classesテーブルの内部結合を実行し、単純なIN述語を使用すればよい。ただし、少なくともSQL Serverでは、サブクエリを使用するほうが、JOINを使用するよりも少し効率的である

　続いて、スカラーサブクエリをWHERE句で使用する例を見てみよう。使用するニンニクの量がもっとも多いレシピを検索する方法は、リスト6-9のようになる。Ingredientsテーブルに指定されているのは、標準的な計量法（ニンニクの場合は1片）に基づく数量である。このため、Recipe_Ingredientsテーブルに含まれている数量はすべて同じ単位を使用していると想定できる。

リスト6-9：使用するニンニクの量がもっとも多いレシピを検索

```
SELECT DISTINCT Recipes.RecipeTitle
FROM Recipes
  INNER JOIN Recipe_Ingredients
    ON Recipes.RecipeID = Recipe_Ingredients.RecipeID
  INNER JOIN Ingredients
    ON Recipe_Ingredients.IngredientID = Ingredients.IngredientID
WHERE Ingredients.IngredientName = 'Garlic'
  AND Recipe_Ingredients.Amount =
    (
      SELECT MAX(Amount)
      FROM Recipe_Ingredients
        INNER JOIN Ingredients
          ON Recipe_Ingredients.IngredientID = Ingredients.IngredientID
      WHERE IngredientName = 'Garlic'
    );
```

　非相関サブクエリと同様に、SELECT MAXサブクエリを単独で実行しても問題はない。MAX集計関数から返される値は1つだけなので、WHERE句の比較（等価）述語で比較する値をこのサブクエリから返すことができる。

項目41　相関サブクエリと非相関サブクエリの違いを理解する

相関サブクエリ

　相関サブクエリは、WHEREまたはHAVING句でフィルターを1つ以上使用する。これらのフィルターは、外側のクエリによって提供される値に依存する。この依存性により、このサブクエリは外側のクエリと「相互関係」にある。このため、データベースエンジンは外側のクエリによって返される行ごとにサブクエリを実行しなければならない。サブクエリをこのように使用する方法は他の方法よりも効率が悪い可能性があるが、常にそうであるとは限らない。というのも、データベースシステムによっては、相関サブクエリを含んでいるクエリをスマートに最適化するからである。

　FROM句のデータセットの1つとして相関サブクエリを使用することは考えにくい。代わりにJOINを使用するほうが単純明快だからだ。実際のところ、多くのデータベースシステムでは、相関サブクエリを最適化するために実行プランでJOINを使用する。スカラー相関サブクエリには、次のような用途がある。

- SELECT句で値を返す。
- WHEREまたはHAVING句の比較述語で評価する単一の値を提供する。
- WHEREまたはHAVING句のIN述語に対して単一列のリストを提供する。
- WHEREまたはHAVING句のEXISTS述語で評価するデータセットを提供する。

　まず、SELECT句で値を返すためにスカラー相関サブクエリを使用する方法から見てみよう。すべてのレシピクラスをリストアップし、各レシピクラスのレシピの数を表示する方法は、リスト6-10のようになる。

リスト6-10：相関サブクエリを使って行の数を取得

```
SELECT Recipe_Classes.RecipeClassDescription,
  (
    SELECT COUNT(*)
    FROM Recipes
    WHERE Recipes.RecipeClassID = Recipe_Classes.RecipeClassID
  ) AS RecipeCount
FROM Recipe_Classes;
```

　このサブクエリは相関サブクエリである。なぜなら、外側のクエリに含まれているRecipe_Classesテーブルの値でフィルタリングを行う必要があるからだ。つまり、データベースシステムは、このサブクエリをRecipe_Classesテーブルの行ごとに実行しなければならない。単にJOINとGROUP BYを使用すればよかったのでは、と考えていることだろう。リスト6-10の方法をとった理由は2つある。まず、ほとんどのデータベースシステムでは、実際には相関サブクエリを使用するほうが高速に実行されるのである。もう1つの理由は、GROUP BYを使用する方法では誤った答えが返されることである。2つ目の理由については、第5章の項目34で

167

第6章 サブクエリ

詳しく説明している。

次に、EXISTS述語で評価するデータセットを返すために相関サブクエリを使用する方法を見てみよう。リスト6-7では、牛肉とニンニクを両方とも使用するレシピをすべて検索する方法を示した。相関サブクエリとEXISTSの評価を使って同じ答えを得る方法は、リスト6-11のようになる。

リスト6-11：相関サブクエリを使って牛肉とニンニクを使用するレシピを検索

```
SELECT Recipes.RecipeTitle
FROM Recipes
WHERE EXISTS
  (
    SELECT NULL
    FROM Ingredients
      INNER JOIN Recipe_Ingredients
        ON Ingredients.IngredientID = Recipe_Ingredients.IngredientID
      WHERE Ingredients.IngredientName = 'Beef'
        AND Recipe_Ingredients.RecipeID = Recipes.RecipeID
  )
  AND EXISTS
  (
    SELECT NULL
    FROM Ingredients
      INNER JOIN Recipe_Ingredients
        ON Ingredients.IngredientID = Recipe_Ingredients.IngredientID
    WHERE Ingredients.IngredientName = 'Garlic'
      AND Recipe_Ingredients.RecipeID = Recipes.RecipeID
  );
```

2つのサブクエリはそれぞれ外側のクエリのRecipesテーブルを参照しているため、データベースシステムはこれらのサブクエリをRecipesテーブルの行ごとに実行しなければならない。リスト6-11の相関サブクエリの実行は、リスト6-7の相関サブクエリよりもはるかに低速（非効率的）だろうと考えているかもしれない。リスト6-11の相関サブクエリでは、たしかにリソースの消費は若干増えるが（SQL Serverでは45%から55%に増える）、目も当てられないほどひどい、というわけではない。後ほど説明するように、ほとんどのデータベースシステムでは、リスト6-11の相関サブクエリは最適化されるからである。ただし、IngredientName列には、インデックスは定義されていない。この列にインデックスを追加すれば、EXISTSバージョンの相関サブクエリは苦もなく実行されるだろう。このことは、「sargableな述語」を使用するときのインデックスの重要性を物語っている[1]。

もう想像していたかもしれないが、このクエリはINを使って解決することもできる。EXISTS (SELECT Recipe_Ingredients.RecipeID ...)の代わりに、Recipes.RecipeID IN (SELECT Recipe_Ingredients.RecipeID ...)を使用すればよい。IN

---

[1]：第4章の項目28を参照。

168

バージョンが使用するリソースの量はEXISTSバージョンとほぼ同じだが、それは
IngredientName列にインデックスがないためである。この列にインデックスを追加すれば、
EXISTSバージョンのほうがすばやく実行されるようになる。ただし、インデックスがなくて
もEXISTSバージョンのほうがやはり効率がよい可能性がある。ほとんどのオプティマイザ
は、データベースエンジンが最初の行を検出した時点でサブクエリの実行を中止するが、INは
たいていすべての行を取得するからだ。通常のJOIN句は、一対多の関係に参加しているテー
ブルどうしを結合する際、重複する行を生成することがある。EXISTS述語は、オプティマイ
ザによって「半結合」として最適化される。その場合、もっとも外側のテーブルの行が重複す
ることはなく、IN述語の場合のように、オプティマイザが内側のテーブルの内容全体を実際に
処理する必要はない。

覚えておきたいポイント

- 相関サブクエリがWHEREまたはHAVING句で使用する参照は、そのサブクエリが埋め込ま
  れている外側のクエリの値に依存する。
- 非相関サブクエリは、外側のクエリに依存せず、単独で実行できる。
- 一般に、非相関サブクエリは、FROM句でフィルタリング済みのデータとして使用するか、
  IN述語で単一列のデータとして使用するか、WHEREまたはHAVING句の比較述語で使用す
  るスカラー値を返すために使用する。
- 相関サブクエリは、SELECT句でスカラー値を返すために使用するか、WHEREまたは
  HAVING句の比較述語で評価する単一の値を提供するために使用するか、EXISTS述語で
  評価するデータセットを提供するために使用する。
- 相関サブクエリは他の手法よりも遅いとは限らない。また、正しい答えを得るための唯一
  の方法になることもある。

項目42　可能であれば、サブクエリではなくCTEを使用する

　第4章の項目25では、「4種類の製品をすべて購入した顧客を検索する」という複雑な問題の
解決方法を示した。また、けがをする危険がある製品（スケートボード）を購入したものの、
必要なプロテクター（ヘルメット、グローブ、膝パッド）をすべて購入していない顧客を検索
する方法も紹介した。項目25では、最終的なSQLをより単純なものにするために関数を作成
することを提案した。そこで提案された関数は、複雑な結合を評価し、パラメータに基づいて
フィルタリングを行うものだった。

note	
	Microsoft AccessとMySQLはCTE (Common Table Expression)をサポー
トしていない。

図6-2は、ここで使用するSales Ordersデータベースの設計を示している。

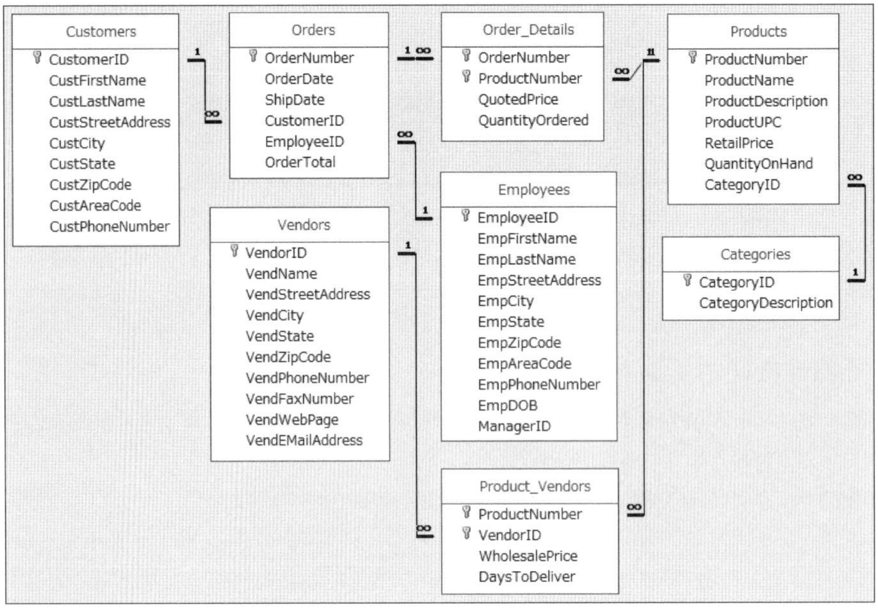

Customers
- CustomerID
- CustFirstName
- CustLastName
- CustStreetAddress
- CustCity
- CustState
- CustZipCode
- CustAreaCode
- CustPhoneNumber

Orders
- OrderNumber
- OrderDate
- ShipDate
- CustomerID
- EmployeeID
- OrderTotal

Order_Details
- OrderNumber
- ProductNumber
- QuotedPrice
- QuantityOrdered

Products
- ProductNumber
- ProductName
- ProductDescription
- ProductUPC
- RetailPrice
- QuantityOnHand
- CategoryID

Vendors
- VendorID
- VendName
- VendStreetAddress
- VendCity
- VendState
- VendZipCode
- VendPhoneNumber
- VendFaxNumber
- VendWebPage
- VendEMailAddress

Employees
- EmployeeID
- EmpFirstName
- EmpLastName
- EmpStreetAddress
- EmpCity
- EmpState
- EmpZipCode
- EmpAreaCode
- EmpPhoneNumber
- EmpDOB
- ManagerID

Categories
- CategoryID
- CategoryDescription

Product_Vendors
- ProductNumber
- VendorID
- WholesalePrice
- DaysToDeliver

図6-2：Sales Ordersデータベースの設計

　関数の欠点の1つは、最終的なSQLでその関数が何を行うのかを見て確認する、というわけにはいかないことである。また、誰かが関数を変更したために、その関数に依存しているクエリが動作しなくなるおそれもある。こうした問題には、**CTE**（Common Table Expression）のほうが適している。ただし、データベースシステムがCTEをサポートしていることが前提となる。IBM DB2、Microsoft SQL Server、Oracle、PostgreSQLはCTEをサポートしている。Microsoft Access 2016とMySQL 5.7はサポートしていない。

CTEを使ってクエリを単純にする

　まず、スケートボード、ヘルメット、膝パッド、グローブを4つとも購入した顧客を検索する元のクエリをもう一度見てみよう（リスト6-12）。

> note
> 　Sales Ordersデータベースの実際の製品名は「Skateboard」、「Helmet」、「Knee Pads」、「Gloves」のような単純な名前ではないため、本項目のサンプルクエリは、実際にはデータを1行も返さない。サンプルデータベースを使って実際に結果を確認したい場合は、LIKE '%Skateboard%'やLIKE '%Helmet%'を使用する必要がある。サンプルクエリで単純な値を使用したのは、クエリを理解しやすくするためである。

項目42　可能であれば、サブクエリではなくCTEを使用する

リスト6-12：4つの製品をすべて購入した顧客の検索

```
SELECT c.CustomerID, c.CustFirstName, c.CustLastName
FROM Customers AS c
  INNER JOIN
    (
      SELECT DISTINCT Orders.CustomerID
      FROM Orders
        INNER JOIN Order_Details
          ON Orders.OrderNumber = Order_Details.OrderNumber
        INNER JOIN Products
          ON Products.ProductNumber = Order_Details.ProductNumber
      WHERE Products.ProductName = 'Skateboard'
    ) AS OSk
    ON c.CustomerID = OSk.CustomerID
  INNER JOIN
    (
      SELECT DISTINCT Orders.CustomerID
      FROM Orders
        INNER JOIN Order_Details
          ON Orders.OrderNumber = Order_Details.OrderNumber
        INNER JOIN Products
          ON Products.ProductNumber = Order_Details.ProductNumber
      WHERE Products.ProductName = 'Helmet'
    ) AS OHel
    ON c.CustomerID = OHel.CustomerID
  INNER JOIN
    (
      SELECT DISTINCT Orders.CustomerID
      FROM Orders
        INNER JOIN Order_Details
          ON Orders.OrderNumber = Order_Details.OrderNumber
        INNER JOIN Products
          ON Products.ProductNumber = Order_Details.ProductNumber
      WHERE Products.ProductName = 'Knee Pads'
    ) AS OKn
    ON c.CustomerID = OKn.CustomerID
  INNER JOIN
    (
      SELECT DISTINCT Orders.CustomerID
      FROM Orders
        INNER JOIN Order_Details
          ON Orders.OrderNumber = Order_Details.OrderNumber
        INNER JOIN Products
          ON Products.ProductNumber = Order_Details.ProductNumber
      WHERE Products.ProductName = 'Gloves'
    ) AS OGl
    ON c.CustomerID = OGl.CustomerID;
```

　4つのテーブルサブクエリのせいで、クエリを読んで理解するのが難しくなっている。これら4つのテーブルサブクエリの違いは、ProductName列で選択する値だけである。クエリ内でProductName列をCTEに追加すれば、まるでテーブルであるかのようにCTEの名前を参照で

第6章　サブクエリ

きるようになり、必要なフィルターを適用できるようになる。CTEを使ってリスト6-12のクエリを単純にする方法は、リスト6-13のようになる。CTEはWITH句を使って定義する。

リスト6-13：4つの製品をすべて購入した顧客の検索

```
WITH CustProd AS
  (
    SELECT Orders.CustomerID, Products.ProductName
    FROM Orders
      INNER JOIN Order_Details
        ON Orders.OrderNumber = Order_Details.OrderNumber
      INNER JOIN Products
        ON Products.ProductNumber = Order_Details.ProductNumber
  ),
  SkateboardOrders AS
  (
    SELECT DISTINCT CustomerID
    FROM CustProd
    WHERE ProductName = 'Skateboard'
  ),
  HelmetOrders AS
  (
    SELECT DISTINCT CustomerID
    FROM CustProd
    WHERE ProductName = 'Helmet'
  ),
  KneepadsOrders AS
  (
    SELECT DISTINCT CustomerID
    FROM CustProd
    WHERE ProductName = 'Knee Pads'
  ),
  GlovesOrders AS
  (
    SELECT DISTINCT CustomerID
    FROM CustProd
    WHERE ProductName = 'Gloves'
  )
SELECT c.CustomerID, c.CustFirstName, c.CustLastName
FROM Customers AS c
  INNER JOIN SkateboardOrders AS OSk
    ON c.CustomerID = OSk.CustomerID
  INNER JOIN HelmetOrders AS OHel
    ON c.CustomerID = OHel.CustomerID
  INNER JOIN KneepadsOrders AS OKn
    ON c.CustomerID = OKn.CustomerID
  INNER JOIN GlovesOrders AS OGl
    ON c.CustomerID = OGl.CustomerID;
```

このように、CTEを使用するとクエリが大幅に短く単純になる。別の関数を調べなくても、CustProdから何が返されるのかがすぐにわかる。なお、CTEの出力にProductName列を追

項目42　可能であれば、サブクエリではなくCTEを使用する

加したのは、適切なフィルターを適用できるようにするためである。

　また、必要であれば、複数のCTEを作成し、それらを他のCTEから参照できることもわかる。CTEの最大の利点は、複雑なクエリを構築するにあたって、従来のようにサブクエリを内側から外側に向かって読んでいくのではなく、上から順に読んでいけばよいことである。これが特に便利なのは、レポート用のクエリを構築する必要があり、別のグループ化を使って集約を行わなければならない場合である。また、クエリ内の複数の場所でCTEを再利用できることも、大きな利点の1つである。

　これに対し、複数のビューを作成し、それらを結合するという方法でもよいのでは、と考えているかもしれない。しかし、この方法を管理するのはかなりやっかいである。というのも、それらを組み合わせて最終的なクエリを生成するには各ビューの定義を調べなければならず、しかも直接使用されないビューがどんどん増えていくという問題に対処しなければならないからだ。CTEの場合は、ビューの定義の中で「プライベート」ビューを作成できるため、ビューの定義を1か所で管理できる。先のクエリをビューに変えることはもちろん可能である。その場合は、先頭にCREATE VIEW文を配置すればよい。

再帰的なCTEを使用する

　CTEの興味深い機能の1つは、CTEを再帰にする機能である。つまり、CTEに自身を呼び出させることで、追加の行を生成するのである。CTEを再帰にする場合、ほとんどのデータベースシステムでは、CTEを使ってできることが制限される。たとえばSQL Serverでは、DISTINCT、GROUP BY、HAVING、スカラー集約、サブクエリ、LEFT JOIN、RIGHT JOINは許可されない（INNER JOINは許可される）。

　ISO SQL規格では、再帰CTEを作成する場合は、WITHキーワードの後にRECURSIVEキーワードを指定しなければならない。ただし、RECURSIVEキーワードを要求するのはPostgreSQLだけである。CTEをサポートしている他のデータベースシステムはどれも、このキーワードを要求しないか、このキーワードを認識しない。

　1から100の数字のリストを生成する単純な例を見てみよう（リスト6-14）。なお、このコードには、RECURSIVEキーワードは含まれていない。

リスト6-14：1 ～ 100の数字のリストを生成

```
WITH SeqNumTbl AS
  (
    SELECT 1 AS SeqNum
    UNION ALL
    SELECT SeqNum + 1
    FROM SeqNumTbl
    WHERE SeqNum < 100
  )

SELECT SeqNum
FROM SeqNumTbl;
```

第6章　サブクエリ

　UNIONクエリの2つ目のSELECTでは、このCTEを再び呼び出し、最後に生成された数字に1を足しているが、数字が100になったところで処理を中止している。第9章では、SQLで何かクリエイティブなことを行うために、このような数字が保存されたテーブル（タリーテーブル）をたびたび使用する。タリーテーブルの代わりにここで示したようなCTEを使用することは可能だが、タリーテーブルを使用するほうが効率的かもしれない。タリーテーブルの値にはインデックスを作成できるが、CTEによって生成された列にはインデックスを作成できないからだ。

　再帰CTEには、さらに「自己参照テーブルでの階層の走査」という興味深い機能もある。Sales OrdersデータベースのEmployeesテーブルのManagerID列をEmployeeIDと照合することで、すべての従業員とマネージャーのリストを作成してみよう。サンプルデータは表6-1のようになる。

表6-1：Employeesテーブルの関連する列

EmployeeID	EmpFirstName	EmpLastName	ManagerID
701	Ann	Patterson	NULL
702	Mary	Thompson	701
703	Jim	Smith	701
704	Carol	Viescas	NULL
705	Michael	Johnson	704
706	David	Viescas	704
707	Kathryn	Patterson	704
708	Susan	Smith	706

　マネージャーと従業員のリストを作成するには、リスト6-14に示すような再帰CTEを使用する。

リスト6-15：マネージャーとすべての従業員を表示

```
WITH MgrEmps (
  ManagerID, ManagerName, EmployeeID, EmployeeName, EmployeeLevel) AS
  (
    SELECT ManagerID, CAST(' ' AS varchar(5Ø)), EmployeeID,
      CAST(CONCAT(EmpFirstName, ' ', EmpLastName) AS varchar(5Ø)),
      Ø AS EmployeeLevel
    FROM Employees
    WHERE ManagerID IS NULL
    UNION ALL
    SELECT e.ManagerID, d.EmployeeName, e.EmployeeID,
      CAST(CONCAT(e.EmpFirstName, ' ', e.EmpLastName) AS varchar(5Ø)),
      EmployeeLevel + 1
    FROM Employees AS e
      INNER JOIN MgrEmps AS d
        ON e.ManagerID = d.EmployeeID
  )

SELECT ManagerID, ManagerName, EmployeeID, EmployeeName, EmployeeLevel
```

174

項目42　可能であれば、サブクエリではなくCTEを使用する

```
FROM MgrEmps
ORDER BY ManagerID;
```

　CTEの1つ目のクエリでは、最初の行を取得するために、`ManagerID`が指定されていない従業員を検索している。`CAST`を使用することで、すべての名前列のデータ型で互換性を確保しているため、`UNION`は無効になる。2つ目のクエリでは、CTE（再帰）を元の`Employees`テーブルと結合することで、マネージャーを従業員と照合している。リスト6-15のクエリを実行した結果は表6-2のようになる。

表6-2：再帰CTEを使ってマネージャーと従業員をリストアップ

ManagerID	ManagerName	EmployeeID	EmployeeName	EmployeeLevel
NULL	NULL	701	Ann Patterson	0
NULL	NULL	704	Carol Viescas	0
701	Ann Patterson	702	Mary Thompson	1
701	Ann Patterson	703	Jim Smith	1
704	Carol Viescas	705	Michael Johnson	1
704	Carol Viescas	706	David Viescas	1
704	Carol Viescas	707	Kathryn Patterson	1
706	David Viescas	708	Susan Smith	2

　最初の2つの行は、`Employees`テーブルに上司が指定されていないマネージャーを示している。3行目以降は、これら2人のマネージャーの部下である従業員を示している。Susan Smithの上司がDavid Viescasで、David Viescasの上司がCarol Viescasであることがわかる。

　ほとんどの場合は、同じサブクエリを複数回使用する複雑なクエリを単純化するためにCTEを使用することになるだろう。また、再帰CTEを利用すれば、思ってもみなかったことをSQLで実行できるようになる。

覚えておきたいポイント

- CTEを利用すれば、同じサブクエリを複数回使用する複雑なクエリを単純化できる。
- CTEにより、関数を使用する必要はなくなる。関数は誤って変更される可能性があり、その場合、その関数を使用しているクエリは正しく動作しなくなる。
- CTEを利用すれば、サブクエリを定義して同じSQLの別のクエリに直接埋め込むことができるため、クエリが理解しやすくなる。
- 再帰CTEを利用すれば、タリーテーブルに含まれているのと同じような値を生成できるが、インデックスを作成できる点で、タリーテーブルのほうが効率的である[2]。
- 再帰CTEを利用すれば、階層関係を走査して、情報を意味のある方法で表示できる。

---

†2：第9章を参照。

項目43 サブクエリではなく結合を使って、より効率的なクエリを作成する

データベースに対してクエリを実行するときには、同じ結果を得るための方法がいくつも存在することがよくある。しかし、他の方法よりも優れている方法がある。ここでは、サブクエリではなく結合する方法について見ていこう。

ここで検討するのは、図6-3に示すデータモデルである。

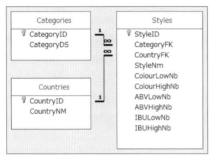

図6-3：Beer Stylesデータモデル

ベルギー（Belgium）に関連付けられているビアスタイル（ビールの種類）をすべてリストアップしたい場合は、リスト6-16に示すクエリを使用できる。

リスト6-16：サブクエリを使ってベルギーのビアスタイルを選択

```
SELECT StyleNm
FROM Styles
WHERE CountryFK IN
  (
    SELECT CountryID
    FROM Countries
    WHERE CountryNM = 'Belgium'
  );
```

リスト6-16は、この問題を解決するための妥当な方法に思える。「テーブルBのファクトを条件として、テーブルAからファクトを取得する」のは、論理的に理解できる。Stylesテーブルに含まれているのは（CountryNMではなく）CountryFKであるため、まず、CountriesテーブルにCountryIDに対してサブクエリを実行することで、CountryIDの値を特定している。次に、IN句を使用することで、その値を持つビアスタイルを特定している。

しかし、リスト6-16のクエリがIN句を評価して、サブクエリによって返された値とStylesテーブルの値とを照合するには、サブクエリ全体が先に処理されなければならない。サブクエリで参照されているテーブルが非常に小さい場合を除いて（幸い、この場合は非常に小さい！）、通常はリスト6-17に示すように結合を使用するほうが効率的である。というのも、データベー

項目43　サブクエリではなく結合を使って、より効率的なクエリを作成する

スエンジンはたいてい結合を最適化できるからだ。

リスト6-17：JOINを使ってベルギーのビアスタイルを選択

```
SELECT s.StyleNm
FROM Styles AS s
  INNER JOIN Countries AS c
    ON s.CountryFK = c.CountryID
WHERE c.CountryNM = 'Belgium';
```

　結合を使用するときには、注意しなければならない点が1つある。リスト6-17のクエリはリスト6-16のクエリに相当するが、結合を使用すると出力が変化する可能性があることを覚えておかなければならない。「Belgium」という名前の国が複数存在するなど、どちらかの側のテーブルに最終的な成果の一部にならない重複が存在する場合は、望ましい出力が得られない可能性がある。

　サブクエリを回避するもう1つの方法は、リスト6-18に示すように、EXISTS句を使用することである。これにより、結合によって重複する出力が生成されるという問題も回避される。

リスト6-18：EXISTS句を使ってベルギーのビアスタイルを選択

```
SELECT s.StyleNm
FROM Styles AS s
WHERE EXISTS
  (
    SELECT NULL
    FROM Countries
    WHERE CountryNM = 'Belgium'
      AND Countries.CountryID = s.CountryFK
  );
```

　結合やサブクエリを使用する方法ほど直観的ではないが、サブクエリ全体を評価する代わりに、指定された関係を調べて true または false を返すだけでよくなる。また、EXISTS演算子はサブクエリを期待するが、項目41で説明したように、EXISTSのサブクエリはオプティマイザによって半結合に変換されることがある。

---

note　　現実的には、EXISTSのサブクエリが変換されるかどうかは、オプティマイザ、DBMSのバージョン、そしてクエリ次第である。オプティマイザによっては、結合をサブクエリに変換することもあれば、サブクエリを結合に変換することもある。第7章で説明する内容に基づいて、DBMSの特性を常にチェックしておこう。

　結合を使用するほうが望ましい理由は他にもある。この例では、Countriesテーブルは2つの列だけで構成されているが、2つ目のテーブルの列を含め必要がある場合、それは結合を使

177

第6章　サブクエリ

用することによって可能となる。さらに、外部キーに値が設定されていない可能性がある場合、条件と一致する行や値が設定されていない行を取得するには、左結合を使用するのが簡単である（リスト6-19）。

リスト6-19：LEFT JOINを使ってベルギーまたは不明な国のビアスタイルを選択

```
SELECT s.StyleNm
FROM Styles AS s
  LEFT JOIN Countries AS c
    ON s.CountryFK = c.CountryID
WHERE c.CountryNM = 'Belgium'
  OR c.CountryNM IS NULL;
```

note	リスト6-19に示されているクエリの詳細については、第4章の項目29を参照。

覚えておきたいポイント

- 問題を順番に分割していくことが常に望ましい方法であるとは限らない。SQLがもっともうまくいくのは、行ごとではなく、データセットを扱う場合である。
- DBMSのオプティマイザの特性をテストする。望ましいソリューションを決定するにあたって、オプティマイザはさまざまなアプローチをどのように扱うだろうか。
- 結合に適したインデックスが作成されていることを確認する。

第7章　メタデータの取得と分析

　ときには、データだけでは不十分で、データについてのデータが必要になることがある。データを取得している方法についてのデータが必要になることもある。場合によっては、SQLを使ってメタデータを取得すると都合がよいこともある。このため、複数のベンダーはメタデータを取得できるようにしている。取得したメタデータを他のスクリプトに組み込めば、まだテーブルが作成されていない場合にのみテーブルを作成する、といったことが可能になる。

　クエリのパフォーマンスを表すメタデータもある。原則としては、データを特定して取得する仕組みはSQLによって抽象化され、開発者からは見えないことになっている。とはいえ、抽象化は所詮抽象化である。そしてJoel Spolsky[1]が書いているように、抽象化はどうも漏れやすい。このため、実行プランが完全に最適化されないようなクエリが書かれたとしても不思議ではない。パフォーマンスを向上させる方法を理解するには、DBMS製品の物理的な側面を詳しく調べる必要がある。本章では、基礎的な部分から始めることにする。ただし、これは製品に特化した部分なので、これを出発点として、他の資料で足りない部分を補っていけばよい。

項目44　クエリアナライザを使用する

　本書の多くの項目で読んできたように、DBMSにはそれぞれ機能が異なる部分がある。たとえば、Microsoft SQL Serverでは申し分なくうまくいくアプローチが、Oracleではうまくいかないことがある。DBMSで使用するアプローチをどのように決めればよいのだろう、と考えているかもしれない。本項目では、この決定に役立つツールを紹介しよう。

　DBMSでSQL文が実行されるときには、その前に、そのSQL文をもっとも効果的に実行する方法がDBMSのオプティマイザによって決定される。オプティマイザが実行プランを生成すると、その実行プランの手順にしたがってSQL文が実行される。オプティマイザについては、コンパイラと同じようなものとして考えればよいだろう。コンパイラは、ソースコードを実行可

---

†1：ソフトウェアエンジニア・著作家。著書に『Joel on Software』があり、同名のブログを運営している。『Joel on Software』（オーム社、2005年）

179

第7章　メタデータの取得と分析

能なプログラムに変換する。オプティマイザは、SQL文を実行プランに変換する。あなたが実行しようとしているSQL文の実行プランを調べれば、パフォーマンスの問題を特定するのに役立つ可能性がある。

> note　オプティマイザの詳細は、DBMSごとに異なるのはもちろん、DBMSのバージョンによっても異なる場合がある。このため、特定のDBMSについて詳しく取り上げることはできない。詳細については、DBMSのマニュアルで調べることをお勧めする。

IBM DB2

　DB2の実行プランを取得するには、**Explain表**（explain table）と呼ばれるシステムテーブルが確実に存在していなければならない。Explain表が存在していない場合は、SYSINSTALLOBJECTSプロシージャを使って作成する必要がある。具体的には、リスト7-1のコードを実行すればよい。

リスト7-1：DB2のExplain表を作成

```
CALL SYSPROC.SYSINSTALLOBJECTS('EXPLAIN', 'C',
    CAST(NULL AS varchar(128)), CAST(NULL AS varchar(128)))
```

> note　SYSPROC.SYSINSTALLOBJECTSプロシージャは、DB2 for z/OSには存在しない。

　必要なテーブルをSYSTOOLSスキーマでインストールした後は、SQL文の実行プランを確認できる。リスト7-2に示すように、SQL文の先頭にEXPLAIN PLAN FORキーワードを追加すればよい。

リスト7-2：DB2で実行プランを作成

```
EXPLAIN PLAN FOR SELECT CustomerID, SUM(OrderTotal)
FROM Orders
GROUP BY CustomerID;
```

　ただし、EXPLAIN PLAN FORキーワードを使用すれば、実行プランが表示される、というわけではない。実行プランはリスト7-1で作成したテーブルに保存される。

　IBMでは、Explain情報を分析するのに役立つツールを提供している。たとえば、Explain情報を書式設定された出力として表示する**db2exfmt**ツールや、アクセスプラン情報を表示する

db2explnツールが提供されている。アクセスプランは、静的なSQL文のパッケージとして提供される。あるいは、Explain表をターゲットとしてクエリを作成することもできる。クエリを独自に作成する場合は、出力のカスタマイズが可能になる。また、さまざまなクエリを比較したり、同じクエリの実行を一定の期間にわたって比較したりすることもできる。だが、そのためには、Explain表にデータが格納される方法についての知識が要求される。IBMでは、現在のアクセスプランの図を生成する機能をサポートしている。バージョン3.1以降では、この機能はData Studioツール[2]として無償で提供されている。図7-1は、Data Studioによって表示された実行プラン（Access Plan Diagram）を示している。

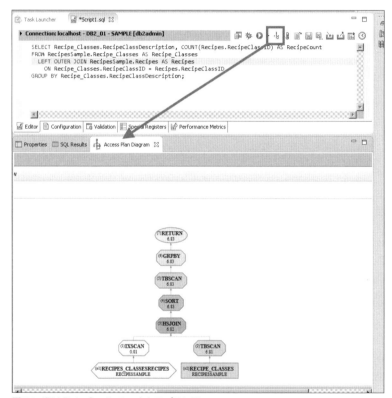

図7-1：IBM Data Studioのアクセスプラン図

Microsoft Access

Microsoft Accessで実行プランを取得するには、少し冒険が必要かもしれない。基本的には、クエリをコンパイルするたびに、SHOWPLAN.OUTというテキストファイルをデータベースエンジンに生成させるためのフラグを設定する。ただし、このフラグを設定する（そして

---

[2]：https://www.ibm.com/us-en/marketplace/ibm-data-studio

第7章　メタデータの取得と分析

SHOWPLAN.OUTを生成する）方法は、Accessのバージョンによって異なる。

　このフラグを設定するには、システムレジストリを更新する必要がある。x86バージョンの
Access 2013をx64 Windowsで実行している場合は、リスト7-3に示すレジストリキーにアク
セスする。なお、HKLMはHKEY_LOCAL_MACHINEの略である。

リスト7-3：Access 2013で実行プランを有効にするためのレジストリキー

```
HKLM¥SOFTWARE¥WOW6432Node¥Microsoft¥Office¥15.Ø¥
Access Connectivity Engine¥Engines¥Debug
```

　Debugキーがない場合は作成する。JETSHOWPLANという文字列値を作成し、その値をONに
設定する。

---

note 　本書のGitHubでは、レジストリの更新に使用できる.REGファイルがMicrosoft
Access/Chapter Ø7フォルダに含まれている。ファイル名をよく読み、現在使用しているシ
ステム用の正しいファイルを選択してほしい。
https://github.com/TexanInParis/Effective-SQL

---

note 　すでに述べたように、正確なレジストリキーは、Accessのバージョンと、
Accessの32ビットバージョンと64ビットバージョンのどちらを実行しているかによって
異なる[†3]。たとえば、Access 2013をx86 Windowsで実行している場合は、次のレジス
トリキーを使用する。

```
HKLM¥SOFTWARE¥Microsoft¥Office¥15.Ø¥Access Connectivity Engine
¥Engines¥Debug
```

Access 2010をx64 Windowsで実行している場合は、次のレジストリキーを使用する。

```
HKLM¥SOFTWARE¥WOW6432Node¥Microsoft¥Office¥14.Ø¥
Access Connectivity Engine¥Engines¥Debug
```

Access 2010をx86 Windowsで実行している場合は、次のレジストリキーを使用する。

```
HKLM¥SOFTWARE¥Microsoft¥Office¥14.Ø¥
Access Connectivity Engine¥Engines¥Debug
```

---

†3 ［訳注］：Access 2016では、次のレジストリキーへ移動し、Debugという新しいキーを作成する。
　　　HKLM¥SOFTWARE¥Microsoft¥Office¥ClickToRun¥REGISTRY¥MACHINE¥Software¥Wow6432Node¥
　　　Microsoft¥Office¥16.Ø¥Access Connectivity Engine¥Engines
　　　次に、JETSHOWPLANという文字列値を作成し、その値としてONを設定する。SHOWPLAN.OUTファイルは［ドキュ
　　　メント］フォルダに作成される。

レジストリエントリを作成した後は、クエリを通常どおりに実行するだけである。クエリを実行するたびに、Accessのクエリエンジンがクエリの実行プランをテキストファイルに書き出す。Access 2013の`SHOWPLAN.OUT`は`My Documents`（ドキュメント）フォルダに作成される。なお、古いバージョンでは、現在のフォルダに作成されていた。

　すべてのクエリの分析が完了したら、システムレジストリのフラグを無効にすることを忘れないにしよう。x86バージョンのAccess 2013をx64 Windowsで実行している場合は、リスト7-4で示したレジストリキーにアクセスし、`JETSHOWPLAN`の値を`OFF`に設定する。ただし、正確なレジストリキーは、フラグを有効にするときにどのレジストリキーを使用したかによって異なる。残念ながら、実行プランを表示するためのツールは組み込まれていない。

リスト7-4：Access 2013で実行プランを無効にするためのレジストリキー

```
HKLM¥SOFTWARE¥WOW6432Node¥Microsoft¥Office¥15.0¥
Access Connectivity Engine¥Engines¥Debug
```

> **note**　Access MVP（Most Valuable Professional）だったSascha Trowitzschは、Access 2010以前のバージョンを対象としてShowplan Capturerというフリーウェアを作成している。このツールを利用すれば、レジストリを更新して`SHOWPLAN.OUT`ファイルを調べなくても、実行プランを確認できる。
> http://www.mosstools.de/index.php?option=com_content&view=article&id=54

Microsoft SQL Server

　SQL Serverでは、実行プランを取得する方法が何種類か用意されている。SQL Server Management Studioでは、実行プランを簡単に表示できるが、特定の操作にマウスポインタを重ねたときにしか表示されない情報があるため、他の開発者との間で情報を共有するのが難しい。図7-2は、グラフィカルな実行プランの生成に使用できるツールバーの2つのボタンを示している。

図7-2：SQL Server Management Studioで実行プランを生成するためのツールバーボタン

　実行プランの生成にどちらのボタンを使用したとしても、図7-3のような図が表示される。

第7章　メタデータの取得と分析

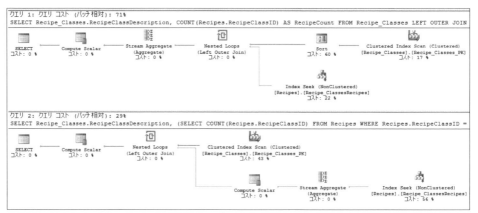

図7-3：SQL Server Management Studioの実行プランの例

　2つのクエリを比較するには、両方のクエリのSQL文を新しいクエリウィンドウに配置し、両方のSQL文を選択状態にした上で、［推定実行プランの表示］ボタンをクリックする。そうすると、SQL Server Management Studioの［実行プラン］ウィンドウに2つの推定実行プランが表示される。実行プランをXMLで取得したい場合は、SQL文の実行にプロファイリングを適用する。プロファイリングを有効にするには、リスト7-5のコードを実行する。

リスト7-5：SQL Serverで実行プロファイリングを有効にする

```
SET STATISTICS XML ON;
```

　プロファイリングを有効にすると、SQL文を実行するたびに、追加の結果セットが生成されるようになる。たとえば、SELECT文を実行した場合は、2つの結果セットが生成される。1つは、SELECT文を実行した結果であり、もう1つは、整形式のXMLドキュメントとして生成された実行プランである。

> note　XMLドキュメントではなく、表形式の出力を取得することも可能である。その場合は、SET STATISTICS PROFILE ON（およびSET STATISTICS PROFILE OFF）を使用する。残念ながら、表形式の実行プランはかなり読みづらい。というのも、**StmtText**列に含まれる情報の横幅が広すぎて、特にSQL Server Management Studioではうまく表示できないからだ。とはいえ、この情報をコピーして、より扱いやすい形式に調整すればよい。グラフィカルな実行プランとは異なり、すべての情報を一度に確認できるという利点がある。なお、SET STATISTICS PROFILEは推奨されなくなっているため、本書では代わりにXMLを使用することをお勧めする。

必要な情報をすべて捕捉したら、リスト7-6に示すコードを実行してプロファイリングを無効にしておこう。

リスト7-6：SQL Serverで実行プロファイリングを無効にする

```
SET STATISTICS XML OFF;
```

MySQL

DB2と同様に、MySQLでSQL文の実行プランを確認するには、SQL文の先頭にEXPLAINキーワードを追加する（リスト7-7）。ただし、DB2とは異なり、実行プランを取得するために何かを行う必要はない。

リスト7-7：MySQLで実行プランを生成

```
EXPLAIN SELECT CustomerID, SUM(OrderTotal)
FROM Orders
GROUP BY CustomerID;
```

MySQLの実行プランは表形式で表示される。また、MySQL Workbenchの「Visual Explain」機能を使って実行プランを可視化することもできる（図7-4）。

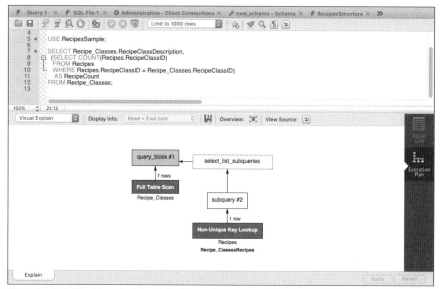

図7-4：MySQL Workbench 6.3の実行プランパネル

Oracle

Oracleで実行プランを表示する方法は、次の2つの手順にわかれている。

第7章 メタデータの取得と分析

1.実行プランを PLAN_TABLE に保存する。
2.実行プランのフォーマットを設定した上で表示する。

実行プランを作成するには、SQL文の先頭に EXPLAIN PLAN FOR キーワードを追加する
（リスト7-8）

リスト7-8：Oracleで実行プランを生成

```
EXPLAIN PLAN FOR SELECT CustomerID, SUM(OrderTotal)
FROM Orders
GROUP BY CustomerID;
```

DB2の場合と同様に、EXPLAIN PLAN FOR コマンドを実行すれば実行プランが表示される、
というわけではない。実行プランは PLAN_TABLE というテーブルに保存される。ここで注意し
なければならないのは、EXPLAIN PLAN FOR コマンドによって生成される実行プランが、SQL
文を実行するときにシステムが使用する実行プランと同じであるとは限らないことである。

> note　Oracle 10g以降では、PLAN_TABLE テーブルはグローバルな一時テーブルとし
> て自動的に提供される。10gよりも前のリリースでは、スキーマごとに PLAN_TABLE テーブル
> を作成する必要がある。データベース管理者は、OracleデータベースシステムからCREATE
> TABLE文を必要なスキーマで実行できる（$ORACLE_HOME/rdbms/admin/utlxplan.sql）。

Oracleの開発環境で実行プランを表示するのは簡単だが、それらのフォーマットはまちまち
である。Oracle 9iR2では、PLAN_TABLE の実行プランのフォーマットと表示に使用できる
DBMS_XPLAN パッケージが提供されている。たとえば、現在のデータベースセッションにおい
て最後に生成された実行プランを表示する方法は、リスト7-9のようになる。

リスト7-9：現在のデータベースセッションにおいて最後に生成された実行プランを表示

```
SELECT * FROM TABLE(dbms_xplan.display)
```

実行プランに表示される情報は、ツールごとに異なるものになる可能性がある。たとえば、
Oracle SQL Developerでは、実行プランの情報をツリー形式で表示できる（図7-5）。

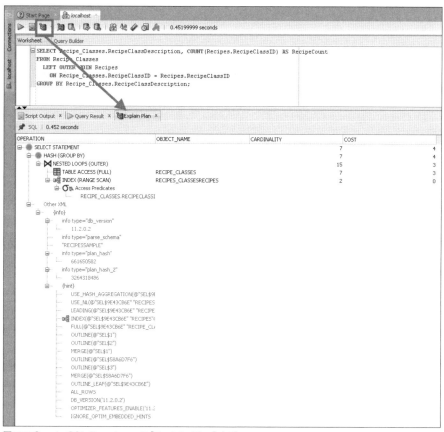

図7-5：Oracle SQL Developerの[Explain Plan]タブ

ツールの中には、`PLAN_TABLE`に存在している情報を完全に表示しないものがあるので注意しよう。

> note
>
> `EXPLAIN PLAN FOR`コマンドによって生成された実行プランと実際の実行プランは一致しないことがある。たとえば、バインド変数を使用していて、データスキューが存在する場合、実行プランは一致しない。詳細については、Oracleのドキュメントを調べてみることをお勧めする。

PostgreSQL

PostgreSQLで実行プランを表示するには、SQL文の先頭に`EXPLAIN`キーワードを追加する（リスト7-10）。

第7章　メタデータの取得と分析

リスト7-10：PostgreSQLで実行プランを生成

```
EXPLAIN SELECT CustomerID, SUM(OrderTotal)
FROM Orders
GROUP BY CustomerID;
```

EXPLAINキーワードに続いて、次のオプションのいずれかを指定できる。

- ANALYZE
  コマンドを実行し、実際の実行時間とその他の統計データを表示する（デフォルトは FALSE）。

- VERBOSE
  実行プランに関する追加情報を表示する（デフォルトはFALSE）。

- COSTS
  各実行プランノードの起動時と全体のコストに関する推定情報と、行数と各行の幅に関する推定情報を出力に追加する（デフォルトはTRUE）。

- BUFFERS
  バッファの使用状況に関する情報を出力に追加する。ANALYZEも有効である場合にのみ使用される可能性がある（デフォルトはFALSE）。

- TIMING
  実際の起動時間とノードで費やされた時間を出力に追加する。ANALYZEも有効である場合にのみ使用される可能性がある（デフォルトはTRUE）。

- FORMAT
  出力フォーマットを指定する。TEXT、XML、JSON、またはYAMLの指定が可能（デフォルトはTEXT）。

ここで重要となるのは、バインドパラメータ（$1、$2など）を含んでいるSQL文を先に準備しておく必要があることだ（リスト7-11）。

リスト7-11：PostgreSQLでのバインドされたSQL文の準備

```
SET search_path = SalesOrdersSample;

PREPARE stmt (int) AS
SELECT * FROM Customers AS c
WHERE c.CustomerID = $1;
```

このSQL文の準備が完了したら、実行プランを表示できる。これには、リスト7-12のコードを使用する。

188

リスト7-12：準備されたSQL文の実行プランを生成

```
EXPLAIN EXECUTE stmt(1001);
```

> note　PostgreSQL 9.1以前のバージョンでは、実行プランの作成にはPREPARE呼び出しを使用していた。このため、EXECUTE呼び出しで実際に指定された値を考慮することは不可能だった。PostgreSQL 9.2以降のバージョンでは、実行プランは実行されるまで生成されないため、バインドパラメータの実際の値が考慮されるようになっている。

　PostgreSQLでは、`pgAdmin`ツールを使って実行プランをグラフィカルに表示できる。実行プランは［Explain］タブに表示される（図7-6）。

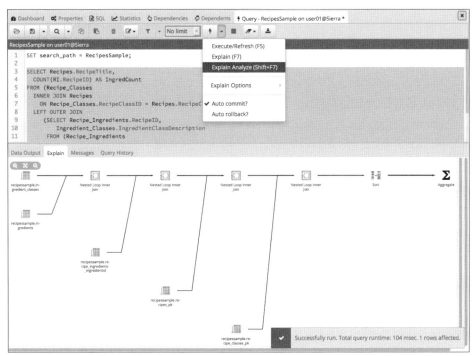

図7-6：pgAdmin 4の［Explain］タブ

覚えておきたいポイント

- DBMSの実行プランを取得する方法を理解する。
- DBMSのマニュアルを調べて、DBMSによって生成された実行プランを解釈する方法を理解する。

第 7 章　メタデータの取得と分析

- 実行プランに表示される情報は徐々に変化する可能性があることを覚えておく。
- DB2では、最初にシステムテーブルを作成しておく必要がある。実行プランは表示されるのではなく、それらのシステムテーブルに保存される。DB2が生成するのは推定実行プランである。
- Accessでは、レジストリキーを更新する必要がある。実行プランは外部のテキストファイルに保存される。Accessが生成するのは実際の実行プランである。
- SQL Serverでは、実行プランを表示するにあたって初期化を行う必要はない。実行プランはグラフィカルに表示するか、表形式で表示できる。また、推定実行プランと実際の実行プランを生成できる。
- MySQLでは、実行プランを表示するにあたって初期化を行う必要はない。実行プランは直接表示される。MySQLが生成するのは推定実行プランである。
- Oracleの10g以降のリリースでは、実行プランを表示するにあたって初期化を行う必要はないが、それ以前のリリースでは、調査したいスキーマごとにシステムテーブルを作成する必要がある。実行プランは表示されるのではなく、それらのシステムテーブルに保存される。Oracleが生成するのは推定実行プランである。
- PostgreSQLでは、実行プランを表示するにあたって初期化を行う必要はない。ただし、バインドパラメータが含まれたSQL文を準備しておく必要がある。実行プランは直接表示される。基本的なSQL文の場合は、推定実行プランが生成される。バージョン9.1以前では、準備されたSQL文に対して推定実行プランが生成されるが、バージョン9.2以降では、実際の実行プランが生成される。

項目45　データベースのメタデータを取得する

　メタデータは「データについてのデータ」である。論理的なデータベースモデルを理想的に設計し、物理的なデータベースモデルを正しいものにすべくDBAとともに汗を流したとしても、多くの場合は一歩下がって、設計に即した実装になっていることを確認するのが賢明である。ここで役立つのがメタデータである。

　「ISO/IEC 9075-11:2011 Part 11: Information and Definition Schemas(SQL/Schemata)」は、SQL規格において見落とされがちな部分の1つである。この規格では、INFORMATION_SCHEMAを定義している。INFORMATION_SCHEMAの目的は、SQLのデータベースとオブジェクトを自己記述的なものにすることにある。

　物理的なデータモデルがこの規格に準拠しているDBMSで実装される際には、テーブル、列、ビューといったオブジェクトがそのデータベースで作成されるだけでなく、各オブジェクトに関する情報がシステムテーブルに格納される。そうしたシステムテーブルには、読み取り専用のビューが存在する。それらのビューは、データベースのテーブル、ビュー、列、プロシージャ、制約など、データベースの構造を再作成するのに必要なすべてのものに関する情報を提

項目45　データベースのメタデータを取得する

供する。

> note
> INFORMATION_SCHEMAはSQL言語の公式規格だが、すべてのDBMSがこの規格にしたがっているわけではない。IBM DB2、Microsoft SQL Server、MySQL、PostgreSQLはすべてINFORMATION_SCHEMAのビューをサポートしているが、Microsoft AccessとOracleはサポートしていない（ただし、Oracleは同じニーズを満たす内部メタデータを提供している）。

　データベースに関する情報を取得できるさまざまな製品がサードパーティから提供されている。そうした製品のほとんどは、INFORMATION_SCHEMAのビューから情報を取得している。ただし、サードパーティのツールがなくても、そうしたビューから有益な情報を取得することは可能である。

　新しいデータベースにアクセスできることになったので、このデータベースの詳細が知りたいとしよう。

　このデータベースに存在するテーブルとビューのリストを取得するには、INFORMATION_SCHEMA.TABLESビューに対して、リスト7-13に示すクエリを実行する。

リスト7-13：テーブルとビューのリストを取得

```
SELECT t.TABLE_NAME, t.TABLE_TYPE
FROM INFORMATION_SCHEMA.TABLES AS t
WHERE t.TABLE_TYPE IN ('BASE TABLE', 'VIEW');
```

　リスト7-13のクエリを実行した結果は表7-1のようになる。

表7-1：リスト7-13のクエリを実行した結果

TABLE_NAME	TABLE_TYPE
Categories	BASE TABLE
Countries	BASE TABLE
Styles	BASE TABLE
BeerStyles	VIEW

　これらのテーブルで定義されている制約のリストを取得するには、INFORMATION_SCHEMA.TABLE_CONSTRAINTSビューに対して、リスト7-14に示すクエリを実行する。

リスト7-14：制約のリストを取得

```
SELECT tc.CONSTRAINT_NAME, tc.TABLE_NAME, tc.CONSTRAINT_TYPE
FROM INFORMATION_SCHEMA.TABLE_CONSTRAINTS AS tc;
```

191

第7章　メタデータの取得と分析

リスト7-14のクエリを実行した結果は表7-2のようになる。

表7-2：リスト7-14のクエリを実行した結果

CONSTRAINT_NAME	TABLE_NAME	CONSTRAINT_TYPE
Categories_PK	Categories	PRIMARY KEY
Styles_PK	Styles	PRIMARY KEY
Styles_FK00	Styles	FOREIGN KEY

　もちろん、同じ情報を取得する方法は他にもある。ただし、この情報がビューとして提供されるということは、さらに他の情報を確認できるということである。たとえば、データベースに作成されているテーブルと、それらのテーブルに定義されている制約はすべてわかったので、データベースのテーブルのうち、主キーが定義されていないテーブルを特定したいとしよう（リスト7-15）。

リスト7-15：主キーが定義されていないテーブルのリストを取得

```
SELECT t.TABLE_NAME
FROM
  (
    SELECT TABLE_NAME
    FROM INFORMATION_SCHEMA.TABLES
    WHERE TABLE_TYPE = 'BASE TABLE'
  ) AS t
  LEFT JOIN
    (
      SELECT TABLE_NAME, CONSTRAINT_NAME, CONSTRAINT_TYPE
      FROM INFORMATION_SCHEMA.TABLE_CONSTRAINTS
      WHERE CONSTRAINT_TYPE = 'PRIMARY KEY'
    ) AS tc
    ON t.TABLE_NAME = tc.TABLE_NAME
WHERE tc.TABLE_NAME IS NULL;
```

リスト7-15のクエリを実行した結果は表7-3のようになる。

表7-3：リスト7-15のクエリを実行した結果

TABLE_NAME
Countries

　特定の列を変更することを検討している場合は、いずれかのビューで使用されている列を確認することもできる。この場合は、INFORMATION_SCHEMA.VIEW_COLUMN_USAGEビューに対して、リスト7-16に示すクエリを実行する。

リスト7-16：いずれかのビューで使用されているすべてのテーブルと列のリストを取得

```
SELECT vcu.VIEW_NAME, vcu.TABLE_NAME, vcu.COLUMN_NAME
FROM INFORMATION_SCHEMA.VIEW_COLUMN_USAGE AS vcu;
```

項目45　データベースのメタデータを取得する

　表7-4に示すように、列の名前にエイリアスが使用されていたとしても、あるいはその列が出現するのがビューのWHERE句やON句だけであったとしても、問題はない。この情報があれば、列の変更が何らかの影響をおよぼすかどうかをすばやく確認できる。

表7-4：リスト7-16のクエリを実行した結果

VIEW_NAME	TABLE_NAME	COLUMN_NAME
BeerStyles	Categories	CategoryID
BeerStyles	Categories	CategoryDS
BeerStyles	Countries	CountryID
BeerStyles	Countries	CountryNM
BeerStyles	Styles	CategoryFK
BeerStyles	Styles	CountryFK
BeerStyles	Styles	StyleNM
BeerStyles	Styles	ABVHighNb

　リスト7-17は、BeerStylesビューを作成するためのSQLを示している。使用されている列はすべてINFORMATION_SCHEMA.VIEW_COLUMN_USAGEビューによって報告される。それらの列がSELECT句で使用されているのか、ON句で使用されているのか、それともCREATE VIEW文で使用されているのかを問わず、すべての列が報告されることがわかる。

リスト7-17：

```
CREATE VIEW BeerStyles AS
SELECT Cat.CategoryDS AS Category, Cou.CountryNM AS Country,
       Sty.StyleNM AS Style, Sty.ABVHighNb AS MaxABV
FROM Styles AS Sty
  INNER JOIN Categories AS Cat
    ON Sty.CategoryFK = Cat.CategoryID
  INNER JOIN Countries AS Cou
    ON Sty.CountryFK = Cou.CountryID;
```

　DBMS固有のメタデータテーブルではなくINFORMATION_SCHEMAを使用する主な理由の1つは、INFORMATION_SCHEMAがSQL規格であることだ。開発者が記述するクエリはすべて、別のDBMSでも、DBMSの別のリリースでも実行できるはずである。

　とはいうものの、INFORMATION_SCHEMAの使用が問題をはらんでいることに気づいているはずだ。1つには、規格であるといっても、INFORMATION_SCHEMAの実装はDBMSの間で一貫しているわけではない。リスト7-16に示したINFORMATION_SCHEMA.VIEW_COLUMN_USAGEビューは、MySQLには存在しないが、SQL ServerとPostgreSQLには存在する。

　さらに、INFORMATION_SCHEMAは規格であるため、規格で定義されている機能だけを文書化するように設計されている。そして、その機能がサポートされていたとしても、INFORMATION_SCHEMAがその機能を文書化できない可能性がある。そうした例の1つは、一意なインデックスを参照するFOREIGN KEY制約の作成である。通常、FOREIGN KEY制約は、

第7章　メタデータの取得と分析

INFORMATION_SCHEMAに お い て REFERENTIAL_CONSTRAINTS、TABLE_CONSTRAINTS、CONSTRAINT_COLUMN_USAGEの3つのビューを結合することによって文書化される。しかし、一意なインデックスは制約ではないため、TABLE_CONSTRAINTS（またはその他の制約関連のビュー）にデータは存在せず、「制約」として使用されている列を特定することはできない。

　幸い、どのDBMSでもメタデータを他の方法で取得できるため、それらのメタデータを使って情報を特定することも可能である。もちろん、この方法の欠点は、あるDBMSで覚えたことが、他のDBMSでは役に立たない可能性があることだ。

　たとえば、リスト7-13で取得した情報と同じものをSQL Serverを取得する方法は、リスト7-18のようになる。

リスト7-18：SQL Serverのシステムテーブルを使ってテーブルとビューのリストを取得

```
SELECT name, type_desc
FROM sys.objects
WHERE type_desc IN ('USER_TABLE', 'VIEW');
```

　あるいは、リスト7-18で取得した情報と同じものを、別の方法で取得することもできる（リスト7-19）。

リスト7-19：SQL Serverの別のシステムテーブルを使ってテーブルとビューのリストを取得

```
SELECT name, type_desc
FROM sys.tables
UNION
SELECT name, type_desc
FROM sys.views;
```

　Microsoftのドキュメント[4]からもうかがえるように、Microsoftはおそらく INFORMATION_SCHEMAを信頼していない（図7-7）。

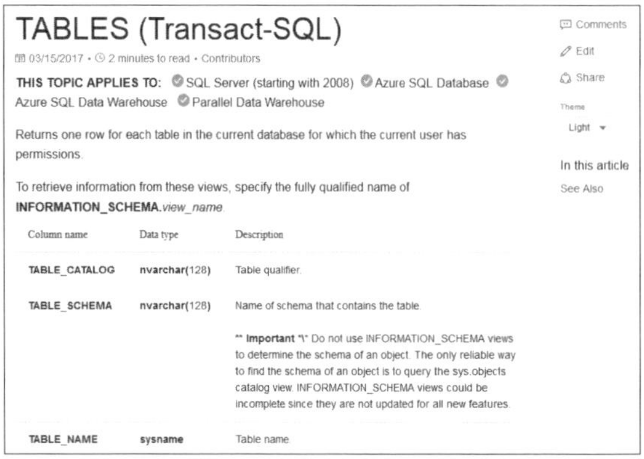

図7-7：INFORMATION_SCHEMAをオブジェクトのスキーマの特定に使用してはならないという警告

---

†4：https://msdn.microsoft.com/en-us/library/ms186224.aspxなど。

項目46　実行プランの仕組みを理解する

> note　　多くのDBMSでは、メタデータを取得する方法が別に用意されている。たとえば、DB2の`db2look`コマンド、MySQLの`SHOW`コマンド、Oracleの`DESCRIBE`コマンド、PostgreSQLのコマンドラインインターフェイス`psql`の`\d`コマンドはどれも、メタデータの取得に使用できる。どのようなオプションがあるかについては、DBMSのマニュアルを調べてみることをお勧めする。ただし、それらのコマンドでは、上記のようなSQLを使ってメタデータを取得することはできない。複数のオブジェクトの情報を一度に収集する必要がある場合や、SQLクエリを使って情報を取得する必要がある場合は、システムテーブルやスキーマのドキュメントも調べてみよう。

覚えておきたいポイント

- 可能であれば、SQL規格である`NFORMATION_SCHEMA`のビューを使用する。
- `INFORMATION_SCHEMA`がどのDBMSでも同じであるとは限らないことを覚えておく。
- DBMSの非標準コマンドを使ってメタデータを表示する方法を調べる。
- `INFORMATION_SCHEMA`に必要なメタデータが完全に含まれていないことを受け入れ、DBMSのシステムテーブルを調べる。

項目46　実行プランの仕組みを理解する

　本書のテーマはSQLであり、特定のベンダーの製品を対象としていないため、かなり具体的な内容を取り上げるのは難しい。というのも、実行プランは実際の実装に依存しているからだ。同じ概念であっても、ベンダーによって実装は異なっており、使用されている用語も異なっている。ただし、SQLデータベースを操作するのであれば、インデックスやモデルの設計を含め、SQLクエリの最適化やスキーマの変更を行うことができなければならない。そのためには、実行プランを解読する方法を理解することが不可欠である。ここでは、どのベンダーの製品を使用しているのかに関係なく、SQLデータベースの実行プランを解読するときに役立つと思われる一般原則を重点的に見ていく。本項目では、ここで説明する内容に加えて、実行プランの解読に関するベンダーのドキュメントを読むことを前提としている。

　また、SQLの目標は、データを（特に効率よく）取得するための実際の手順を定義する、というつまらない作業から開発者を解放することにある。SQLは、取得したいデータを宣言型で定義するためのものであり、そのデータをもっとも効率的な方法で特定する作業はオプティマイザに委ねられる。実行プラン、ひいては実際の実装について説明すると、SQLによって実現される抽象化が損なわれてしまう。

　コンピュータが実行するのだから、人が実行するときとは違う方法がとられるに違いない、と思い込むのは間違いのもとである。コンピュータに詳しいユーザーであっても、ついこのように考えてしまうようだが、そのようなことはまったくない。もちろん、コンピュータのほう

第7章　メタデータの取得と分析

がタスクをはるかにすばやく正確に実行するかもしれないが、コンピュータが実際に実行しなければならない手順は、人が同じタスクを実行するときと何ら変わらない。このため、実行プランを読めば、クエリを処理するためにデータベースエンジンが実行する実際の手順がどのようなものであるかが明らかになる。それらの手順を理解した上で、自分だったらどうするか、もっともよい結果が得られるかどうかを考えてみるとよいだろう。

　図書館のカード目録を思い浮かべてみよう。「Effective SQL」という本を探している場合は、カード目録が置かれている場所へ行き、「E」で始まる本の索引カードが入っている引き出しを探すことになるだろう（実際には「D-G」のラベルが付いた引き出しかもしれない）。その引き出しを開けて、目当ての索引カードが見つかるまでカードをパラパラめくっていく。見つかったカードには、この本が601.389にある、と書かれている。このため、次は600番台の本が収められているセクションを探さなければならない。そのセクションに到着したら、今度は600〜610番台の本が収められている書棚を探さなければならない。目当ての書棚が見つかったら、601が見つかるまで書棚を調べていき、続いて601.3XX番台の本が見つかるまで調べていく必要がある。そしてようやく、601.389の本が見つかる。

　電子的なデータベースシステムでも、手順はまったく同じである。データベースエンジンはまず、データのインデックスにアクセスし、「E」の文字が含まれているインデックスページを探す。次に、インデックスページを調べて、探しているデータが含まれているデータページへのポインタを取得する。データベースエンジンはそのデータページのアドレスへジャンプし、そのページに含まれているデータを読み取る。データベースのインデックスは、図書館のカード目録のようなものである。データページは書棚のようなものであり、行は本そのものである。カード目録の引き出しと書棚は、インデックスとデータページからなるB木構造を表している。

　ここで強調しておきたいのは、実行プランを読むときに、紙やフォルダ、本、索引カード、ラベル、分類システムなどを使って同じことをしているかのように、実際のアクションを適用できることである。思考実験をもう1つ試してみよう。あなたが見つけた「Effective SQL」には、共著者としてJohn Viescasの名前があった。あなたはJohn Viescasの他の著書も手に入れたいと考えている。カード目録に戻っても仕方がない。カード目録の索引カードは著者ではなくタイトルの順に並んでいるからだ。カード目録を利用できない以上、選択肢は1つである。すべての書棚を調べて、それらの書棚ごとに、書棚に収められている本の著者がJohn Viescasかどうかを1冊ずつ確認していくという根気のいる作業を行うしかない。そうした問い合わせが多いことがわかった場合は、著者に基づいて分類された新しいカード目録を作成し、元のカード目録の横に設置するほうが合理的である。そうすれば、新しいカード目録を調べるだけで、John Viescasの著書や共著書がすべて簡単に見つかるようになる。もう書棚まで探しに行かなくてもよいのである。しかし、「John Viescasが執筆した各本のページ数」が知りたい場合はどうなるだろうか。索引カードには、そこまでの情報は含まれていない。このため、再び書棚に戻って、各著書のページ数を確認するはめになる。

　これにより、次の重要な点が明らかになる。あなたが構築するインデックスシステムは、あ

196

項目46　実行プランの仕組みを理解する

なたがデータベースに対して一般的に使用するクエリの種類に大きく依存する。図書館での異なる種類の問い合わせをサポートするには、2つのカード目録が必要だった。たとえカード目録が2つになったとしても、まだ対処しきれていない部分がある。一方のカード目録の索引カードにページ数を追加するのは正しい答えだろうか。そうかもしれないし、そうではないかもしれない。それが正しい答えかどうかは、どちらかと言えば、情報をすばやく取得することが不可欠かどうかによって決まる。

　また、問い合わせによっては、実際に書棚まで行く必要がない可能性もある。たとえば、John Viescasが執筆した本の著者をすべてリストアップしたい場合は、Johnが共著者となっている本をすべて検索すればよいが、カード目録には、他の著者の名前までは書かれていない。しかし、その場合は本のタイトルに基づくカード目録を調べて、著者のカード目録で調べたタイトルと照合すれば、共著者のリストが得られる。書棚まで行かなくても、すべての作業をカード目録の前に立ったまま行うことができる。したがって、これはデータを取得するためのもっともすばやい方法である。

　この思考実験から、実行プランを読みながら、実際のアクションを頭の中でシミュレートできることがわかる。実行プランがテーブルをスキャンする場合は、その実行プランではインデックスが（存在しているにもかかわらず）使用されないことがわかる。つまり、カード目録を通りすぎて書棚に直行するようなものである。何かが間違っていることは明らかであり、分析を開始することができる。

> note　これ以降の項目で提供されているサンプルは、データベースに格納されているデータや既存のインデックスの構造などに大きく依存している。このため、まったく同じ実行プランを再現することは必ずしも可能ではない。また、それらのサンプルでは、グラフィカルな実行プランとしてSQL Serverの実行プランを使用している。他のベンダーも同じような実行プランを生成するが、異なる用語を使用している。

　イメージが湧いてきたところで、さっそくサンプルを見てみよう。リスト7-20は、市外局番（CustAreaCode）に基づいて顧客の住所を検索するクエリを示している。

リスト7-20：市外局番に基づいて顧客の住所を検索

```
SELECT CustCity
FROM Customers
WHERE CustAreaCode = 530;
```

　テーブルの大きさが十分であれば、図7-8のような実行プランが生成されるだろう[5]。

---

†5 [訳注]：GitHubからダウンロードできるサンプルデータベースでは、同じ実行プランは生成されない。原書のテストでは、かなり大きなデータベースを使用している。たとえばOrdersテーブルのレコード数は160,944件である。

第7章　メタデータの取得と分析

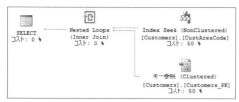

図7-8：キー参照を使用する最初の実行プラン

　これを実際のアクションにたとえて、Customersテーブルがカード目録で、CustAreaCodeとCustZipCodeが索引カードに含まれているとしよう。索引カードが検出されるたびに、書棚へ行き、該当するレコードを探してCustCity値を読み取り、カード目録に戻って次の索引カードを読み取る。これが「キー参照（Key Lookup）」操作が表示されたときの意味である。「Index Seek」操作がカード目録の検索を表すのに対し、「キー参照」操作は索引カードに含まれていない情報を取得するために書棚に赴くことを意味する。

　レコードの数が少ないテーブルの実行プランは、ここまでひどくない。しかし、多くの索引カードが見つかった場合は書棚とカード目録の間を行き来することになるため、時間がかなり無駄になる。一致する索引カードが何枚かあるとしよう。問い合わせ（クエリ）が一般的なものである場合は、CustCityを索引カードに追加してしまうほうが合理的である。そのためのSQL文はリスト7-21のようになる。

リスト7-21：インデックスの定義を改善

```
CREATE INDEX IX_Customers_CustArea
ON Customers (CustAreaCode, CustCity);
```

　これにより、同じクエリの実行プランは図7-9のように変化する。

図7-9：サブジェクトに基づいてデータを分割する例

　つまり、新しいカード目録の前に立ち、書棚にはまったく行かずに索引カードを調べることになる。図書館のカード目録は1つ増えることになるが、このほうがはるかに効率的である。

　また、生成された実行プランによって表される実際の手順は、SQLクエリ自体によって表される論理的な手順とは大きく異なることがある。EXISTS相関サブクエリを使用するクエリについて考えてみよう（リスト7-22）。

リスト7-22：まだ注文を行ったことがない顧客を検索するクエリ

```
SELECT p.*
FROM Products AS p
```

198

```
WHERE NOT EXISTS
  (
    SELECT NULL
    FROM Order_Details AS d
    WHERE p.ProductNumber = d.ProductNumber
  );
```

一見すると、データベースエンジンがProductsテーブルの行ごとにサブクエリを実行しなければならないように思える。実行プランは図7-10のようになる。

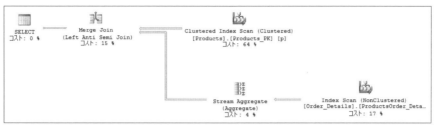

図7-10：NOT EXISTS相関サブクエリを含んでいるクエリの実行プラン

実行プランを実際のアクションにたとえると、次のようになる。まず、Productsテーブルで「Clustered Index Scan」操作を実行することで、手元にある製品の詳細を含んでいるカード目録から索引カードをひと束取り出す。次に、Order_Detailsテーブルで「Index Scan」操作を実行することで、注文情報を含んでいるカード目録からも索引カードをひと束取り出し、「Stream Aggregate」操作を実行することで、同じProductNumberが記載されている索引カードをすべてグループにまとめる。そして、「Merge Join」操作では、両方の束をソートし、Order_Detailsの束に一致する索引カードが存在しない場合にのみ、Productsの索引カードを取り除く。そうすると、答えが得られる。「Merge Join（マージ結合）」が「左アンチ半結合」であることに注意しよう。左アンチ半結合は、SQL言語に直接相当するものがない関係演算である。概念的には、半結合は結合に似ているが、一致する行をすべて選択するのではなく、1回だけ一致した行を選択する。したがって、アンチ半結合では、結合の右側に一致する行を持たない行が選択される。

この例では、データベースエンジンに抜かりはなく、より効率的な方法を調べて、実行プランをそのように調整している。だが、ここで強調しておきたいのは、データベースエンジン自体が、クエリを要求しているユーザーの制約を受けることである。うまく書かれていないクエリが送信されれば、効率の悪い実行プランを生成せざるを得ない。

実行プランを読むときには、データを収集する方法がデータベースエンジンによって適切に選択され、もっとも効率のよい方法で実行されているかどうかをチェックする。実行プランは一連の操作で構成されているため、データの量や分散状態が変化すれば、同じクエリであっても劇的に変化することがある。たとえば、リスト7-22と同じクエリをより少ない量のデータで

実行した場合は、図7-11のような実行プランが生成されるかもしれない。

図7-11：NOT EXISTS相関サブクエリを含んでいるクエリの別の実行プラン

Order_Detailsテーブルの「Index Seek」操作を見ると、Productsテーブルでの「Clustered Index Scan」操作の値を受け取る述語がないことがわかる。さらに、「Top」操作により、出力が1つの行に絞り込まれ、Productsテーブルのレコードと照合される。これは先ほどの「キー参照（Key Lookup）」と似ている。データセットが十分に小さいことから、データベースエンジンはキー参照を実行すれば十分であり、「索引カードの束」を取り出すまでもない、と判断したのである。

ここで思いあたるのが、「ゾウとネズミの問題」[†6]である。ここまでの内容から、同じ結果を得るにあたってさまざまな手順があることはもうおわかりだろう。しかし、より効果的な手順がどれであるかは、データの分散状況による。このため、パラメータ化されたクエリを使用する場合は、特定の値では申し分なく動作するものの、別の値ではまったくうまくいかないことが考えられる。これが特に問題となるのは、ストアドプロシージャなど、パラメータ化されたクエリの実行プランをデータベースエンジンがキャッシュする場合である。単純なパラメータ化されたクエリを見てみよう（リスト7-23）。

リスト7-23：特定の製品の注文情報を検索するクエリ

```
SELECT o.OrderNumber, o.CustomerID
FROM Orders AS o
WHERE EmployeeID = ?;
```

EmployeeID = 751を渡したとしよう。Ordersテーブルには、160,944行の注文情報が含まれており、この従業員が扱った注文はそのうち99件である。行数は比較的少ないため、図7-12に示すような実行プランが生成されるだろう。

[†6] [訳注]：データの分散状況によっては、ある値によって返される行がたった10行になることもあれば、10,000行や100万行になることもある。パラメータ化されたクエリを使用すると、SQL Serverは生成された実行プランをキャッシュするため、どの値に対しても同じ実行プランが使用されることになる。ゾウを移動するにはトラックが必要だが、ネズミは箱に入れて持ち運べばよいように、実際のデータに合わせてクエリを最適化し、実行プランを再生成すべきである。Microsoft Data Platform MVPであるJes Schultz Borlandは、この問題を「ゾウとネズミの問題」と呼んでいる。

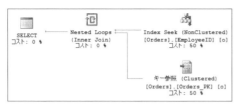

図7-12：レコードの数が少ない場合の実行プラン

この実行プランを、EmployeeID = 708を渡した場合の実行プランと比べてみよう（図7-13）。この従業員は5,414件の注文を扱っている。

図7-13：レコードの数が多い場合の実行プラン

非常に多くのレコードがあちこちに分散していることに気づいたデータベースエンジンは、とにかくすべてのデータを急いでスキャンすることにしたようだ。これが賢明な判断ではないことは明白である。この状況を改善するには、このクエリ用のインデックスを追加すればよい（リスト7-24）。

リスト7-24：リスト7-23のクエリをカバーするインデックス

```
CREATE INDEX IX_Orders_EmployeeID_Included
ON Orders (EmployeeID)
INCLUDE (OrderNumber, CustomerID);
```

このインデックスは両方のクエリをカバーするため、「ネズミ」の実行プランも「ゾウ」の実行プランも大幅に改善される（図7-14）。

図7-14：リスト7-23のクエリに対する改善された実行プラン

ただし、どのような場合でもこれが可能かというと、そうではない。クエリが複雑な場合は、1つのクエリでしか利用できないインデックスを作成しても意味がないかもしれない。作成したいのは、複数のクエリで役立つインデックスである。そのためには、インデックスを作成する列を変更したり、インデックスに含まれる列を変更したり、インデックスから列を除外したりする必要があるだろう。

そうした状況でも、パラメータ化されたクエリでは、「ゾウとネズミ」の問題がやはり発生することがある。そのような場合は、クエリを再コンパイルするのが得策だろう。全体的な実行

第7章　メタデータの取得と分析

時間からすれば、クエリのコンパイルにかかる時間はほんのわずかである。クエリの強制的な再コンパイルが可能かどうかについては、DBMSで利用可能なオプションを調べる必要がある。Oracleなど一部のデータベースエンジンでは、キャッシュされた実行プランを実行する前に、パラメータを調べることが可能であるため、「ゾウとネズミ」の問題に歯止めをかけるのに役立つ。

覚えておきたいポイント

- 実行プランを読むときには、実行プランを実際のアクションに置き換え、使用されないインデックスがあるかどうかを分析し、それらのインデックスが使用されない理由を特定する。

- 実行プランの個々の手順を分析し、それらが効率的かどうかについて検討する。効率性はデータの分散状況に左右される。そう考えると、「不適切な操作」というものは存在しない。そうではなく、使用される操作がそのクエリに適しているかどうかを分析する。

- 1つのクエリに固執せず、優れた実行プランを生成するためにインデックスを追加する。それらのインデックスができるだけ多くのクエリで確実に使用されるようにするには、データベースの全体的な使用法について検討する必要がある。

- 「ゾウとネズミ」の問題に目を光らせる。「ゾウとネズミ」の問題とは、データが均等に分散していないために、同じクエリに対して異なる最適化が必要になる、という問題である。これが特に問題となるのは、実行プランがキャッシュされ、再利用される場合である。これに該当するのは、一般に、ストアドプロシージャやクライアント側で準備された文が使用される場合である。

第8章　直積

第4章の項目22では、**直積**（Cartesian product）について説明した。直積は、1つ目のテーブルのすべての行（または行セット）を、2つ目のテーブル（または行セット）のすべての行と組み合わせた結果である。おそらく他の種類の結合ほど一般的に使用されるものではないが、SQL文の作成時に入力として必要になることが多い。SQLで直積を作成するには、CROSS JOINを使用する。

本章では、直積を使用しなければ解決できない可能性がある現実的な問題をいくつか紹介する。なお、ここで説明しているのは、複数列の結合に必要な列を1つ以上追加し忘れたために偶然に生成される直積のことではない。本章で説明する問題はすべて意図的な直積を使用するものであり、結合条件は使用しない。

直積がいかに有益であるかがわかれば、この機能を使って問題を解決する他の機会がいくつも見つかるはずだ。

項目47　テーブルＡ、Ｂの行を組み合わせ、テーブルＡに間接的に関連しているテーブルＢの行を特定する

場合によっては、処理が完了しているレコードと完了していないレコードを特定できるようにするために、考えられるすべての組み合わせをリストアップしなければならない場合がある。

たとえば、顧客が購入した製品と購入しなかった製品を顧客ごとに確認したいとしよう。単純な方法は次のようになる。

1. 顧客と製品との組み合わせをすべてリストアップする。
2. 顧客ごとに購入した製品をすべてリストアップする。
3. 1の組み合わせリストと2の購入リストの間で左結合を実行することで、実際に購入された製品を特定できるようにする。

203

第8章　直積

　各顧客が購入した製品のリストを生成するだけでは、顧客が購入しなかった製品を特定するのには不十分である。購入可能な製品のリストも生成する必要がある。つまり、直積を生成する必要がある。「左のテーブル」として直積を使用し、「右のテーブル」として実際の購入リストを使用する左結合を実行すると、「右側」でnull値を探すことで、購入されなかった製品を特定することが可能になる。

　CustomersテーブルとProductsテーブルのすべての組み合わせを表すリストの生成には、直積を使用できる。そのためのSQL文は、リスト8-1のようになる。

リスト8-1：直積を使ってすべての顧客とすべての製品のリストを取得

```
SELECT c.CustomerID, c.CustFirstName, c.CustLastName,
       p.ProductNumber, p.ProductName, p.ProductDescription
FROM Customers AS c, Products AS p;
```

> note　FROM句でJOIN句を使用せずにテーブルを指定する方法は、すべてのDBMSでサポートされている。ただし、DBMSによっては、FROM句がFROM Customer AS c CROSS JOIN Products AS pに変更されることがある。

　各顧客が購入した製品のリストを生成するには、OrdersテーブルとOrder_Detailsテーブルをリスト8-2のように結合すればよい。

リスト8-2：購入された製品をすべてリストアップ

```
SELECT o.OrderNumber, o.CustomerID, od.ProductNumber
FROM Orders AS o
  INNER JOIN Order_Details AS od
    ON o.OrderNumber = od.OrderNumber;
```

　これら2つのクエリが定義されたところで、直積の行のうち、購入されたものと購入されなかったものを特定できる。これには、左結合を使用する。

リスト8-3：すべての顧客とすべての製品をリストアップし、顧客がすでに購入した製品を特定

```
SELECT CustProd.CustomerID, CustProd.CustFirstName, CustProd.CustLastName,
  CustProd.ProductNumber, CustProd.ProductName,
  (CASE WHEN OrdDet.OrderCount > 0
      THEN 'You purchased this!'
      ELSE ' '
      END
  ) AS ProductOrdered
FROM
  (
    SELECT c.CustomerID, c.CustFirstName, c.CustLastName,
      p.ProductNumber, p.ProductName, p.ProductDescription
```

204

項目47　テーブルＡ、Ｂの行を組み合わせ、テーブルＡに間接的に関連しているテーブルＢの行を特定する

```
     FROM Customers AS c, Products AS p
  ) AS CustProd
  LEFT JOIN
    (
      SELECT o.CustomerID, od.ProductNumber, COUNT(*) AS OrderCount
      FROM Orders AS o
        INNER JOIN Order_Details AS od
          ON o.OrderNumber = od.OrderNumber
      GROUP BY o.CustomerID, od.ProductNumber
    ) AS OrdDet
    ON CustProd.CustomerID = OrdDet.CustomerID
      AND CustProd.ProductNumber = OrdDet.ProductNumber
ORDER BY CustProd.CustomerID, CustProd.ProductName;
```

　LEFT JOINを使用する以外にも、リスト8-4に示すように、特定の顧客が特定の製品を購入したかどうかをINを使って調べる、という方法がある。残念ながら、どちらのアプローチがより効果的であるかはわからない。というのも、データの量、インデックス、使用しているDBMSによってパフォーマンスが異なるからだ。

リスト8-4：すべての顧客とすべての製品をリストアップし、顧客がすでに購入した製品を特定する
　　　　　もう1つの方法

```
SELECT c.CustomerID, c.CustFirstName, c.CustLastName,
  p.ProductNumber, p.ProductName,
  (CASE WHEN c.CustomerID IN
    (
      SELECT Orders.CustomerID
      FROM Orders
        INNER JOIN Order_Details
          ON Orders.OrderNumber = Order_Details.OrderNumber
      WHERE Order_Details.ProductNumber = p.ProductNumber
    )
    THEN 'You purchased this!'
    ELSE ' '
    END
  ) AS ProductOrdered
FROM Customers AS c, Products AS p
ORDER BY c.CustomerID, p.ProductNumber;
```

205

第8章　直積

リスト8-3とリスト8-4のクエリを実行した結果は表8-1のようになる。

表8-1：リスト8-3とリスト8-4のクエリを実行した結果の一部

CustomerID	CustFirstName	CustLastName	ProductNumber	ProductName	ProductOrdered
1004	Doug	Steele	28	Turbo Twin Tires	You purchased this!
1004	Doug	Steele	40	Ultimate Export 2G Car Rack	You purchased this!
1004	Doug	Steele	29	Ultra-2K Competition Tire	You purchased this!
1004	Doug	Steele	30	Ultra-Pro Knee Pads	You purchased this!
1004	Doug	Steele	23	Ultra-Pro Skateboard	
1004	Doug	Steele	4	Victoria Pro All Weather Tires	
1004	Doug	Steele	7	Viscount C-500 Wireless Bike Computer	You purchased this!
1004	Doug	Steele	18	Viscount CardioSport Sport Watch	You purchased this!

覚えておきたいポイント

- 2つのテーブルのレコードをあらゆる方法で組み合わせるには、直積を使用する。
- 実際に発生した組み合わせを特定するには、INNER JOINを使用する。
- 直積の結果を実際に発生した組み合わせと比較する場合は、LEFT JOINの使用を検討する。
- SELECT句のCASE文でINサブクエリを使用する方法でも、直積とLEFT JOINを使用する方法と同じ結果を生成できる。ただし、相対的なパフォーマンスは、データの量、インデックス、使用しているDBMSに依存する。

項目48　行を等量分類でランク付けする

製品の売上や生徒の成績といった結果を分析して比較するときには、もっともよい値と悪い値だけでなく、特定の値を他の値と比較してときにどこに位置付けられるかがわかると役立つことが多い。そのためには、ランク付けされた行を等分割する必要がある。たとえば、四等分するか（4つの等しいグループ）、五等分するか（5つの等しいグループ）、十等分する（10個

の等しいグループ)。これにより、たとえばもっとも成績がよい生徒やもっとも売れた製品だけでなく、上位10人、上位20人、または上位25%の生徒が明らかになる。ここでは、この種のランク付けを行う方法と、20%のバンド幅(五分位)で結果を格付けする方法について説明する。

この例では、Sales Ordersサンプルデータベースを使用する。このデータベースの設計をもう一度見ておこう(図8-1)。

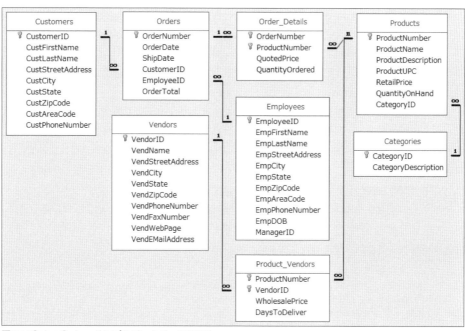

図8-1: Sales Ordersサンプルデータベースの設計

特定のカテゴリに属する製品の売上を相対的にランク付けする方法を調べてみるとおもしろそうである。このサンプルデータベースにおいて製品の数がもっとも多いのは、Accessoriesカテゴリである。このカテゴリをランク付けすれば、より興味深い結果が得られるはずだ。

このクエリでは、製品ごとの売上が何度か必要になるため、CTE(Common Table Expression)を使用するのが合理的である。このCTEは、Accessoriesカテゴリの製品番号ごとに合計売上高を返す(リスト8-5)。

リスト8-5: Accessoriesカテゴリの製品ごとに合計売上高を計算するCTE

```
SELECT od.ProductNumber,
  SUM(od.QuantityOrdered * od.QuotedPrice) AS ProductSales
FROM Order_Details AS od
WHERE od.ProductNumber IN
  (
```

第8章 直積

```
    SELECT p.ProductNumber
    FROM Products AS p
      INNER JOIN Categories AS c
        ON p.CategoryID = c.CategoryID
    WHERE c.CategoryDescription = 'Accessories'
  )
GROUP BY od.ProductNumber;
```

　次に、製品を五等分して、それら5つのグループ（群）の先頭と末尾を特定するには、製品の合計数が必要である。この計算を行うには、製品行ごとにその値が必要である。外側のSELECT句にスカラーサブクエリを配置するという手もあるが、出力の各行にその値が表示されるのは何としても避けたいところである。この場合は、CROSS JOINとサブクエリを使用することが解決策となる。それにより、製品の合計数が行ごとに提供されるようになるが、最終的なSELECT句には含まれなくなる。

　この作業を単純にするには、2つ目のテーブルサブクエリが必要である。このサブクエリでは、説明用の列を返し、各製品の「ランク」を計算する。ランクの計算は、現在の製品の売上をその他すべての製品の売上と比較するという方法で行う。具体的な方法は、第5章の項目38で説明したとおりである。サブクエリとCOUNT()を使ってランクを計算することも可能だが、ウィンドウ関数RANK()を使用するほうが手っ取り早い。

　最後に、各製品のランクを各グループ内での位置と比較する複雑なCASE句が必要である。この作業は、製品の合計数に（各グループの境界を表す）0.2、0.4、0.6、0.8を掛ける、という方法で行う。最終的な解決策はリスト8-6のようになる。

リスト8-6：アクセサリの売上ランキングと計算されたグループ（五分位）

```
WITH ProdSale AS (
  SELECT od.ProductNumber,
    SUM(od.QuantityOrdered * od.QuotedPrice) AS ProductSales
  FROM Order_Details AS od
  WHERE od.ProductNumber IN
  (
    SELECT p.ProductNumber
    FROM Products AS p
      INNER JOIN Categories AS c
        ON p.CategoryID = c.CategoryID
    WHERE c.CategoryDescription = 'Accessories'
  )
  GROUP BY od.ProductNumber
),

RankedCategories AS (
  SELECT Categories.CategoryDescription, Products.ProductName,
         ProdSale.ProductSales,
    RANK() OVER (
      ORDER BY ProdSale.ProductSales DESC
    ) AS RankInCategory
```

208

項目48　行を等量分類でランク付けする

```
    FROM Categories
      INNER JOIN Products
        ON Categories.CategoryID = Products.CategoryID
      INNER JOIN ProdSale
        ON ProdSale.ProductNumber = Products.ProductNumber
),

ProdCount AS (
  SELECT COUNT(ProductNumber) AS NumProducts
  FROM ProdSale
)

SELECT p1.CategoryDescription, p1.ProductName,
       p1.ProductSales, p1.RankInCategory,
  CASE WHEN RankInCategory <= ROUND(0.2 * NumProducts, 0)
         THEN 'First'
       WHEN RankInCategory <= ROUND(0.4 * NumProducts, 0)
         THEN 'Second'
       WHEN RankInCategory <= ROUND(0.6 * NumProducts, 0)
         THEN 'Third'
       WHEN RankInCategory <= ROUND(0.8 * NumProducts, 0)
         THEN 'Fourth'
       ELSE 'Fifth'
       END AS Quintile
FROM RankedCategories AS p1
  CROSS JOIN ProdCount
ORDER BY p1.ProductSales DESC;
```

　ウィンドウ関数ROUND()は、ISO SQL規格では定義されていないが、主な実装のすべてでサポートされている。最終的な結果は表8-2のようになる。

表8-2：リスト8-6のクエリを実行した結果

CategoryDescription	ProductName	ProductSales	RankInCategory	Quintile
Accessories	Cycle-Doc Pro Repair Stand	62157.04	1	First
Accessories	King Cobra Helmet	57572.41	2	First
Accessories	Glide-O-Matic Cycling Helmet	56286.25	3	First
Accessories	Dog Ear Aero-Flow Floor Pump	36029.40	4	First
Accessories	Viscount CardioSport Sport Watch	27954.43	5	Second
Accessories	Pro-Sport ' Dillo Shades	20336.82	6	Second
Accessories	Viscount C-500 Wireless Bike Computer	18046.70	7	Second
Accessories	Viscount Tru-Beat Heart Transmitter	17720.41	8	Second
Accessories	HP Deluxe Panniers	15984.54	9	Third
Accessories	ProFormance Knee Pads	14792.96	10	Third
Accessories	Ultra-Pro Knee Pads	14581.35	11	Third
Accessories	Nikoma Lok-Tight U-Lock	12488.85	12	Fourth

第8章　直積

CategoryDescription	ProductName	ProductSales	RankInCategory	Quintile
Accessories	TransPort Bicycle Rack	9442.44	13	Fourth
Accessories	True Grip Competition Gloves	7465.70	14	Fourth
Accessories	Kryptonite Advanced 2000 U-Lock	5999.50	15	Fourth
Accessories	Viscount Microshell Helmet	4219.20	16	Fifth
Accessories	Dog Ear Monster Grip Gloves	2779.50	17	Fifth
Accessories	Dog Ear Cyclecomputer	2238.75	18	Fifth
Accessories	Dog Ear Helmet Mount Mirrors	767.73	19	Fifth

　ROUND()を使用しない場合は、最初のグループのメンバーが3つになり、残りのグループのメンバーが4つになる。合計数が5で割り切れない数である場合にROUND()を使用すると、真ん中のグループが「半端なグループ」になる。

> note　DBMSがRANK()をサポートしていない場合、カテゴリごとのランクの計算にはSELECT COUNTサブクエリを使用すればよい。サンプルコードでは、この手法をMicrosoft AccessバージョンのSales Ordersデータベースで使用している。サンプルクエリはListing 8-006-RankedCategoriesに含まれている。
> https://github.com/TexanInParis/Effective-SQL

　同じ手法を用いて、ランク付けされたデータを同じ割合で分割することもできる。乗数を計算するには、1をグループの数で割り、結果として得られた乗数を使ってグループに分割する。たとえば、データを10等分したい場合は、1/10 = 0.10であるため、乗数として0.10、0.20、…、0.80、0.90を使用することになる。

覚えておきたいポイント

- 数量的なデータをランク付けされたグループに分割する方法は、情報を評価するための興味深く有益な方法である。
- ウィンドウ関数RANK()を利用すれば、ランク付けされた値を簡単に作成できる。
- グループへの分割に使用する乗数を計算するには、作成したいグループの数で1を割る。

項目49　テーブルの行を他のすべての行と組み合わせる

　データセットにおいて考えられるすべての組み合わせを特定することは何かと有益である。もっとも単純な例は、たとえばソフトボール大会やボーリング大会で対戦スケジュールを組むために、チームを2つずつ選択しながらすべてのチームのすべての組み合わせを生成すること

項目 49　テーブルの行を他のすべての行と組み合わせる

である。リスト8-7に示すような Teams テーブルがあるとしよう。

リスト8-7：Teamsテーブルの構造

```
CREATE TABLE Teams (
  TeamID int NOT NULL PRIMARY KEY,
  TeamName varchar(50) NOT NULL,
  CaptainID int NULL
);
```

　各チームが他のすべてのチームと対戦するスケジュールを作成するには、チームを2つずつ選択しながらそれらのチームの（順列ではなく）組み合わせをすべて取得する必要がある。一意なID列が少なくとも1つ存在する場合は、各チームをより小さいIDか大きいIDを持つ他のチームとペアにすればよい。具体的には、Teams テーブルの2つのコピーを使って直積を作成し、TeamIDでフィルタリングを行うことができる（リスト8-8）。

> note
> 　組み合わせとは、一意な数の集まりのことである。組み合わせでは、位置は考慮されない。たとえば1、2、3、4、5の5つの数字がある場合、2つの数字の組み合わせは1-2、1-3、1-4、1-5、2-3、2-4、2-5、3-4、3-5、4-5である。順列とは、組み合わせと位置の集まりのことである。たとえば1、2、3、4、5の5つの数字がある場合、2つの数字の順列には、先の10個の組み合わせと、それらの数字の位置を入れ替えた10個の組み合わせが含まれる。したがって、順列には1-2と2-1の両方が含まれるが、組み合わせに含まれるのは1-2か2-1のどちらかになる。

リスト8-8：直積を使って2つのチームの組み合わせをすべて特定

```
SELECT Teams1.TeamID AS Team1ID,
       Teams1.TeamName AS Team1Name,
       Teams2.TeamID AS Team2ID,
       Teams2.TeamName AS Team2Name
FROM Teams AS Teams1
  CROSS JOIN Teams AS Teams2
WHERE Teams2.TeamID > Teams1.TeamID
ORDER BY Teams1.TeamID, Teams2.TeamID;
```

　この問題は、**非等結合**（non-equijoin）を使って解決することもできる（リスト8-9）。SQL Serverでは、リスト8-8のクエリもリスト8-9のクエリも使用するリソースは同じだが、他のシステムでは、クエリのパフォーマンスに差が生じるかもしれない。

リスト8-9：非等結合を使って2つのチームの組み合わせをすべて特定

```
SELECT Teams1.TeamID AS Team1ID,
       Teams1.TeamName AS Team1Name,
```

第8章　直積

```
        Teams2.TeamID AS Team2ID,
        Teams2.TeamName AS Team2Name
FROM Teams AS Teams1
  INNER JOIN Teams AS Teams2
    ON Teams2.TeamID > Teams1.TeamID
ORDER BY Teams1.TeamID, Teams2.TeamID;
```

> note　DBMSによっては、リスト8-8でもリスト8-9でもオプティマイザが同じ実行プランを生成することもあれば、クロス結合を内部結合に置き換えることもある。実行プランを解読する方法については、第7章を参照。

N個のアイテムからなる集合でK個のアイテムをひと組みにする場合、組み合わせの数を計算する式は、次のようになる。

$$\frac{N!}{K!(N-K)!}$$

10個のチームを2チームずつ組み合わせる場合は、次のようになる。

$$\frac{10!}{2!(10-2)!} = \frac{10*9*8*7*6*5*4*3*2*1}{2*1(8*7*6*5*4*3*2*1)}$$

分母と分子を8の階乗$(8*7*6*5*4*3*2*1)$で約分すると、45行$(10*9/2=45)$になる。表8-3の結果を見ると、たしかに45行であることがわかる。

表8-3：各チームを他のチームとペアにした結果

Team1ID	Team1Name	Team2ID	Team2Name
1	Marlins	2	Sharks
1	Marlins	3	Terrapins
1	Marlins	4	Barracudas
1	Marlins	5	Dolphins
1	Marlins	6	Orcas
1	Marlins	7	Manatees
1	Marlins	8	Swordfish
1	Marlins	9	Huckleberrys
1	Marlins	10	MintJuleps
2	Sharks	3	Terrapins

項目49　テーブルの行を他のすべての行と組み合わせる

Team1ID	Team1Name	Team2ID	Team2Name
2	Sharks	4	Barracudas
2	Sharks	5	Dolphins
2	Sharks	6	Orcas
2	Sharks	7	Manatees
2	Sharks	8	Swordfish
2	Sharks	9	Huckleberrys
2	Sharks	10	MintJuleps

… さらに22の行 …

7	Manatees	8	Swordfish
7	Manatees	9	Huckleberrys
7	Manatees	10	MintJuleps
8	Swordfish	9	Huckleberrys
8	Swordfish	10	MintJuleps
9	Huckleberrys	10	MintJuleps

　これらがホームとアウェイでの対戦カードであるとしよう。第2ラウンドでホームとアウェイの割り当てを逆にするには、`Teams2.TeamID < Teams1.TeamID`に基づく別のコピーを使って`UNION`を実行すればよい。ホームとアウェイでの対戦を交互に行うラウンドを作成することで、ホームとアウェイでの対戦数がどのチームでもほぼ同じになるようにしたい場合は、リスト8-10に示すように、ウィンドウ関数を使用できる[1]。

リスト8-10：ウィンドウ関数を使ってホームとアウェイの試合を割り当てる

```
WITH TeamPairs AS (
  SELECT
    ROW_NUMBER() OVER (
      ORDER BY Teams1.TeamID, Teams2.TeamID) AS GameSeq,
    Teams1.TeamID AS Team1ID, Teams1.TeamName AS Team1Name,
    Teams2.TeamID AS Team2ID, Teams2.TeamName AS Team2Name
  FROM Teams AS Teams1
    CROSS JOIN Teams AS Teams2
  WHERE Teams2.TeamID > Teams1.TeamID
)

SELECT TeamPairs.GameSeq,
  CASE ROW_NUMBER() OVER (
    PARTITION BY TeamPairs.Team1ID
    ORDER BY GameSeq
  ) MOD 2
  WHEN 0 THEN
    CASE RANK() OVER (
      ORDER BY TeamPairs.Team1ID
    ) MOD 3
```

---

[1]：ウィンドウ関数の詳細については、第5章の項目37を参照。

第8章　直積

```
    WHEN 0 THEN 'Home' ELSE 'Away' END
  ELSE
    CASE RANK() OVER (
      ORDER BY TeamPairs.Team1ID
    ) MOD 3
    WHEN 0 THEN 'Away' ELSE 'Home' END
  END AS Team1PlayingAt,
    TeamPairs.Team1ID, TeamPairs.Team1Name,
    TeamPairs.Team2ID, TeamPairs.Team2Name
FROM TeamPairs
ORDER BY TeamPairs.GameSeq;
```

> note
>
> SQL ServerとPostgreSQLでは、剰余演算子は（MODではなく）%である。DB2
> とOracleでは、MOD関数を使用する。PostgreSQLはMOD関数もサポートしている。

　TeamPairsは、元のクエリにペアごとの行番号を追加したCTEである。メインのクエリでは、行を1つおきに調べて（MOD 2）、1つ目のチームに「ホーム」と「アウェイ」のどちらを割り当てるかを決定している。各チームの最初のゲームには「ホーム」が割り当てられる傾向にあるため、3つ目の行をそれぞれ調べて、割り当てが逆の順序になるようにしている。そうしないと、ホームでの試合が25、アウェイでの試合が20になってしまう。なお、CTEについては、第6章の項目42で説明している。

　こうした組み合わせの作成については、他にもさまざまな用途が考えられる。スーパーの店長をしていて、もっともよく売れている商品の組み合わせに関心があるとしよう。たとえば、買い物客の多くはよくビールと一緒にプレッツェルとポテトチップを購入しているだろうか。よく売れている3つの商品の組み合わせが見つかったとしよう。あるマーケティング理論では、それら3つの商品を一緒に陳列することで、買い物客がそれらをすぐに見つけられるようにすることを提案するかもしれない。逆に、それら3つの商品をできるだけ離れた場所に陳列することで、買い物客がその他多くの魅力的な商品の横を通り過ぎなければ、よく売れている商品にたどり着けないようにする、というマーケティング理論もあるだろう。

　Productsというテーブルがあり、ProductNumberという主キー列とProductNameという列が定義されているとしよう。3つの商品の組み合わせをすべて検索する方法は、リスト8-11のようになる。

リスト8-11：3つの商品の組み合わせをすべて検索

```
SELECT Prod1.ProductNumber AS P1Num, Prod1.ProductName AS P1Name,
       Prod2.ProductNumber AS P2Num, Prod2.ProductName AS P2Name,
       Prod3.ProductNumber AS P3Num, Prod3.ProductName AS P3Name
FROM Products AS Prod1
  CROSS JOIN Products AS Prod2
```

214

項目50　カテゴリをリストアップし、第一希望、第二希望、第三希望と照合する

```
 CROSS JOIN Products AS Prod3
WHERE Prod1.ProductNumber < Prod2.ProductNumber
 AND Prod2.ProductNumber < Prod3.ProductNumber;
```

なお、すべての比較で同じ比較演算子を使用する限り、比較演算子として>と<のどちらを使用しても問題はない。<>でもうまくいくと考えているかもしれないが、その場合はすべての順列が返されることになる。ここで必要なのは、すべての組み合わせである。

もちろん、一般的なスーパーは何万点もの商品を扱っている。このため、3つの商品の組み合わせをすべて見つけ出すとなると、膨大な数の行が生成される可能性がある。店長はおそらく機転を利かせて、関連する商品カテゴリや特定のベンダーの商品をいくつか選択するだろう。

この結果を利用すれば、特定の組み合わせが含まれている注文を検索し、それらの組み合わせごとに注文の数をカウントすることで、もっともよく売れている組み合わせを特定できる。「3つの商品をすべて含んでいる注文の検索」のように、複数の条件に基づいて問題を解決する方法については、第4章の項目25で説明している。

覚えておきたいポイント

- N個のアイテムからK個のアイテムの組み合わせをすべて特定することが役立つ場合がある。
- 一意な列がある場合、組み合わせを検索する方法はきわめて単純である。
- 1つの組み合わせとして選択されるアイテムの数を増やすには、ターゲットテーブルの新しいコピーをクエリに追加すればよい。
- 大量のデータを扱うときには、数十億もの行が生成される可能性があるため、くれぐれも注意しよう。

項目50　カテゴリをリストアップし、第一希望、第二希望、第三希望と照合する

何らかの条件を属性リストと比較するときには、完全に一致するものが得られないことがある。完全に一致するものが見つからない場合は、おそらくもっとも近いものを見つけ出そうと考えるだろう。その作業を容易にするには、それらの属性の観点から条件の重要度をランク付けすればよい。

本書のサンプルデータベースの中には、エンターテイナーと顧客のスケジューリングを扱うものがある。このデータベースには、各エンターテイナーが演奏する曲のスタイルがすべて登録されている。また、各顧客の音楽の好みを管理するテーブルもある（図8-2）。

第8章　直積

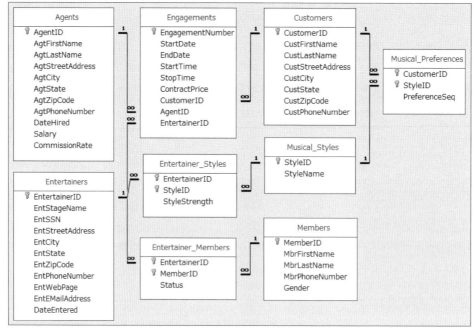

図8-2：エンターテイメント予約を管理するデータベースの設計

Musical_Preferencesテーブルを見ると、連続する番号を使って顧客の好みをランク付けする列（PreferenceSeq）が含まれていることがわかる。このデータベースでは、顧客の第一希望が1、第二希望が2といった具合に表される。また、Entertainer_Stylesテーブルを見ると、エンターテイナーが演奏できるスタイル（StyleID）と、そのスタイルをどれくらい得意としているか（StyleStrength）を表す列が含まれていることもわかる。たとえば、Zachary Johnsonという顧客は、第一希望として「Rhythm and Blues」、第二希望として「Jazz」、第三希望として「Salsa」を指定している。Jazz Persuasionというエンターテイナーが得意とするスタイルは、上から順に「Rhythm and Blues」、「Salsa」、「Jazz」である。

まず、エンターテイナーが登録しているスタイルの中に、各顧客が希望しているスタイルと完全に一致するものがあるかどうか調べてみよう。これには、第4章の項目26で説明した手法の1つを使用する。具体的な方法はリスト8-12のようになる。

リスト8-12：顧客の希望をすべてかなえるエンターテイナーが存在するかどうかを確認

```
WITH CustStyles AS (
  SELECT c.CustomerID, c.CustFirstName,
         c.CustLastName, ms.StyleName
  FROM Customers AS c
    INNER JOIN Musical_Preferences AS mp
      ON c.CustomerID = mp.CustomerID
    INNER JOIN Musical_Styles AS ms
```

項目50　カテゴリをリストアップし、第一希望、第二希望、第三希望と照合する

```
      ON mp.StyleID = ms.StyleID
),

EntStyles AS (
  SELECT e.EntertainerID, e.EntStageName, ms.StyleName
  FROM Entertainers AS e
    INNER JOIN Entertainer_Styles AS es
      ON e.EntertainerID = es.EntertainerID
    INNER JOIN Musical_Styles AS ms
      ON es.StyleID = ms.StyleID
)

SELECT CustStyles.CustomerID, CustStyles.CustFirstName,
       CustStyles.CustLastName, EntStyles.EntStageName
FROM CustStyles
  INNER JOIN EntStyles
    ON CustStyles.StyleName = EntStyles.StyleName
GROUP BY CustStyles.CustomerID, CustStyles.CustFirstName,
         CustStyles.CustLastName, EntStyles.EntStageName
HAVING COUNT(EntStyles.StyleName) =
  (
    SELECT COUNT(StyleName)
    FROM CustStyles AS cs1
    WHERE cs1.CustomerID = CustStyles.CustomerID
  )
ORDER BY CustStyles.CustomerID;
```

　複数の属性（エンターテイナーのスタイル）と一致する可能性がある複数の要求（顧客の希望）が存在している。このため、リスト8-12のクエリには、第4章の項目26で説明したもう1つの手法に基づくバージョンがある。スタイル名をカウントするサブクエリにWHERE句を追加して、各顧客のスタイルだけをカウントするようにしている。このデータベースでは、15人の顧客のうち7人の希望をすべてかなえるエンターテイナーが存在する（表8-4）。完全に一致するエンターテイナーが2件見つかった顧客が1人いることに注目しよう。

表8-4：リスト8-12のクエリを実行した結果

CustomerID	CustFirstName	CustLastName	EntStageName
10002	Deb	Smith	JV & the Deep Six
10003	Ben	Clothier	Topazz
10005	Elizabeth	Hallmark	Julia Schnebly
10005	Elizabeth	Hallmark	Katherine Ehrlich
10008	Darren	Davidson	Carol Peacock Trio
10010	Zachary	Johnson	Jazz Persuasion
10012	Kerry	Patterson	Carol Peacock Trio
10013	Louise	Johnson	Jazz Persuasion

　実際のところ、顧客の希望をすべてかなえるエンターテイナーの検索結果としては上出来で

第8章　直積

ある。しかし、私たちは各顧客にとって最高のエンターテイナーを見つけたいと考えている。特定の顧客にとって最高のエンターテイナーは、もっとも得意とする2つのスタイルが顧客の第一、第二希望と順不同で一致するエンターテイナーであるとしよう。

　最高のエンターテイナーを見つけ出すには、第一希望、第二希望、第三希望の位置を順番に入れ替える必要がある。また、エンターテイナーが得意とするスタイルの順番も同じように入れ替える必要がある。そして、上位2つが順不同で一致した場合は、もっとも一致するもの（ベストマッチ）が検出されている。エンターテイナーがもっとも得意とするスタイルと2番目に得意とするスタイルが、顧客の第一希望、第二希望と順不同で一致するかどうかを調べる方法は、リスト8-13のようになる。

リスト8-13：第一希望、第二希望と比較することにより、ベストマッチを選択

```
WITH CustPreferences AS (
  SELECT c.CustomerID, c.CustFirstName, c.CustLastName,
    MAX((CASE WHEN mp.PreferenceSeq = 1
              THEN mp.StyleID
              ELSE Null END)) AS FirstPreference,
    MAX((CASE WHEN mp.PreferenceSeq = 2
              THEN mp.StyleID
              ELSE Null END)) AS SecondPreference,
    MAX((CASE WHEN mp.PreferenceSeq = 3
              THEN mp.StyleID
              ELSE Null END)) AS ThirdPreference
  FROM Musical_Preferences AS mp
    INNER JOIN Customers AS c
      ON mp.CustomerID = c.CustomerID
  GROUP BY c.CustomerID, c.CustFirstName, c.CustLastName
),

EntStrengths AS (
  SELECT e.EntertainerID, e.EntStageName,
    MAX((CASE WHEN es.StyleStrength = 1
              THEN es.StyleID
              ELSE Null END)) AS FirstStrength,
    MAX((CASE WHEN es.StyleStrength = 2
              THEN es.StyleID
              ELSE Null END)) AS SecondStrength,
    MAX((CASE WHEN es.StyleStrength = 3
              THEN es.StyleID
              ELSE Null END)) AS ThirdStrength
  FROM Entertainer_Styles AS es
    INNER JOIN Entertainers AS e
      ON es.EntertainerID = e.EntertainerID
  GROUP BY e.EntertainerID, e.EntStageName
)

SELECT CustomerID, CustFirstName, CustLastName,
       EntertainerID, EntStageName
FROM CustPreferences
```

項目50　カテゴリをリストアップし、第一希望、第二希望、第三希望と照合する

```
   CROSS JOIN EntStrengths
WHERE (FirstPreference = FirstStrength AND
       SecondPreference = SecondStrength)
   OR (SecondPreference = FirstStrength AND
       FirstPreference = SecondStrength)
ORDER BY CustomerID;
```

　もう察しがついていると思うが、WHERE句での評価の組み合わせは必要に応じて拡張できる。たとえば、顧客の第一希望と第二希望が、エンターテイナーが3番目に得意とするスタイルと一致するかどうかを評価することもできる。リスト8-13のクエリを実行した結果は表8-5のようになる。

表8-5：リスト8-13のクエリを実行した結果

CustomerID	CustFirstName	CustLastName	EntertainerID	EntStageName
10002	Deb	Smith	1003	JV & the Deep Six
10003	Ben	Clothier	1002	Topazz
10005	Elizabeth	Hallmark	1009	Katherine Ehrlich
10005	Elizabeth	Hallmark	1011	Julia Schnebly
10009	Sarah	Thompson	1007	Coldwater Cattle Company
10012	Kerry	Patterson	1001	Carol Peacock Trio

　リスト8-12のクエリの結果にかなり近いことがわかるが、IDが10009の顧客に対するレコメンデーションが追加されている。これは、少なくとも希望するスタイルと得意とするスタイルのうち2つが一致したためである。一方で、IDが10008の顧客（Darren Davidson）と10010の顧客（Zachary Johnson）は、このリストから漏れている。というのも、希望するスタイルは3つとも一致するものの、第一希望と第二希望は順位を入れ替えても一致しないからだ。

　商演算によって完全に一致するものがすべて見つかるのはたしかだが、部分的にもっとも一致するものを見つけ出したい場合は、少し想像力を働かせる必要がある。3つのうち2つと一致するものを検索すれば、マーケティングスタッフへのアドバイスを決定するのに役立つ。

覚えておきたいポイント

- 商演算により、完全に一致するものがすべて検出される。
- 部分的に一致すればよい場合は、他の手法を適用する必要がある。
- テーブルにランク付けされたデータが含まれていると、ベストマッチが見つからない場合の最善策を決定するのに役立つ。

第9章　タリーテーブル

　第8章では、直積を取り上げ、SQL文に必要なデータを直積によって提供する方法について説明した。

　便利なツールがもう1つある。**タリーテーブル**（tally table）である。タリーテーブルは、通常は1つの列だけで構成されたテーブルである。その列には、1（または0）からその状況に適した最大値までの連続する数字が含まれている。また、特定の期間をカバーする連続する日付や、集計値の「ピボット選択」に役立つより複雑な値が含まれることもある。タリーテーブルを利用すれば、直積では解決できない問題を解決できる。というのも、直積がベーステーブルの実際の値に依存するのに対し、タリーテーブルはすべての可能性をカバーするからである。本章では、そうした問題の例を取り上げ、タリーテーブルがどのように役立つのかについて説明する。

　直積の場合と同様に、タリーテーブルが問題の解決に役立つ状況が他にも見つかるだろう。

項目51　タリーテーブルとパラメータを使って 空のデータ行を生成する

　レポートを生成するために取得されるデータでは特にそうだが、空（null）のデータ行を生成できると便利な状況がある。そうした例の1つは、各ページが1つのヘッダー行と複数の詳細行で構成されるレポートである。ページの詳細行のまわりに描画されるボックスの下辺は常に各グループの最後の行の後に配置される。ページを埋めるのに十分な詳細行がグループ（またはグループの終わりに）含まれていない場合は、下辺を正しい位置へ移動させるために、空のデータ行をレポートエンジンに送信する必要がある。

　おそらくもう少し単純な例は、宛名ラベルを印刷するためにフォーマットされるメーリングリストデータだろう。前回レポートを作成したときに、最後のページのラベルを上のほうだけ使用した。ラベルが何枚か使用されただけでページを捨ててしまうのはもったいない。ページを捨てるくらいなら、すでに使用された部分をスキップするほうがよい。この場合は、メーリングリストデータの先頭でN個の空の行を生成すればよい。

第9章　タリーテーブル

　これらのタスクを実行するために必要なのは、レポートのグループ1つあたりの行の数を表す整数値か、ページ1つあたりのラベルの数を表す整数値である。どちらも1から最大数までの数値となる。あとは、パラメータか計算値を使って空の行を必要なだけ生成すればよい。第6章の項目42では、再帰CTE（Common Table Expression）を使って数値のリストを生成できることを示した。さっそく、「使用済みラベルをスキップする」問題を、CTEを使って解決してみよう（リスト9-1）。この例では、3つの使用済みラベルをスキップする必要があるものと前提する。なお、パラメータを追加する方法は後ほど示すことにする。

リスト9-1：生成されたリストを使って空のラベルをスキップする

```
WITH SeqNumTbl AS (
  SELECT 1 AS SeqNum
  UNION ALL
  SELECT SeqNum + 1
  FROM SeqNumTbl
  WHERE SeqNum < 100
),

SeqList AS (
  SELECT SeqNum
  FROM SeqNumTbl
)

SELECT ' ' AS CustName,       ' ' AS CustStreetAddress,
       ' ' AS CustCityState, ' ' AS CustZipCode
FROM SeqList
WHERE SeqNum <= 3
UNION ALL
SELECT
  CONCAT(c.CustFirstName,' ',c.CustLastName) AS CustName,
  c.CustStreetAddress,
  CONCAT(c.CustCity,', ',c.CustState,' ',c.CustZipCode) AS CustCityState,
  c.CustZipCode
FROM Customers AS c
ORDER BY CustZipCode;
```

> **note**　IBM DB2、Microsoft SQL Server、MySQL、Oracle、PostgreSQLはすべてCONCAT関数をサポートしている。ただし、DB2とOracleでは、指定できる引数は2つだけなので、複数の文字列を連結したい場合はCONCAT()を入れ子にしなければならない。ISO SQL規格が連結を実行するために定義しているのは||演算子だけである。DB2、Oracle、PostgreSQLでは、||演算子を使用できる。MySQLで||演算子を使用できるのは、サーバーのsql_mode変数にPIPES_AS_CONCATが含まれている場合だけである。SQL Serverでは、連結演算子として+を使用できる。Microsoft AccessはCONCAT()をサポートしていないが、&または+を使って文字列を連結できる。

222

項目51　タリーテーブルとパラメータを使って空のデータ行を生成する

> なお、MySQL 5.7とAccess 2016は、再帰CTEを含め、CTEをいっさいサポートしていないことを思い出そう。

　これにより、3つの空の行の後に、出力したいデータが追加される。`UNION ALL`を使用したのは、重複を無視するためではなく（その可能性は低い）、そのほうが効率的だからである。`UNION`を使用すると、データをチェックして重複を取り除くために、データベースエンジンが余計な作業を行わなければならなくなる。出力の最初の8行は表9-1のようになる。

表9-1：リスト9-1のクエリを実行した結果

CustName	CustStreetAddress	CustCityState	CustZip
Deborah Smith	2500 Rosales Lane	Dallas, TX 75260	75260
Doug Steele	672 Lamont Ave.	Houston, TX 77201	77201
Kirk Johnson	455 West Palm Ave.	San Antonio, TX 78284	78284
Angel Kennedy	667 Red River Road	Austin, TX 78710	78710
Mark Smith	323 Advocate Lane	El Paso, TX 79915	79915

　もう1つの方法は、タリーテーブルを使って連続する数字を提供することである。Sales Ordersサンプルデータベースには、たまたま**ztblSeqNumbers**という便利なテーブルが含まれている。このテーブルには、1から60までの数字が含まれている。このテーブルをタリーテーブルとして使用する方法は、リスト9-2のようになる。

リスト9-2：タリーテーブルを使って空のラベルをスキップする

```
SELECT ' ' AS CustName,       ' ' AS CustStreetAddress,
       ' ' AS CustCityState, ' ' AS CustZipCode
FROM ztblSeqNumbers
WHERE Sequence <= 3
UNION ALL
SELECT
  CONCAT(c.CustFirstName,' ',c.CustLastName) AS CustName,
  c.CustStreetAddress,
  CONCAT(c.CustCity,', ',c.CustState,' ',c.CustZipCode) AS CustCityState,
  c.CustZipCode
FROM Customers AS c
ORDER BY CustZipCode;
```

　この単純なサンプルをSQL Serverで実行した場合、これら2つの手法の間でパフォーマンス上の違いはほとんど見られない。これはおそらく、**Customers**テーブルに顧客が28人しか含まれていないためだろう。タリーテーブルの**Sequence**列ではインデックスを作成できるため、

223

第9章 タリーテーブル

システムによっては、タリーテーブルを使用するほうがCTEよりも効率がよい可能性がある。

解決策を2つ見てきたが、3の値がハードコーディングされていることに気づいたはずだ。スキップするラベルの数はそのつど変化するため、当然ながら、スキップするラベルの数をパラメータとして渡すほうが賢明である。ラベルの数をパラメータとして渡せるようにするには、そのパラメータが指定された関数にリスト9-2のクエリを追加する。そして、パラメータの値を使ってSequence列でフィルタリングを行い、結果をテーブルとして返す必要がある。レポートを作成するたびに、このテーブルの名前をSELECT文で指定するときにパラメータの値を変更すればよい。この関数のSQL文と、この関数を呼び出して5つの行をスキップするためのSELECT文は、リスト9-3のようになる。

リスト9-3：関数を使って空のラベルをスキップする

```
CREATE FUNCTION MailingLabels (@skip AS int = 0)
RETURNS Table
AS RETURN (
  SELECT ' ' AS CustName,      ' ' AS CustStreetAddress,
         ' ' AS CustCityState, ' ' AS CustZipCode
  FROM ztblSeqNumbers
  WHERE Sequence <= @skip
  UNION ALL
  SELECT
    CONCAT(c.CustFirstName,' ',c.CustLastName) AS CustName,
    c.CustStreetAddress,
    CONCAT(c.CustCity,', ',c.CustState,' ',c.CustZipCode) AS CustCityState,
    c.CustZipCode
  FROM Customers AS c
);

SELECT * FROM MailingLabels(5)
ORDER BY CustZipCode;
```

---

column | **テーブル値関数**

スカラー値を返す関数が役立つことは間違いない。そうした関数を定義すれば、本来なら列名を使用する場所でそうした関数を使用できるようになる。複数のビューやストアドプロシージャで使用する複雑な計算がある場合は、その計算を1つの関数にまとめて、その計算を実行する必要が生じるたびに、その関数を呼び出すことができる。

しかし、さらに有益なのは、テーブル全体を返す関数である。フィルターが変数の値に依存するようなクエリを実行したい場合は、**テーブル値関数**（table-valued function）を利用できる。それにより、おそらく複雑なSQLを一度記述すれば、パラメータの値に基づいてフィルタリングされたデータを返せるようになる。この関数はFROM句のテーブル参照の代わりに使用できる。テーブル値関数については、「パラメータ化されたビュー」として考えることができる。パラメータの値は定数として指定するか、別のテーブルやサブクエリへの列参照の値として指定することができる。

項目52　シーケンスの生成にタリーテーブルとウィンドウ関数を使用する

パフォーマンスに関しては、テーブル値関数のほうが、スカラー関数を使った同等のSQLクエリよりもよい可能性がある。第2章の項目12で説明したように、さまざまなテーブルのデータを結合するためのアルゴリズムはデータベースエンジンによって異なる可能性がある。SQLクエリがスカラー関数を使用している場合は、データベースエンジンの選択肢が大幅に制限される可能性が高い。実際問題として、データベースエンジンはそうしたスカラー関数をブラックボックスとして扱わなければならない。つまり、それらの関数は使用される前に完全に処理されていなければならない。というのも、通常は、スカラー関数を行ごとに（場合によっては1回以上）実行する必要があるからだ。対照的に、テーブル値関数については透過的な関数として考えることができる。データベースエンジンは、テーブル値関数の「中身」を調べて、その情報をもとにより効果的な実行プランを生成できる。これはいわゆる「インライン展開」である。このように、データベースエンジンはテーブル値関数をインライン展開できる可能性があるが、クエリのフィルタリングや結合がスカラー関数に依存している場合、インライン展開はほとんど不可能である。関数をあたりまえのように使用するプログラミングを経験してきた場合、SQLクエリを記述するときには発想の転換が必要であり、「行」ではなく「集合（リレーション）」について考える必要がある。この場合も、データベースがテーブル値関数をインライン展開できるケースとインライン展開できないケースを判断するには、データベースのドキュメントを調べる必要がある。

　もちろん、CREATE文は一度だけ実行すればよい。この関数を呼び出すクエリが最後にソートを行うことに注目しよう。というのも、ほとんどの実装では、テーブルを返す関数の中でORDER BY句を使用することはできないからだ。この関数をDBMSに保存した後は、レポートを作成するたびに、パラメータの値を変更するだけでよくなる。

覚えておきたいポイント

- 特にレポートでは、空のデータ行の生成が役立つことがある。
- 空のデータ行の生成には、再帰CTEかタリーテーブルを使用できる。場合によっては、タリーテーブルを使用するほうが効率的である。
- 空のデータ行の数をパラメータとして指定する場合は、このパラメータを受け取る関数を作成し、SELECT文から呼び出せるようにするのが簡単である。

項目52　シーケンスの生成にタリーテーブルとウィンドウ関数を使用する

　ここでは、番号付けやランク付けなど、隣接する行に依存する結果を取得するにあたって、タリーテーブルとウィンドウ関数の組み合わせが役立つケースを取り上げる。ウィンドウ関数については、第5章の項目37で説明したとおりである。この方法は、既存のデータがない場合に、レコードやシーケンスを生成するのに役立つ。データベースエンジンがウィンドウ関数を

第9章 タリーテーブル

サポートしている場合は、この方法を知っておいて損はない。

　株式の委託売買を手掛けるブローカーのデータベースに取り組んでいるとしよう。この事業を展開している国の法律では、すべての売買の記録を保管しておくことが義務付けられている。だが、やっかいなのは、株を買ったときと売ったときとで株価が異なるために、買った株の数と売った株の数が同じであるとは限らないことである。状況によっては、利益を合計すれば、そうした差額が相殺されることが考えられる。しかし、複雑な式を扱わなければならない場合や、利益を計算する順序が出力に大きな影響を与えるような場合もある。そのような場合、差額の相殺が常に可能であるとは限らない。この架空のブローカーにとって、これはどのような意味を持つのだろうか。次の式を見てみよう。

　　粗利 = プロダクトの収益 − プロダクトのコスト

　その「株」をいくらで買って、いくらで売ったのだろうか[†1]。図9-1に示すブローカーのデータモデルを見てみよう。単一列のテーブルであるタリーテーブルが含まれていることがわかる。

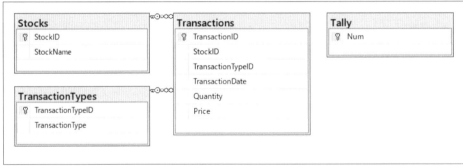

図9-1：ブローカーのデータベースのデータモデルを単純化したもの

　このブローカーは、売買の対象となるさまざまな株の記録をすべて保管している。実際の売買の記録は共通の取引テーブル（`Transactions`）に保存されており、その取引が売りなのか買いなのかは取引タイプ（`TransactionType`）で区別される。

　次に、株の数量と価格を表す通常の列について考えてみよう。ここで検討する株が1つだけであるとすれば、取引テーブルの内容は表9-2のようになる。

[†1] [訳注]：原書では、「単位株」での取引を想定しているが、ここではわかりやすいように「1株」単位での取引に置き換えている。

項目52　シーケンスの生成にタリーテーブルとウィンドウ関数を使用する

表9-2：ブローカーの取引テーブルの内容

ID	Type	Date	Qty	Price
1	Buy	2/24	12	27.10
2	Sell	2/25	7	29.90
3	Buy	2/25	3	26.35
4	Sell	2/25	6	30.20
5	Buy	2/26	15	22.10
6	Sell	2/27	5	26.25

　この表を見たところで、次の疑問が生じる。10株目の粗利はいくらになるのだろうか。10株目が買われたのは1回目のBuy取引であり、買値は27.10ドルである。これが「プロダクトのコスト」にあたる。ただし、1回目のSell取引では売られていない。1回目のSell取引で売られたのは7株である。実際には、10株目が売られたのは2回目のSell取引であり、売値は30.20ドルである。したがって、10株目の粗利は3.10ドルである。ここで重要な質問がある。これをSQLで突き止めるにはどうすればよいのだろうか。何しろ、結合を行うためのキーすらないのである。

　株の売買を1株ずつレコードとして入力してくれ、とブローカーに頼むのはどう考えても無理な話である。それでは手間がかかりすぎる。ここで救いの手を差し伸べるのが、タリーテーブルとウィンドウ関数[†2]である。考え方としては、1株ごとに「行」を割り当て、その行にコストとその収益を割り当てることで、各オプションの粗利を計算できるようにする必要がある。会計に詳しい場合は、先入先出法（FIFO）について聞いたことがあるはずだ。FIFOでは、プロダクトが売れたときに、そのプロダクトを最初に仕入れたときのコストを売れたプロダクトのコストと見なす。したがって、1つ目のSell取引と2つ目のSell取引では、1つ目のBuy取引の買値（プロダクトのコスト）を使用しなければならない。ただし、2つ目のSell取引の6株目は、実際には2つ目のBuy取引で買ったものである。このため、タリーテーブルを2回使用する必要がある。1回目は、プロダクトのコスト（買値）を計算するためであり、2回目は、同じプロダクトの収益（売値）を計算するためである。

　まず、リスト9-4のクエリを見てみよう。

リスト9-4：株の売買をばらばらにして取り出すためのクエリ

```
WITH Buys AS (
  SELECT
    ROW_NUMBER() OVER (
      PARTITION BY t.StockID
      ORDER BY t.TransactionDate, t.TransactionID, c.Num
    ) AS TransactionSeq,
    c.Num AS StockSeq,
    t.StockID, t.TransactionID, t.TransactionDate,
```

---

†2：第5章の項目37を参照。

227

第9章　タリーテーブル

```
      t.Price AS CostOfProduct
  FROM Tally AS c
    INNER JOIN Transactions AS t
      ON c.Num <= t.Quantity
  WHERE t.TransactionTypeID = 1
),

Sells AS (
  SELECT
    ROW_NUMBER() OVER (
      PARTITION BY t.StockID
      ORDER BY t.TransactionDate, t.TransactionID, c.Num
    ) AS TransactionSeq,
    c.Num AS StockSeq,
    t.StockID, t.TransactionID, t.TransactionDate,
    t.Price AS RevenueOfProduct
  FROM Tally AS c
    INNER JOIN Transactions AS t
      ON c.Num <= t.Quantity
  WHERE t.TransactionTypeID = 2
)

SELECT b.StockID, b.TransactionSeq,
       b.TransactionID AS BuyID,
       s.TransactionID AS SellID,
       b.TransactionDate AS BuyDate,
       s.TransactionDate AS SellDate,
       b.CostOfProduct, s.RevenueOfProduct,
       s.RevenueOfProduct - b.CostOfProduct AS GrossMargin
FROM Buys AS b
  INNER JOIN Sells AS s
    ON b.StockID = s.StockID AND b.TransactionSeq = s.TransactionSeq
ORDER BY b.TransactionSeq;
```

リスト9-4のクエリを実行した結果は表9-3のようになる。

表9-3：リスト9-4のクエリを実行した結果

StockID	TransactionSeq	BuyID	SellID	BuyDate	SellDate	CostOfProduct	RevenueOfProduct	GrossMargin
1	1	1	2	2/24	2/25	27.10	29.90	2.80
1	2	1	2	2/24	2/25	27.10	29.90	2.80
	⋮		⋮		⋮			
1	7	1	2	2/24	2/25	27.10	29.90	2.80
1	8	1	4	2/24	2/25	27.10	30.20	3.10
	⋮		⋮		⋮			
1	12	1	4	2/24	2/25	27.10	30.20	3.10
1	13	3	4	2/25	2/25	26.35	30.20	3.85
1	14	3	6	2/25	2/27	26.35	26.25	-0.10
	⋮		⋮		⋮			

項目52　シーケンスの生成にタリーテーブルとウィンドウ関数を使用する

　見てのとおり、論理的なステップを3つ実行する必要がある。株の「買い」をばらばらにし、株の「売り」も同じようにばらばらにした上で、指定された順序で1株のコストを収益と照合する。Buys CTEを少し詳しく見てみよう（リスト9-5）。

| note | 第6章の項目42でも、CTEを使用するサンプルを取り上げている。 |

リスト9-5：Buys CTE

```
SELECT
  ROW_NUMBER() OVER (
    PARTITION BY t.StockID
    ORDER BY t.TransactionDate, t.TransactionID, c.Num
  ) AS TransactionSeq,
  ...
FROM Tally AS c
  INNER JOIN Transactions AS t
    ON c.Num <= t.Quantity
WHERE t.TransactionTypeID = 1
```

　Buy取引を1株ずつにばらして、1株ごとに1行を生成するために、取引テーブルとタリーテーブルの間で非等結合[†3]を使用していることがわかる。これにより、個々の株からなる正しいシーケンスがみごとに生成されるが、すべての「買い」にまたがるグローバルなシーケンスも必要である。そうすれば、それらを「売られた」株と照合できるようになる。これには、ウィンドウ関数ROW_NUMBER()[†4]を使用する。この関数には、取引の日付とIDに加えて、タリーテーブルの数字も渡されている。タリーテーブルの数字を渡すのは、一意性とソートの一貫性を確保するためである。取引のIDを渡しているのは、同じ日に2件の「買い」（または「売り」）が発生している場合に決着をつけるためである。ここでは、話を単純にするために1株のみを対象にしているが、このウィンドウ関数にはPARTITION句が含まれているため、ブローカーが他の単位で株を売る場合でもうまくいくはずである。その場合、シーケンスは考慮の対象となる株ごとにリセットされる。

　Sells CTEも同様である。このCTEの違いは、Sell取引だけが必要であることを示すためにフィルターの値が1ではなく2に変更されていることと、CostOfProductの代わりにRevenueOfProductを使用していることだけである。

　最後のSELECT文では、Buys CTEとSells CTEを結合している。これには、ROW_NUMBER()を使って作成したグローバルシーケンスを使用している。このシーケンスは同じロ

[†3]：非等結合については、第5章の項目33でもサンプルを取り上げている。ただし、項目33では、この用語を使用していない。
[†4]：第5章の項目38を参照。

229

第9章　タリーテーブル

ジック（まずトランザクションの日付で、次にIDでソート）に基づいているため、このクエリを実行するたびに同じ結果が得られることが保証される。また、同じ単位の株に正しいコストと収益が割り当てられるため、1株あたりの粗利を一貫した方法で計算できる。

　ブローカーの「買い注文」が「売り注文」よりも多い場合や逆の場合はどうなるのだろう、と考えているかもしれない。リスト9-4のクエリでは、内部結合を実行しているため、余分な行は取り除かれることになる。実際にどうなるかはブローカーの会計次第である。余分な「買い注文」を在庫と見なして、粗利の計算の対象にならないと考えるかもしれないし、余分な「買い注文」を損失と見なすかもしれない。とりわけ、問題の「プロダクト」が株ではなく箱詰めのフルーツであるなど、「生もの」である場合は「損失」と見なされるだろう。このような処理が必要な場合は、LEFT JOINの使用を検討するか、余分な「買い注文」を計算に入れるためにFULL OUTER JOINの使用を検討してもよいだろう。

覚えておきたいポイント

- タリーテーブルとウィンドウ関数を組み合わせて使用すれば、シーケンスやその他ウィンドウを要求する式を定義する方法に関して選択肢を増やすことができる。
- タリーテーブルに基づく非等結合は、既存のデータがない状態でレコードを作成しなければならない場合に役立つ。

項目53　タリーテーブルの値の範囲に基づいて複数の行を生成する

　本章の項目51では、数値との比較に基づいて複数の行を人工的に生成するにあたって、タリーテーブルが役立つことを示した。さらに一歩踏み込み、1つ目のタリーテーブルに含まれている値の範囲を使って行の数を特定した後、1つ目のタリーテーブルに格納されている値に基づき、2つ目のタリーテーブルを使ってその数だけ行を生成してみよう。

　ここでも、Sales Ordersサンプルデータベースを使用する。このデータベースの設計は図9-2のとおりである。ここで使用するタリーテーブルが含まれていることに注目しよう。

230

項目53 タリーテーブルの値の範囲に基づいて複数の行を生成する

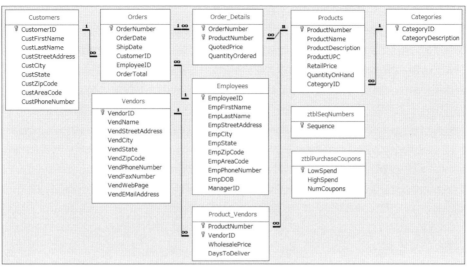

図9-2：タリーテーブルを含んでいるSales Ordersデータベースの設計

　ある会社でマーケティングマネージャーをしているとしよう。この会社の2015年12月の売上はかなり好調だった。そこで、12月の支払い金額がもっとも多かった顧客に10ドルの割引クーポン（100ドル以上の購入で使用可能）をメールで送信したいと考えている。支払い金額が1,000ドル以上の顧客にはクーポンを1枚、2,000ドル以上の顧客には2枚、5,000ドル以上の顧客には4枚といった割合で送信し、支払い金額が50,000ドル以上の顧客には上限である50枚のクーポンを送信する。

　数式を使ってクーポンの正しい枚数を計算するのは簡単ではない。というのも、支払い金額の範囲と関連するクーポンの枚数が線形アルゴリズムにしたがっていないからだ。それなら、支払い金額の範囲と関連するクーポンの枚数を含んだタリーテーブルを構築すればよい。マネージャーによって決定された値が設定されたサンプルテーブル（ztblPurchaseCoupons）は、表9-4のようになる。

表9-4：支払い金額に基づいてクーポンの枚数を定義するためのタリーテーブル

LowSpend	HighSpend	NumCoupons
1000.00	1999.99	1
2000.00	4999.99	2
5000.00	9999.99	4
10000.00	29999.99	9
30000.00	49999.99	20
50000.00	999999.99	50

　2つ目のタリーテーブルztblSeqNumbersは、単一列の単純なテーブルである。この列に

は、1から60までの連続する整数値が含まれている。

　当然ながら、各顧客が2015年12月に支払った金額の合計を求め、その値を1つ目のタリーテーブルと照合し、NumCoupons列の値を使って顧客ごとに複数の行を生成する必要がある。まず、顧客の購入金額の合計を計算してみよう。リスト9-6は、最終的なクエリで使用できる最初のCTE[5]を示している。なお、このコードの後に、2つ目のCTEを追加する。

リスト9-6：顧客ごとに2015年12月の購入金額の合計を計算

```
WITH CustDecPurch AS (
  SELECT Orders.CustomerID,
    SUM((QuotedPrice)*(QuantityOrdered)) AS Purchase
  FROM Orders
    INNER JOIN Order_Details
      ON Orders.OrderNumber = Order_Details.OrderNumber
  WHERE Orders.OrderDate BETWEEN '2015-12-01' AND '2015-12-31'
  GROUP BY Orders.CustomerID
), ...
```

　次に、この合計金額をもとに、クーポンの枚数を突き止める。2つ目のCTEはリスト9-7のようになる。このCTEは、1つ目のCTEの値に基づき、タリーテーブルでクーポンの正しい枚数を特定する。

リスト9-7：リスト9-6のCTEの結果を使ってクーポンの枚数を特定

```
...
Coupons AS (
  SELECT CustDecPurch.CustomerID, ztblPurchaseCoupons.NumCoupons
  FROM CustDecPurch
    CROSS JOIN ztblPurchaseCoupons
  WHERE CustDecPurch.Purchase BETWEEN
    ztblPurchaseCoupons.LowSpend AND ztblPurchaseCoupons.HighSpend
)
```

　これで、クーポンを獲得した顧客と、その顧客に送信するクーポンの枚数が特定された。それらの顧客の名前と住所を生成するクエリは、リスト9-8のようになる。顧客の行は、クーポンの枚数と同じ数だけ繰り返し出力される。

リスト9-8：顧客に送信されるクーポン1枚ごとに1行を生成

```
SELECT c.CustFirstName, c.CustLastName,
       c.CustStreetAddress, c.CustCity, c.CustState,
       c.CustZipCode, cp.NumCoupons
FROM Coupons AS cp
  INNER JOIN Customers AS c
    ON cp.CustomerID = c.CustomerID
  CROSS JOIN ztblSeqNumbers AS z
```

---

†5：CTEを使用する方法については、第6章の項目42を参照。

項目54　タリーテーブルの値の範囲に基づいて別のテーブルの値を変換する

```
WHERE z.Sequence <= cp.NumCoupons;
```

　最終的なクエリは、リスト9-6からリスト9-8までのコードをまとめたものとなる。結果として、321行のデータが生成される。クーポンを1枚だけ獲得した顧客もいれば、2枚獲得した顧客、4枚獲得した顧客、20枚獲得した顧客もいる。さらに、上限である50枚のクーポンを獲得した顧客も2人いる。このクエリを印刷アプリに送信し、顧客ごとに指定された枚数のクーポンを印刷することもできる。最終的な結果の最初の数行は表9-5のようになる。NumCoupons列の値に応じて、顧客の行が繰り返し出力されていることがわかる。

表9-5：リスト9-8のクエリを実行した結果

CustFirstName	CustLastName	CustStreetAddress CustCity	CustState	CustZipCode	NumCoupons	
Suzanne	Viescas	15127 NE 24th, #383	Redmond	WA	98052	2
Suzanne	Viescas	15127 NE 24th, #383	Redmond	WA	98052	2
William	Thompson	122 Spring River Drive	Duvall	WA	98019	9
William	Thompson	122 Spring River Drive	Duvall	WA	98019	9
William	Thompson	122 Spring River Drive	Duvall	WA	98019	9
William	Thompson	122 Spring River Drive	Duvall	WA	98019	9
William	Thompson	122 Spring River Drive	Duvall	WA	98019	9

　ここまでの内容をまとめると、1つ目のタリーテーブルを使って特定の顧客に送信すべきクーポンの枚数を計算し、2つ目のタリーテーブルを使ってクーポン1枚ごとにその顧客の行を1つ生成した。このような値の範囲の生成には、CTEと複雑なCASE式も使用できる。この処理を一度だけ行えばよい場合は、そのほうが望ましいかもしれない。しかし、将来異なる範囲の値を使って同じ処理を行う必要がある場合は、CTEとCASE式のコードを修正するよりも、タリーテーブルの値を変更するほうがずっと簡単である。

覚えておきたいポイント

- データベースでは見つからない値を生成するには、タリーテーブルを使用する。
- タリーテーブルに値の範囲が含まれている場合は、その範囲を実際のデータと比較することで、関連する計算値を生成できる。
- 連続する数値が含まれたタリーテーブルを使用すれば、別のタリーテーブルの値に基づいて行を生成できる。

項目54　タリーテーブルの値の範囲に基づいて
　　　　　別のテーブルの値を変換する

　第5章では、分析を目的としてデータを集約する方法について説明した。これはGROUP　BY

第9章 タリーテーブル

に限った話ではないが、GROUP BYの問題点の1つは、データを集計するにはそれらの値が（文字どおり）同じでなければならないことだ。場合によっては、値の範囲を同じように扱いたいこともある。ここでは、その方法を紹介しよう。

表9-6に示すStudent Gradesデータベースについて考えてみよう（Advanced SQLの講師はずいぶん気前がよいようだ）。

表9-6：Student Gradesサンプルデータベース

Student	Subject	FinalGrade
Ben	Advanced SQL	102
Ben	Arithmetic	99
Ben	Reading	88.5
Ben	Writing	87
Doug	Advanced SQL	90
Doug	Arithmetic	72.3
Doug	Reading	60
Doug	Recess	100
Doug	Writing	59
Doug	Zymurgy	99.9
John	Advanced SQL	104
John	Arithmetic	75
John	Reading	61
John	Recess	95
John	Writing	92

同じ点数は1つもないので、このデータのサマリを作成するのは簡単ではない。リスト9-9に示すようなクエリは、科目（Subject）と最終成績（FinalGrade）の組み合わせごとにカウントとして1を返すことになる。

リスト9-9：Student Gradesデータのサマリを作成

```
WITH StudentGrades (Student, Subject, FinalGrade) AS (
  SELECT stu.StudentFirstNM AS Student,
         sub.SubjectNM AS Subject, ss.FinalGrade
  FROM StudentSubjects AS ss
    INNER JOIN Students AS stu
      ON ss.StudentID = stu.StudentID
    INNER JOIN Subjects AS sub
      ON ss.SubjectID = sub.SubjectID
)

SELECT Subject, FinalGrade, COUNT(*) AS NumberOfStudents
FROM StudentGrades
GROUP BY Subject, FinalGrade
ORDER BY Subject, FinalGrade;
```

234

項目54　タリーテーブルの値の範囲に基づいて別のテーブルの値を変換する

　リスト9-9のクエリを実行した結果は表9-7のようになる。

表9-7：リスト9-9のクエリを実行した結果

Subject	FinalGrade	NumberOfStudents
Advanced SQL	90	1
Advanced SQL	102	1
Advanced SQL	104	1
Arithmetic	72.3	1
Arithmetic	75	1
Arithmetic	99	1
Reading	60	1
Reading	61	1
Reading	88.5	1
Recess	95	1
Recess	100	1
Writing	59	1
Writing	87	1
Writing	92	1
Zymurgy	99.9	1

　サマリとしての価値はいま1つである。ある範囲の成績をレターグレード（ABCD判定）で表すなど、成績をグループ化できれば役立つはずだ。この目的に使用できるタリーテーブルの1つ（GradeRanges）は、表9-8のようになる。

表9-8：数値による成績をABCD判定に変換するためのタリーテーブル

LetterGrade	LowGradePoint	HighGradePoint
A+	97	120
A	93	96.99
A-	90	92.99
B+	87	89.99
B	83	86.99
B-	80	82.99
C+	77	79.99
C	73	76.99
C-	70	72.99
D+	67	69.99
D	63	66.99
D-	60	62.99
F	0	59.99

235

第9章　タリーテーブル

　　GradeRangesタリーテーブルをStudentGradesテーブルと結合する方法は、リスト9-10のようになる。

リスト9-10：GradeRangesタリーテーブルの結合により、数値の成績をABCD判定に変換

```
WITH StudentGrades (Student, Subject, FinalGrade) AS (
  SELECT stu.StudentFirstNM AS Student,
         sub.SubjectNM AS Subject, ss.FinalGrade
  FROM StudentSubjects AS ss
    INNER JOIN Students AS stu
      ON ss.StudentID = stu.StudentID
    INNER JOIN Subjects AS sub
      ON ss.SubjectID = sub.SubjectID
)

SELECT sg.Student, sg.Subject, sg.FinalGrade, gr.LetterGrade
FROM StudentGrades AS sg
  INNER JOIN GradeRanges AS gr
    ON sg.FinalGrade >= gr.LowGradePoint
      AND sg.FinalGrade <= gr.HighGradePoint
ORDER BY sg.Student, sg.Subject;
```

　　リスト9-10のクエリを実行した結果は表9-9のようになる。

表9-9：リスト9-10のクエリを実行した結果

Student	Subject	FinalGrade	LetterGrade
Ben	Advanced SQL	102	A+
Ben	Arithmetic	99	A+
Ben	Reading	88.5	B+
Ben	Writing	87	B+
Doug	Advanced SQL	90	A-
Doug	Arithmetic	72.3	C-
Doug	Reading	60	D-
Doug	Recess	100	A+
Doug	Writing	59	F
Doug	Zymurgy	99.9	A+
John	Advanced SQL	104	A+
John	Arithmetic	75	C
John	Reading	61	D-
John	Recess	95	A
John	Writing	92	A-

　　これで、成績のサマリをLetterGradeで作成できるようになった。具体的な方法はリスト9-11のようになる。

236

項目54 タリーテーブルの値の範囲に基づいて別のテーブルの値を変換する

リスト9-11：Student GradesデータのサマリをABCD判定で作成

```
WITH StudentGrades (Student, Subject, FinalGrade) AS (
  SELECT stu.StudentFirstNM AS Student,
         sub.SubjectNM AS Subject, ss.FinalGrade
  FROM StudentSubjects AS ss
    INNER JOIN Students AS stu
      ON ss.StudentID = stu.StudentID
    INNER JOIN Subjects AS sub
      ON ss.SubjectID = sub.SubjectID
)

SELECT ag.Subject, gr.LetterGrade, COUNT(*) AS NumberOfStudents
FROM StudentGrades AS sg
  INNER JOIN GradeRanges AS gr
    ON sg.FinalGrade >= gr.LowGradePoint
       AND sg.FinalGrade <= gr.HighGradePoint
GROUP BY sg.Subject, gr.LetterGrade
ORDER BY sg.Subject, gr.LetterGrade;
```

リスト9-11のクエリを実行した結果は表9-10のようになる。

表9-10：リスト9-11のクエリを実行した結果

Subject	LetterGrade	NumberOfStudents
Advanced SQL	A+	2
Advanced SQL	A-	1
Arithmetic	A+	1
Arithmetic	C	1
Arithmetic	C-	1
Reading	B+	1
Reading	D	2
Recess	A	1
Recess	A+	1
Writing	A-	1
Writing	B+	1
Writing	F	1
Zymurgy	A+	1

　このサンプルデータのサイズは小さいため、カウントが1の科目が多いが、少なくとも集約らしきものが生成されていることがわかる。

　こうした変換を行うためのタリーテーブルを設計するときには、注意しなければならない点がいくつかある。まず、考えられる範囲がすべてカバーされていることが重要となる。もっとも避けたいのは、許容される範囲を超える値があるためにデータが失われてしまうことである。この問題に対処する一般的な方法は2つある。1つは、CHECK制約を使用することで、無効な値の入力を阻止することである。もう1つは、無効な値の範囲を表す行をタリーテーブル

237

第9章 タリーテーブル

に追加することで、「Invalid Values（無効な値）」として返すことである。

サマリの生成を目的としてデータをグループ化したいとしよう。値の範囲がそれぞれ適切な
サイズになるようにしたい。各範囲に含まれる値がほんのわずかであるとしたら、それほどメ
リットはない。状況によっては、各範囲のサイズが同じでなければならない理由はない。

考慮の対象となるデータの種類によっては、表9-11に示すように、各範囲の下限値が前の範
囲の上限値と等しくなるようにする必要があるかもしれない。比較する値が10進数の精度に
関する問題の対象となる場合は、特に注意が必要である。

表9-11：数値による成績の連続する範囲をABCD判定に変換するためのタリーテーブル

LetterGrade	LowGradePoint	HighGradePoint
A+	97	120
A	93	97
A-	90	93
B+	87	90
B	83	87
B-	80	83
C+	77	80
C	73	77
C-	70	73
D+	67	70
D	63	67
D-	60	63
F	0	60

もちろん、表9-11のような範囲を使用する場合は、値が2つのグループに分類されることが
ないよう、ON句の比較演算子を<=から<に忘れずに変更しなければならない（リスト9-12）。

リスト9-12：GradeRangesタリーテーブルの結合により、数値による成績の連続する範囲をABCD判定に変換

```
WITH StudentGrades (Student, Subject, FinalGrade) AS (
  SELECT stu.StudentFirstNM AS Student,
         sub.SubjectNM AS Subject, ss.FinalGrade
  FROM StudentSubjects AS ss
    INNER JOIN Students AS stu
      ON ss.StudentID = stu.StudentID
    INNER JOIN Subjects AS sub
      ON ss.SubjectID = sub.SubjectID
)

SELECT sg.Student, sg.Subject, sg.FinalGrade, gr.LetterGrade,
FROM StudentGrades AS sg
  INNER JOIN GradeRanges AS gr
    ON sg.FinalGrade >= gr.LowGradePoint
       AND sg.FinalGrade < gr.HighGradePoint
ORDER BY sg.Student, sg.Subject;
```

項目55　日付テーブルを使って日付の計算を単純化する

> note　変換用のタリーテーブルを生成する際には、1つの数字だけを使って範囲を定義することもできる。つまり、各範囲の下限値と上限値を定義する代わりに、範囲の下限または上限を表す値を1つだけ指定するのである。指定されない上限または下限は、1つ前の行か1つ後の行の値によって暗黙的に定義される。ただし、範囲ごとに下限と上限を表す値を両方とも指定するほうが、混乱が少なくなり、SQL文も簡単になるだろう。

覚えておきたいポイント

- 変換用のタリーテーブルはデータに合わせて適切に設計する。
- 非等結合では、使用するタリーテーブルに合わせて、適切な関係演算子を使用する。

項目55　日付テーブルを使って日付の計算を単純化する

　日付と時刻は問題と隣り合わせのデータ型である。他のデータ型と比較しても、何か意味のあることを実行するだけで複数の関数が必要になるし、場合によっては、そうした関数の1つを別の関数でラッピングしなければならないこともある。ずるをして、時間の間隔を表すデータ型の代わりに数値を使って日付の算術演算を実行する人もいるが、頓珍漢もいいところである。ほとんどのDBMSは、データ型、関数、そして日付と時刻で許可されている演算に関してSQL規格を完全に実装していない。そう考えると、問題はさらに深刻である。

　この問題を具体的に示すために、一般的なクエリについて考えてみよう。リスト9-13は、出荷能力に関するビジネスレポートに使用されるクエリである。このクエリは最後の2か月しか検索しないため、データを1行も返さないことがある。

リスト9-13：複数の日付関数を使用するクエリ

```
SELECT DATENAME(weekday, o.OrderDate) AS OrderDateWeekDay,
       o.OrderDate,
       DATENAME(weekday, o.ShipDate) AS ShipDateWeekDay,
       o.ShipDate,
       DATEDIFF(day, o.OrderDate, o.ShipDate) AS DeliveryLead
FROM Orders AS o
WHERE o.OrderDate >=
    DATEADD(month, -2, DATEFROMPARTS(YEAR(GETDATE()), MONTH(GETDATE()), 1))
  AND o.OrderDate <
    DATEFROMPARTS(YEAR(GETDATE()), MONTH(GETDATE()), 1);
```

第9章　タリーテーブル

---

note　　リスト9-13では、SQL Server固有の日付関数を使用している。これらの関数の中には、SQL Server 2012よりも前のバージョンでは利用できないものがある。これらの関数に相当する他のDBMSの関数については、付録で説明している。

　見てのとおり、要件が特に多いわけでもないこの小さなクエリでさえ、すでに関数呼び出しとリテラルだらけである。コードがさらに増えれば、読んで理解するのは難しくなるだろう。もしエイリアスがなかったら、このクエリが何をしているのかを理解するのは困難である。しかし、エイリアスはロジックが正しいかどうかを検証する助けにはならない。結局のところ、ブタを別の名前で呼んだところで、ブタはブタである。

　ビジネス上の意思決定や業績がデータベースの日付に大きく依存している場合は、別のアプローチを導入するのが得策かもしれない。日付関数をいくつも使用する代わりに、日付テーブルを作成し、それを参照テーブルとして使用するのである。日付テーブルを作成する方法はリスト9-14のようになる。

リスト9-14：日付テーブルの作成

```
CREATE TABLE DimDate (
  DateKey int NOT NULL,
  DateValue date NOT NULL PRIMARY KEY,
  NextDayValue date NOT NULL,
  YearValue smallint NOT NULL,
  YearQuarter int NOT NULL,
  YearMonth int NOT NULL,
  YearDayOfYear int NOT NULL,
  QuarterValue tinyint NOT NULL,
  MonthValue tinyint NOT NULL,
  DayOfYear smallint NOT NULL,
  DayOfMonth smallint NOT NULL,
  DayOfWeek tinyint NOT NULL,
  YearName varchar(4) NOT NULL,
  YearQuarterName varchar(7) NOT NULL,
  QuarterName varchar(8) NOT NULL,
  MonthName varchar(3) NOT NULL,
  MonthNameLong varchar(9) NOT NULL,
  WeekdayName varchar(3) NOT NULL,
  WeekDayNameLong varchar(9) NOT NULL,
  StartOfYearDate date NOT NULL,
  EndOfYearDate date NOT NULL,
  StartOfQuarterDate date NOT NULL,
  EndOfQuarterDate date NOT NULL,
  StartOfMonthDate date NOT NULL,
  EndOfMonthDate date NOT NULL,
  StartOfWeekStartingSunDate date NOT NULL,
  EndOfWeekStartingSunDate date NOT NULL,
  StartOfWeekStartingMonDate date NOT NULL,
```

240

項目55　日付テーブルを使って日付の計算を単純化する

```
   EndOfWeekStartingMonDate date NOT NULL,
   StartOfWeekStartingTueDate date NOT NULL,
   EndOfWeekStartingTueDate date NOT NULL,
   StartOfWeekStartingWedDate date NOT NULL,
   EndOfWeekStartingWedDate date NOT NULL,
   StartOfWeekStartingThuDate date NOT NULL,
   EndOfWeekStartingThuDate date NOT NULL,
   StartOfWeekStartingFriDate date NOT NULL,
   EndOfWeekStartingFriDate date NOT NULL,
   StartOfWeekStartingSatDate date NOT NULL,
   EndOfWeekStartingSatDate date NOT NULL,
   QuarterSeqNo int NOT NULL,
   MonthSeqNo int NOT NULL,
   WeekStartingSunSeq int NOT NULL,
   WeekStartingMonSeq int NOT NULL,
   WeekStartingTueSeq int NOT NULL,
   WeekStartingWedSeq int NOT NULL,
   WeekStartingThuSeq int NOT NULL,
   WeekStartingFriSeq int NOT NULL,
   WeekStartingSatSeq int NOT NULL,
   JulianDate int NOT NULL,
   ModifiedJulianDate int NOT NULL,
   ISODate varchar(10) NOT NULL,
   ISOYearWeekNo int NOT NULL,
   ISOWeekNo smallint NOT NULL,
   ISODayOfWeek tinyint NOT NULL,
   ISOYearWeekName varchar(8) NOT NULL,
   ISOYearWeekDayOfWeekName varchar(10) NOT NULL);
```

　さまざまな関数をさまざまなリテラルで呼び出す代わりに、大量の列で構成されたテーブル
を1つ作成している。それらの列は、事前に計算された値をテーブルに格納するために使用さ
れる。このテーブルにデータを追加するための実際のスクリプトは、ここで掲載するには長す
ぎる。このスクリプトは本書のGitHub[†6]に用意されている。

　さっそく、リスト9-13のクエリをリスト9-15のように書き換えてみよう。

リスト9-15：リスト9-13のクエリを修正

```
SELECT od.WeekDayNameLong AS OrderDateWeekDay,
       o.OrderDate,
       sd.WeekDayNameLong AS ShipDateWeekDay,
       o.ShipDate,
       sd.DateKey - od.DateKey AS DeliveryLead
FROM Orders AS o
   INNER JOIN DimDate AS od
     ON o.OrderDate = od.DateValue
   INNER JOIN DimDate AS sd
     ON o.ShipDate = sd.DateValue
   INNER JOIN DimDate AS td
```

† 6：https://github.com/TexanInParis/Effective-SQL

第9章 タリーテーブル

```
    ON td.DateValue = CAST(GETDATE() AS date)
WHERE od.MonthSeqNo = (td.MonthSeqNo - 1);
```

さまざまな関数と複雑な述語が、単純な結合と単純な算術演算に置き換えられている。
DimDateテーブルを3回にわたって結合し、そのつど異なる日付列を使用している点に注目し
よう。エイリアスをより具体的な名前に置き換えれば、WeekdayNameLong列でどのような値
が得られるのかがさらに明白になるはずだ。

DimDateテーブルでは、連続する数値があらかじめ計算されているため、本来なら危険な算
術演算の実行が可能となっている。DimDateテーブルのデータの一部を見てみよう（表9-12）。

表9-12：DimDateテーブルのサンプルデータ

DateValue	YearValue	MonthValue	YearMonth	YearMonthNameLong	MonthSeqNo
2015-12-30	2015	12	201512	2015 December	1392
2015-12-31	2015	12	201512	2015 December	1392
2016-01-01	2016	1	201601	2016 January	1393
2016-01-02	2016	1	201601	2016 January	1393
	...		...		
2016-01-30	2016	1	201601	2016 January	1393
2016-01-31	2016	1	201601	2016 January	1393
2016-02-01	2016	2	201602	2016 February	1394
2016-02-02	2016	2	201602	2016 February	1394

MonthValue列の標準的な値が1から12であることと、MonthSeqNo列も定義されている
ことがわかる。MonthSeqNo列の値は、月ごとに連続的に増えていく。*SeqNo列を使用する
ことで、関数を呼び出さなくても、日付のさまざまな要素で算術演算を簡単に行うことができ
る。さらに重要なのは、これらの列でインデックスを作成できることである。それにより、
「sargableクエリ」[7]をより簡単に作成できるようになる。

リスト9-13では、日付のフィルタリングを正しく行うために、複数の関数呼び出しで2つの
述語を使用しなければならなかった[8]。それもこれも、先月の注文を検索できるsargableクエ
リを作成するためだった。就業日や会計年度といったビジネスカレンダーの要素を組み込む場
合は特にそうだが、週の計算を行うようになれば、状況はさらに悪化するだろう。

ここで注意しなければならないのは、日付テーブルを拡張すれば、就業日など、何がどう
なっているのかを突き止めるための簡単なアルゴリズムが存在しないビジネスドメインをサ
ポートできることである。次の5年間や10年間のロジックをすべて事前に計算しておくこと
もできる。余分な作業を事前に済ませておけば、日付に大きく依存するクエリがはるかに単純
になるかもしれない。

---

[7]：第4章の項目28を参照。

[8]：第4章の項目27を参照。

項目55 日付テーブルを使って日付の計算を単純化する

しかし、ディスクI/OがCPU使用率と引き換えになる可能性があることに注意しなければならない。日付テーブルはディスクに格納されるが、日付関数はメモリ内で計算される。日付テーブルがメモリ内にキャッシュされるとしても、テーブルのほうが単純なインライン関数よりも多くの処理を要求することを考慮に入れなければならない。実際には、リスト9-15のクエリのほうが、リスト9-13のクエリよりも低速だろう。というのも、DimDateテーブルで余分な読み取り操作が実行されることになるからだ。しかし、複数のソースから日付を読み取り、それらの日付で計算を行わなければならない場合は、日付テーブルのほうがパフォーマンスがよいはずだ。

覚えておきたいことがもう1つある。DimDateテーブルは変化せず、定期的に追加されるだけであるため、DimDateテーブルで複数のインデックスを作成できる。データウェアハウスのディメンションテーブルでインデックスを作成するのと同じである。それにより、データベースエンジンがテーブル全体を読み取る代わりに、インデックスを選択してその値を読み取ることが可能になるため、I/Oが少なくなるはずだ。また、テーブルを明示的にメモリに読み込むという選択肢もある。そうすれば、テーブルはメモリに常駐するようになるため、データを読み取るためにディスクにアクセスする必要はなくなる。すべてのDBMSがこのオプションをサポートしているわけではないが、このオプションがサポートされている場合は、テーブルが常にメモリ内に存在することをオプティマイザが想定できるようになるため、日付テーブルがさらに高速になる可能性がある。

---

column | **日付テーブルを使ってクエリを最適化する**

第2章の項目11と項目12で説明した概念と、第7章の項目46で説明した概念を応用すれば、日付テーブルをもっともうまく利用する方法を分析するための知識は十分である。リスト9-15のクエリの続きとして、主キー以外にインデックスをいっさい追加しなかった場合、このクエリの実行プランは完全に最適化されない可能性がある。というのも、その決定を下すにあたって、このクエリが抽出しなければならない情報がいくつかあるからだ。

まず、OrdersテーブルのOrderDate列とShipDate列に対応するWeekDayNameLong列をDimDateテーブルで調べている。そこで、日付に基づいて曜日の名前をすばやく抽出するためのインデックスを作成するとしよう（リスト9-16）。

リスト9-16：DimDateテーブルでインデックスを作成する最初の試み

```
CREATE INDEX DimDate_WeekDayLong
ON DimDate (DateValue, WeekdayNameLong);
```

DimDateテーブルで実行するのはそれだけではない。このクエリではMonthSeqNoを使用しており、td.MonthSeqNoをod.MonthSeqNoと比較している。そこで、MonthSeqNoも含まれるようにすると、リスト9-17のようになる。

243

第9章　タリーテーブル

リスト9-17：DimDateテーブルでインデックスを作成する2つ目の試み

```
CREATE INDEX DimDate_WeekDayLong
ON DimDate (DateValue, WeekdayNameLong, MonthSeqNo);
```

これで、リスト9-15のクエリで使用されている列がすべてカバーされる。ただし、インデックスですべての列をカバーすれば、それで終わりというわけではない。まず、このインデックスはDateValue列でソートされる。そして、クエリのWHERE句で使用されていたとしても、MonthSeqNo列に直接アクセスすることはできない。ソートをMonthSeqNo列で行うインデックスを作成してみよう（リスト9-18）。

リスト9-18：DimDateテーブルのMonthSeqNoによるインデックスの作成

```
CREATE INDEX DimDate_MonthSeqNo
ON DimDate (MonthSeqNo, DateValue, WeekdayNameLong);
```

リスト9-16からリスト9-18で実行プランを確認していた場合は、実行プランがどんどんよくなっていくのを見ていたはずだ — ハッシュ結合がネステッドループに置き換えられ、スキャンがシークに置き換えられている。しかし、DimDateは考慮すべき点の1つにすぎない。このクエリはOrdersテーブルも使用している。このクエリはOrderDate列とShipDate列を参照しており、WHERE句のod.MonthSeqNoを通じてOrderDateで間接的なフィルター選択を行っている。このため、OrderDate列とShipDate列にもインデックスが必要であり、OrderDateでソートされるようにする必要がある（リスト9-19）。

リスト9-19：Ordersテーブルの日付に基づくインデックスの作成

```
CREATE INDEX Orders_OrderDate_ShipDate
ON Orders (OrderDate, ShipDate);
```

この時点で、このクエリはかなり最適化されるはずだ。このクエリに関して言えば、実行プラン全体ではるかに小さなインデックスを使用できるようになり、答えを可能な限りすばやく返せるようになるだろう。DBMSによっては、フィルター選択されたインデックスを使用すれば、さらに最適化される可能性があるので、試してみて損はない。

DimDateテーブルを使用するクエリがこれだけ、というのは考えにくいが、このテーブルの内容は頻繁に更新されないため、インデックスを必要なだけ作成してもよいだろう。そうすれば、（データページに実際にアクセスせずに）インデックスにアクセスすることで、要求をすばやく満たすための選択肢をデータベースエンジンにできるだけ多く提供できるようになる。これはディスクかメモリかを問わず、I/Oがより高速になることを意味する。

覚えておきたいポイント

- 日付や日付に基づく計算に大きく依存するアプリケーションでは、日付テーブルを作成するとロジックが大幅に単純になることがある。

項目56　特定の期間内の日付がすべて列挙された予定表を作成する

- 日付テーブルは拡張可能であり、就業日、休業日、会計年度など、アプリケーション固有のドメインを追加できる。
- 日付テーブルは基本的にディメンションテーブルであるため、OLTP（Online Transaction Processing）データベースであっても、インデックスを必要なだけ作成できる。可能であれば、テーブルを明示的にメモリに読み込むことで、ディスクアクセスの必要をなくし、オプティマイザによる推測を向上させることができる。

項目56　特定の期間内の日付がすべて列挙された予定表を作成する

　項目55では、日付テーブルの概念を紹介した。また、第8章の項目47では、左結合を使ってより包括的なリストを生成する方法を紹介した。予約リストの生成など、カレンダーに表示したいイベントのリストアップにも、同じアプローチを利用できる。

　リスト9-20に示すAppointmentsテーブルについて考えてみよう。

リスト9-20：Appointmentsテーブルの作成

```
CREATE TABLE Appointments (
  AppointmentID int IDENTITY (1, 1) PRIMARY KEY,
  ApptStartDate date NOT NULL,
  ApptStartTime time NOT NULL,
  ApptEndDate date NOT NULL,
  ApptEndTime time NOT NULL,
  ApptDescription varchar(50) NULL
);
```

> note｜timeデータ型はすべてのDBMSでサポートされているわけではない。詳細については、付録を参照。
> 日付を（yyyymmddフォーマットで）整数として格納すると、より効率的なクエリにつながることがある。この例では、面倒なことは増やさないことにする。

　各予定の開始日時と終了日時に関連付けられた日付要素と時刻要素が定義されていることがわかる。DateTimeデータ型やTimestampデータ型のほうが適切に思えるかもしれないが、これらの値は日付フィールドと時刻フィールドに別々に格納することをお勧めする。そうすれば、sargableクエリ[9]を記述するのが容易になる。

---

†9：詳細については、第4章の項目28を参照。

第9章　タリーテーブル

> note ｜ 一部のDBMSでは、SQL:2011規格に従い、**テンポラル**（temporal）をサポートしている。テンポラルがサポートされている場合は、この機能を利用することを検討しよう

ここでの目的からすると、日付テーブルに必要なのは、リスト9-21に示されているものだけである。つまり、日付ごとに1行が割り当てられたテーブルがあればよい。もちろん、より複雑な日付テーブルが必要なら、列を追加してもかまわない。

リスト9-21：日付テーブルの作成

```
CREATE TABLE DimDate (
  DateKey int PRIMARY KEY,
  FullDate date NOT NULL
);

CREATE INDEX iFullDate
  ON DimDate (FullDate);
```

> note ｜ 日付テーブルを作成してデータを追加する方法については、項目55を参照。日付テーブルは情報ウェアハウスでよく使用されるため、通常、主キーは日付フィールドではない。

これで、リスト9-22に示すクエリを作成できる状態になった。このクエリは、日付テーブルのすべての日付と、その日の予定を表示する。なお、複数の予定が入っている日が1日もないという珍しい状況を除いて、このクエリによって返される行の数は日付テーブルの行の数よりも多くなるはずだ。

リスト9-22：カレンダーの詳細を返すクエリ

```
SELECT d.FullDate,
       a.ApptDescription,
       a.ApptStartDate + a.ApptStartTime AS ApptStart,
       a.ApptEndDate + a.ApptEndTime AS ApptEnd
FROM DimDate AS d
  LEFT JOIN Appointments AS a
    ON d.FullDate = a.ApptStartDate
ORDER BY d.FullDate;
```

246

項目56 特定の期間内の日付がすべて列挙された予定表を作成する

> note | どのDBMSでも日付と時刻をリスト9-22のように加算できるわけではない。各DBMSの詳細については、付録を参照。

　特定の期間の予定だけを表示したい場合、WHERE句で参照するのはAppointmentsの列ではなくDimDateの列にすべきである。というのも、Appointmentsに日付が存在しないことが考えられるからだ[10]。
　リスト9-22のクエリを表9-13のサンプルデータに対して実行すると、表9-14の結果が得られる[11]。

表9-13：Appointmentsテーブルのサンプルデータ

AppointmentID	ApptStartDate	ApptStartTime	ApptEndDate	ApptEndTime	ApptDescription
1	2017-01-03	10:30	2017-01-03	11:00	Meet with John
2	2017-01-03	11:15	2017-01-03	12:00	Design cover page
3	2017-01-05	09:00	2017-01-05	15:00	Teach SQL course
4	2017-01-05	15:30	2017-01-05	16:30	Review with Ben
5	2017-01-06	10:00	2017-01-06	11:30	Plan for lunch

表9-14：リスト9-22のクエリを実行した結果

FullDate	ApptDescription	ApptStart	ApptEnd
2017-01-01			
2017-01-02			
2017-01-03	Meet with John	2017-01-03 10:30	2017-01-03 11:00
2017-01-03	Design cover page	2017-01-03 11:15	2017-01-03 12:00
2017-01-04			
2017-01-05	Teach SQL course	2017-01-05 09:00	2017-01-05 15:00
2017-01-05	Review with Ben	2017-01-05 15:30	2017-01-05 16:30
2017-01-06	Plan for lunch	2017-01-06 10:00	2017-01-06 11:30
2017-01-07			

覚えておきたいポイント

- 日付テーブルには、適切なインデックスを作成しておく。
- 使用しているDBMSで日付と時刻を適切に処理する方法を理解し、それに合わせて設計を行う。

---

[10]：詳細については、第5章の項目35を参照。

[11] [訳注]：GitHubのMicrosoft SQL Server/Chapter 09/Listing_9.021.sqlを使ってDimDateテーブルを作成する場合は、表9-13のサンプルデータ（Listing 9.020.sql）の年を2018年以降に変更する必要があるかもしれない。なお、その場合は表9-14の結果も2018年になる。

247

- WHERE句では、適切なテーブルの値を評価する。

項目57　タリーテーブルを使ったデータのピボット選択

　レポートで使用する出力情報を作成する際には、結果を非正規化してスプレッドシートに近い見た目にするために、データの「ピボット選択」が役立つことがよくある。通常、これが必要になるのは、SUM()やCOUNT()の出力を2つの列の値に基づいてグループ化する場合である。たとえば、販売担当者の月ごとの注文件数や、エージェントが署名した月ごとの契約件数などである。「ピボット」は、列の1つを列見出しとして使用することを意味する。結果として、残りのグループ化列と、ピボット選択されたグループ化列の値が交差する位置に集計値が配置される。

　ここでは、Entertainment Agencyサンプルデータベースを使用する。このデータベースは本書のGitHub[†12]に用意されている。このデータベースの設計とタリーテーブルは図9-3のようになる。

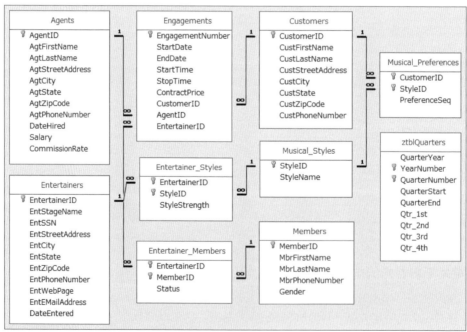

図9-3：Entertainment Agencyサンプルデータベースの設計

　たとえば、2015年に各エージェントが登録したエンターテイメント契約を集計し、それらの

[†12]：https://github.com/TexanInParis/Effective-SQL

項目57　タリーテーブルを使ったデータのピボット選択

金額を月ごとにまとめたレポートをマーケティングマネージャーから依頼されているとしよう。最初のクエリはリスト9-23のようになるかもしれない。

リスト9-23：各エージェントが登録した契約を月ごとに集計

```
SELECT a.AgtFirstName, a.AgtLastName,
       MONTH(e.StartDate) AS ContractMonth,
       SUM(e.ContractPrice) AS TotalContractValue
FROM Agents AS a
  INNER JOIN Engagements AS e
    ON a.AgentID = e.AgentID
WHERE YEAR(e.StartDate) = 2015
GROUP BY a.AgtFirstName, a.AgtLastName, MONTH(e.StartDate);
```

サンプルデータベースでは、リスト9-23のクエリによって25行のデータが返される。最初の数行は表9-15のようになる。

表9-15：リスト9-23のクエリを実行した結果

AgtFirstName	AgtLastName	ContractMonth	TotalContractValue
Caleb	Viescas	9	2300.00
Caleb	Viescas	10	3460.00
Caleb	Viescas	12	1000.00
Carol	Viescas	9	6560.00
Carol	Viescas	10	6170.00
Carol	Viescas	11	3620.00
Carol	Viescas	12	1900.00

　要求されたデータは出力されているが、この出力を見たマネージャーが次のように言ったとしよう。「頼んだのはたしかにこれだが、実は会計四半期ごとのデータが見たい。私が考えているのは、一番上に四半期、左側にエージェントが順番に並んでいて、四半期とエージェントが交差する位置にエージェントの四半期ごとの契約金額が表示されるレポートだ。そうなっていると、各エージェントの成績を四半期ごとに確認できるし、さまざまなエージェントの成績も四半期ごとに比較できる。それから、第1会計四半期が5月1日から始まることを忘れないように。それと、エージェント全員が契約を1つでも登録したかどうかも確認できるといいね」。

　そんなことだろうと思っていたが、少なくとも、要求はこれで全部だろう。成績にかかわらずエージェント全員を確認できるようにする件は予想していなかったが、それについては問題なく対処できる[13]。

　あいにく、現在のISO SQL規格には、この作業を容易にする機能は定義されておらず、さまざまなデータベースシステムによってカスタムソリューションが実装されている。バージョン

---

†13：第4章の項目29も参照。

249

第9章　タリーテーブル

にもよるが、IBM DB2は`DECODE`、Microsoft SQL Serverは`PIVOT`、Microsoft Accessは`TRANSFORM`、Oracleは`PIVOT`と`DECODE`、PostgreSQLは`CROSSTAB`を使用している[14]。

　要求が月ごとの合計金額のままであれば、この問題は（タリーテーブルを使用せずとも）標準のSQLで解決できただろう。その場合の解決策はリスト9-24のようなものになっていたはずだ。

リスト9-24：契約の月ごとの集計とピボット（標準SQL）

```
SELECT a.AgtFirstName, a.AgtLastName,
       YEAR(e.StartDate) AS ContractYear,
       SUM(CASE WHEN MONTH(e.StartDate) = 1
                THEN e.ContractPrice END) AS January,
       SUM(CASE WHEN MONTH(e.StartDate) = 2
                THEN e.ContractPrice END) AS February,
       SUM(CASE WHEN MONTH(e.StartDate) = 3
                THEN e.ContractPrice END) AS March,
       SUM(CASE WHEN MONTH(e.StartDate) = 4
                THEN e.ContractPrice END) AS April,
       SUM(CASE WHEN MONTH(e.StartDate) = 5
                THEN e.ContractPrice END) AS May,
       SUM(CASE WHEN MONTH(e.StartDate) = 6
                THEN e.ContractPrice END) AS June,
       SUM(CASE WHEN MONTH(e.StartDate) = 7
                THEN e.ContractPrice END) AS July,
       SUM(CASE WHEN MONTH(e.StartDate) = 8
                THEN e.ContractPrice END) AS August,
       SUM(CASE WHEN MONTH(e.StartDate) = 9
                THEN e.ContractPrice END) AS September,
       SUM(CASE WHEN MONTH(e.StartDate) = 10
                THEN e.ContractPrice END) AS October,
       SUM(CASE WHEN MONTH(e.StartDate) = 11
                THEN e.ContractPrice END) AS November,
       SUM(CASE WHEN MONTH(e.StartDate) = 12
                THEN e.ContractPrice END) AS December
FROM Agents AS a
  LEFT JOIN
    (
      SELECT en.AgentID, en.StartDate, en.ContractPrice
      FROM Engagements AS en
      WHERE en.StartDate >= '2015-01-01' AND en.StartDate < '2016-01-01'
    ) AS e
  ON a.AgentID = e.AgentID
GROUP BY AgtFirstName, AgtLastName, YEAR(e.StartDate);
```

　もちろん、完全な柔軟性を手にしたければ、これを関数として定義すればよい。その場合は、結果をテーブルとして返し、パラメータとして年を受ける関数になる。しかし、先方の要求はデータを会計四半期ごとに整理することであり、最初の会計四半期は通常とは異なる日付で始

---

[14]：PostgreSQLで`CROSSTAB`を使用するには、`tablefunc`モジュールのインストールが必要。

250

項目57　タリーテーブルを使ったデータのピボット選択

まるため、組み込み関数を使って四半期を特定するというわけにはいかない。四半期の開始日
と終了日を評価するさらに複雑なWHEN句を追加するという手もあるが、それではクエリがさ
らに複雑になってしまうし、ハードコーディングされた日付に依存することになってしまう。
また、このクエリを別の年に実行するには、おそらく修正が必要であり、そこでエラーが紛れ
込むかもしれない。

　より単純な解決策は、四半期があらかじめ定義されたタリーテーブルを使用することだろ
う。このタリーテーブルは、四半期を表す列ごとに定数値0または1を提供するため、合計値
を正しいセルに配置するにあたって、複雑なCASE句の代わりに使用できる。このタリーテー
ブル（ztblQuarters）は表9-16のようになる。

表9-16：四半期を表すさまざまな日付でのピボットを可能にするタリーテーブル

QuarterYear	YearNumber	QuarterNumber	QuarterStart	QuarterEnd	Qtr_1st	Qtr_2nd	Qtr_3rd	Qtr_4th
Q1 2015	2015	1	5/1/2015	7/31/2015	1	0	0	0
Q2 2015	2015	2	8/1/2015	10/31/2015	0	1	0	0
Q3 2015	2015	3	11/1/2015	1/31/2016	0	0	1	0
Q4 2015	2015	4	2/1/2016	4/30/2015	0	0	0	1
Q1 2016	2016	1	5/1/2016	7/31/2016	1	0	0	0
Q2 2016	2016	2	8/1/2016	10/31/2016	0	1	0	0
Q3 2016	2016	3	11/1/2016	1/31/2017	0	0	1	0
Q4 2016	2016	4	2/1/2017	4/30/2016	0	0	0	1

　最終的なクエリでは、AgentsとEngagementsを結合するクエリとの直積でこのタリー
テーブルを使用し、QuarterStartとQuarterEndの日付に基づいて結果をフィルタリング
する。本当の意味で柔軟性を確保したい場合は、YearNumber列のフィルタリングにパラメー
タを使用することもできる。このレポートを別の年に実行する必要が生じた場合は、タリー
テーブルに行を追加すればよい。最終的なクエリはリスト9-25のようになる。

リスト9-25：各エージェントの契約を2015年の会計四半期ごとに集計

```
SELECT ae.AgtFirstName, ae.AgtLastName, z.YearNumber,
       SUM(ae.ContractPrice * z.Qtr_1st) AS First_Quarter,
       SUM(ae.ContractPrice * z.Qtr_2nd) AS Second_Quarter,
       SUM(ae.ContractPrice * z.Qtr_3rd) AS Third_Quarter,
       SUM(ae.ContractPrice * z.Qtr_4th) AS Fourth_Quarter
FROM ztblQuarters AS z
  CROSS JOIN
  (
    SELECT a.AgtFirstName, a.AgtLastName, e.StartDate, e.ContractPrice
    FROM Agents AS a
      LEFT JOIN Engagements AS e
        ON a.AgentID = e.AgentID
  ) AS ae
WHERE (ae.StartDate BETWEEN z.QuarterStart AND z.QuarterEnd)
```

251

第9章　タリーテーブル

```
    OR (ae.StartDate IS NULL AND z.YearNumber = 2015)
GROUP BY AgtFirstName, AgtLastName, YearNumber;
```

このクエリは、タリーテーブルの1と0の値に集計の対象となる値を掛けることで、それら
の値が正しい列に配置されるようにしている。リスト9-25のクエリを実行した結果は表9-17
のようになる（なお、それほど多くのデータが含まれていないサンプルデータを使用してい
る）。

表9-17：リスト9-25のクエリを実行した結果

AgtFirstName	AgtLastName	YearNumber	First_Quarter	Second_Quarter	Third_Quarter	Fourth_Quarter
Caleb	Viescas	2015	0.00	5760.00	3525.00	0.00
Carol	Viescas	2015	0.00	12730.00	8370.00	0.00
Daffy	Dumbwit	2015	NULL	NULL	NULL	NULL
John	Kennedy	2015	0.00	950.00	21675.00	0.00
Karen	Smith	2015	0.00	11200.00	6575.00	0.00
Maria	Patterson	2015	0.00	6245.00	4910.00	0.00
Marianne	Davidson	2015	0.00	3545.00	11970.00	0.00
Scott	Johnson	2015	0.00	1370.00	4850.00	0.00
William	Thompson	2015	0.00	8460.00	4880.00	0.00

AgentsからEngagementsへの左結合が正しく実行されていることがわかる。というのも、
契約を1つも登録していないエージェントの合計金額がNULLで表示されているからだ。もう
想像がついていると思うが、レポートを作成する年をユーザーが指定できるようにしたい場合
は、パラメータを追加するだけである。

他に選択肢がある場合、ピボットの実行にタリーテーブルを使用するのは必ずしも得策では
ない。しかし、ピボット選択が必要なデータのフィルターとして複数の変数を使用する場合は、
タリーテーブルが妥当だろう。タリーテーブルを使用する場合は、クエリを他の値に対応させ
るにあたって、タリーテーブルに行を追加するだけでよいからだ。

覚えておきたいポイント

- データのピボット選択が必要な場合、データベースシステムによっては、カスタム構文が
サポートされていることがある。
- 標準SQLだけで処理したい場合は、CASE式を使ってデータをピボット選択することで、
集計関数の各行の値を提供できる。
- ピボット選択の列の範囲を決定する値が変数の場合は、タリーテーブルを使ってSQLを単
純にするのが賢明かもしれない。

第10章　階層型データモデルの作成

　すでに知っているように、リレーショナルモデルはまだ階層型のデータモデルではない。さまざまなエンティティ間のより複雑な関係を定義しなければならないときには、たいてい階層型のデータモデルが適している。それにもかかわらず、階層型のデータをリレーショナルデータベースで管理する必要に迫られるのは、決して珍しいことではない。これはSQLが苦手とする領域の1つでもある。

　階層型のデータモデルをSQLデータベースで作成する必要が生じるたびに、開発者はトレードオフを強いられる。すなわち、データの正規化をとるのか、それともメタデータの取得と管理の容易さをとるのかである。開発者が使用できるモデルは4種類ある。本章では、それらのモデルごとに項目を1つ割り当てている。どのモデルが最適であるかは、次の質問への答えによって決まる。

1. 必要なメタデータの格納と管理に投資したい作業量はどれくらいか。なお、メタデータ自体は正規化されない可能性があることに注意。
2. 階層でのクエリの効率と速さはどれくらいにすべきか。
3. クエリによる階層の検索は特定の方向に限定されるか。

本章では、図10-1に示す組織図を使用する。

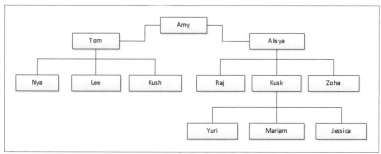

図10-1：本章で使用する組織図

第10章　階層型データモデルの作成

ただし、最終的にどれを選択するにせよ、データベースには常に隣接リストモデルが含まれるようにすることをお勧めする。これが最初の項目のテーマである。

なお、OracleのCONNECT BY句やMicrosoft SQL ServerのHierarchyIdデータ型など、ベンダーによってはモデルの階層化に役立つ拡張機能を提供している。だがここでは、標準SQLでうまくいくソリューションに焦点を合わせる。

項目58　出発点として隣接リストモデルを使用する

隣接リストモデル（adjacency list model）と言われてもピンと来ないかもしれないが、実はこのモデルをすでに見ているはずだ。すべての従業員には上司がいる。しかし、上司自身も実際には従業員であり、上司のそのまた上司がいるかもしれない。したがって、Employees（従業員）というテーブルとSupervisors（上司）というテーブルを作成するのは適切ではない可能性がある。人事異動のたびに、これら2つのテーブルの間でレコードを移動しなければならない理由などあるだろうか。それよりも、外部キー制約を持つテーブルに列を作成し、そのテーブルの主キーを参照させればよい。これを図解すると、図10-2のようになる。

図10-2：主キーの自己参照

このように、同じテーブルの主キーを参照する外部キーを作成すれば、1つのテーブルで無限の深さの階層を作成できる。この場合、SupervisorIDはEmployeeIDを参照する。この図から、Lee Deviの上司がTom LaPlanteであることがわかる。LeeのSupervisorIDは2だが、それはTomのEmployeeIDだからだ。Tomの上司はAmy Kokである。AmyのSupervisorIDはNULLであり、上司がいないことを意味するため、Amyはこの階層のルートに位置している。このテーブルを作成する方法は、リスト10-1のようになる。

リスト10-1：自己参照の外部キーを持つEmployeesテーブルの作成

```
CREATE TABLE Employees (
  EmployeeID int PRIMARY KEY,
  EmpName varchar(255) NOT NULL,
  EmpPosition varchar(255) NOT NULL,
  SupervisorID int NULL
```

項目58　出発点として隣接リストモデルを使用する

```
);

ALTER TABLE Employees
  ADD FOREIGN KEY (SupervisorID)
    REFERENCES Employees (EmployeeID);
```

　このモデルを実装するのは簡単である。そして、このモデルの設計上、一貫性のない階層を構築するのは不可能である。「一貫性がない」とは、「従業員が間違った上司に割り当てられないことは保証されない」という意味ではなく、「従業員の上司が誰であるかについて異なる答えが返されることはない」という意味である。ここで、組織の再編成が行われるとしよう。Nyaの上司をLeeに、Tomの上司をAliysaにしたい。これはリスト10-2に示す2つのUPDATE文によって実行される。

リスト10-2：組織の人事異動

```
UPDATE Employees SET SupervisorID = 5 WHERE EmployeeID = 4;
UPDATE Employees SET SupervisorID = 3 WHERE EmployeeID = 2;
```

　鋭い読者は、人事異動の後も、Leeの上司がTomのままであることに気づいたかもしれない。しかし、Leeのレコードは更新していない。図10-3に示されているように、実際のところ、更新する必要はない。なお、変更されたレコードはハイライト表示されている。

EmployeeID	EmpName	EmpPosition	SupervisorID
1	Amy Kok	President	NULL
2	Tom LaPlante	Manager	3
3	Aliya Ash	Manager	1
4	Nya Maeng	Associate	5
5	Lee Devi	Associate	2

図10-3：人事異動後の従業員と上司

　Leeのレコードは直接変更されていないにもかかわらず、データは一貫性を保っている。正規化された状態に保たれたデータの威力はたいしたものである。

　このことは、ある重要なポイントを示している。このモデルは、完全に正しく正規化され、いかなるメタデータも要求しない唯一のモデルである。メタデータはまったく維持されないため、このモデルを使って一貫性のない階層を作成することは不可能である。

　ただし、任意の深さの階層からデータを抽出するのに必要なクエリのパフォーマンスは、たいてい容認できないものである。ここでは単純に、固定の深さ（この場合は3レベル）に対するアプローチを見てみよう（リスト10-3）。

第10章　階層型データモデルの作成

リスト10-3：3レベルの自己結合

```
SELECT e1.EmpName AS Employee, e2.EmpName AS Supervisor,
       e3.EmpName AS SupervisorsSupervisor
FROM Employees AS e1
  LEFT JOIN Employees AS e2
    ON e1.SupervisorID = e2.EmployeeID
  LEFT JOIN Employees AS e3
    ON e2.SupervisorID = e3.EmployeeID;
```

　これ以上の深さでクエリを実行する必要ある場合は、このクエリを見直す必要があるだろう。隣接リストモデルを使用する場合、可変の深さを許可するクエリは、低速で効率が悪い可能性がある。このため、隣接リストモデルを、この後の項目で説明する他のモデルの1つと組み合わせることをお勧めする。隣接リストモデルを使って一貫性のある階層を構築し、続いて、他のモデルを正確に表すのに必要なメタデータを抽出することになるだろう。

覚えておきたいポイント

- 隣接リストモデルでは、テーブルに列を追加し、そのテーブルの主キーを参照する外部キーを使用する。メタデータはいっさい必要ない。
- 常に隣接リストモデルを使用することで、一貫性のある階層を構築する。そうした階層は、この後の項目で説明する他のモデルにとって有益である。

項目59　更新が頻繁に発生しない場合は、入れ子集合モデルを使ってクエリを高速化する

　項目58の組織図の例では、組織図が頻繁に変化することは考えにくい。組織図が変化することがあったとしても、よくて数年に一度だろう。このような場合、その階層は**入れ子集合**（nested set）の有望な候補となる。入れ子集合は、Joe Celko によって一般に知られるようになったモデルである。その仕組みについては、説明するよりも実際に見てもらったほうが早いので、図10-4を使って説明することにしよう。特に注目すべきは、番号がどのように割り当てられているかである。これらの番号は、左から右へ進むにつれて増えていき、子ノードが存在する場合は、下に向かって増えていく。上にあるノードの番号のほうが大きくなるのは、兄弟ノードがそれ以上存在しない場合だけである。各ノードには、「左」の番号と「右」の番号の2つが割り当てられている。

256

項目 59　更新が頻繁に発生しない場合は、入れ子集合モデルを使ってクエリを高速化する

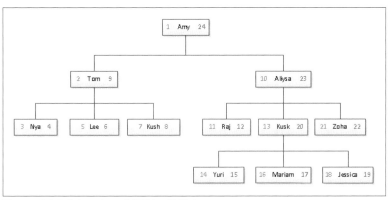

図10-4：入れ子集合モデルの番号付きの組織図

　従業員は全部で12人である。この組織図のルートノード（PresidentであるAmy）を見てみよう。「左」の番号は1、「右」の番号は24である。子ノードを持たない従業員ノードのうち、左側のノードには、1つ違いの番号が割り当てられている。たとえばNyaの場合、「左」の番号は3、「右」の番号は4である。したがって、この階層内の各ノードには2つの番号が割り当てられており、この階層で利用可能な番号の範囲は1から24（ノードの数の2倍）である。ルートノードとの差は(<ノードの数> * 2) − 1になる。この割り当てから推測できることがいくつかある。

- 子ノードを持たないノードでは、「左」の番号と「右」の番号との差は1である。
- さらに、ノードの下にあるノードの数を(right − (left + 1))/2という式でカウントできる。Aliyaの場合、その下にあるノードの数は(23 - (10 + 1))/2 = 6である。
- 特定のノード（親ノード）の子孫をすべて特定するには、「左」の番号と「右」の番号の両方が、親ノードの「左」の番号から「右」の番号までの範囲に含まれているノードを探せばよい。
- 同様に、特定のノード（子ノード）の祖先をすべて特定するには、「左」の番号と「右」の番号が、子ノードの「左」の番号から「右」の番号までの範囲に含まれていないノードを探せばよい。

　したがって、項目58と同じテーブル構造を引き続き使用する場合は、入れ子集合を表すのに必要なメタデータを提供するために列を2つ追加するだけでよい。SQLの関数LEFT()、RIGHT()との競合を避けるために、これらの列をそれぞれlft、rgtと呼ぶことにしよう。入れ子集合を実装するテーブルの作成方法は、リスト10-4のようになる。

リスト10-4：入れ子集合モデルのメタデータ列が追加されたEmployeesテーブルの作成

```
CREATE TABLE Employees (
```

第10章　階層型データモデルの作成

```
EmployeeID int PRIMARY KEY,
EmpName varchar(255) NOT NULL,
EmpPosition varchar(255) NOT NULL,
SupervisorID int NULL,
lft int NULL,
rgt int NULL );
```

　項目58のアドバイスに基づき、隣接リストモデルを維持している。それにより、組織の大改革が必要になった場合に、階層を再構築するのが容易になる。さっそく、入れ子集合を使って階層を調べる例を見てみよう。

　指定されたノードの子孫をすべて検索する方法は、リスト10-5のようになる。

リスト10-5：特定のノードの子孫をすべて検索

```
SELECT e.*
FROM Employees AS e
WHERE e.lft >= @lft AND e.rgt <= @rgt;
```

　lft列とrgt列の両方にフィルターを適用する必要があることに注意しよう。というのも、ここで必要なのは@lftから@rgtまでの範囲に含まれているlftとrgtのペアだけであるため、意味のない結果が返されないようにする必要があるからだ。なお、子ノードの検索時に指定されたノードが結果に含まれないようにしたい場合は、>=と<=の代わりに>と<を使用することもできる。

　逆に、指定されたノードの祖先をすべて検索したい場合は、リスト10-6のようになる。

リスト10-6：特定のノードの祖先をすべて検索

```
SELECT *
FROM Employees AS e
WHERE e.lft <= @lft AND e.rgt >= @rgt;
```

　リスト10-5と同様に、指定されたノードの祖先ではない他の親ノードが返されないようにするために、lft列とrgt列の両方にフィルターを適用する必要がある。

　ストアドプロシージャやトリガを使って入れ子集合を管理する方法を示すには、さらに多くのページが必要である。しかし、これらのクエリから、少なくとも階層の再構築をどのように行えばよいかがわかるはずだ。たとえば、現在のSupervisorIDの値に基づいて各ノードにlftとrgtの番号を割り当てる反復的なロジックをストアドプロシージャとして定義できる。

　入れ子集合モデルの最大の欠点は、階層に対する変更である。とりわけ、ある分岐のノードを別の分岐へ移動する場合は、ほぼ確実にテーブル全体のlftメタデータとrgtメタデータの更新が必要になる。そうしないと、一貫性が失われてしまう。階層がより頻繁に変化することが予想される場合は、この後の項目で説明するアプローチを検討してほしい。入れ子集合モデルの問題点は他にもある。ここで示した入れ子集合モデルがうまくいくのは、階層のルート

258

項目60　限定的な検索には経路実体化モデルを使用する

ノードが1つだけの場合である。それぞれ別のルートを持つ複数の階層を使用する場合は、特定の階層だけをフィルター選択するために追加のロジックが必要になるだろう。

覚えておきたいポイント

- 入れ子集合モデルをストアドプロシージャで管理するには、入れ子集合モデルを構築し、各ノードの「左」の番号と「右」の番号を正しく割り当てるロジックをカプセル化する必要がある。
- 入れ子集合モデルは、階層が頻繁に更新される場合には適していない。階層を変更するには、他の複数のノード（おそらくテーブル全体）の番号を変更しなければならず、デッドロックに陥る危険がある。
- カウントはlftメタデータとrgtメタデータから計算できるため、他のレコードを調べる必要はない。このため、入れ子集合モデルは統計データを管理するにあたって非常に効率的である。
- 入れ子集合モデルがもっとも適しているのは、単一ルートの階層を1つだけ使用する場合である。複数の階層が必要であり、よって複数のルートが存在する場合は、他のモデルを検討する。

項目60　限定的な検索には経路実体化モデルを使用する

経路実体化（materialized path）は比較的準備しやすいモデルであり、入れ子集合モデルよりもはるかに理解しやすい。概念上は、ファイルシステムのパスを使用するのと何ら変わらない。フォルダとファイルの代わりに主キーを使用することで、階層をはるかにコンパクトな形式で表現できる。新しいEmployeesテーブルを作成する方法は、リスト10-7のようになる。このテーブルには、経路実体化モデルに必要なメタデータを保持する列が追加されている。

リスト10-7：経路実体化モデルのメタデータ列が追加されたEmployeesテーブルの作成

```
CREATE TABLE Employees (
  EmployeeID int PRIMARY KEY,
  EmpName varchar(255) NOT NULL,
  EmpPosition varchar(255) NOT NULL,
  SupervisorID int NULL,
  HierarchyPath varchar(255)
);
```

次に、このテーブルに図10-5に示すようなデータを設定する。

第10章　階層型データモデルの作成

EmployeeID	EmpName	EmpPosition	SupervisorID	HierarchyPath
1	Amy Kok	President	NULL	1
2	Tom LaPlante	Manager	1	1/2
3	Aliya Ash	Manager	1	1/3
4	Nya Maeng	Associate	2	1/2/4
5	Lee Devi	Associate	2	1/2/5
6	Kush Ito	Associate	2	1/2/6
7	Raj Pavlov	Senior Editor	3	1/3/7
8	Kusk Perez	Senior Developer	3	1/3/8
9	Zoha Larsson	Senior Writer	3	1/3/9
10	Yuri Lee	Developer	8	1/3/8/10
11	Mariam Davis	Developer	8	1/3/8/11
12	Jessica Yosef	Developer	8	1/3/8/12

図10-5：経路実体化モデルのメタデータが含まれたEmployeesテーブル

　このソリューションには、汎用的な規約はないことに注意しよう。ここでは主キー（`HierarchyPath`）の値をスラッシュ（`/`）で区切っているが、他の文字を使用してもよい。また、ストレージの消費は多少増えるものの、クエリをより単純に保つために、ルートノードと反射ノードの両方が含まれている。ルートノードと反射ノードを省略することは可能だが、そのノード自体を表すレコードやルートノードを表すレコードを含める必要がある場合は、クエリの見直しが必要になる。図10-5からわかるように、経路実体化モデルでは、子ノードを検索したりノードの深さを突き止めたりするのが容易であることに注目しよう。

　指定されたノードの子孫をすべて検索する方法は、リスト10-8のようになる。

リスト10-8：特定のノードの子孫をすべて検索

```
SELECT e.*
FROM Employees AS e
WHERE e.HierarchyPath LIKE @NodePath + '%';
```

　Tom LaPlanteの部下である従業員をすべて見つけ出すには、`@NodePath`に`'1/2/'`を指定する。パフォーマンスが心配である場合は、`HierarchyPath`列でインデックスを作成するとよいだろう。少なくともこの述語では、ワイルドカードは最後に出現するだけであるため、リスト10-8に示したクエリは「sargable」[1]であり、検索にはインデックスが使用される。

　また、指定されたノードの祖先をすべて検索する方法はリスト10-9のようになる。ただし、このクエリは「sargable」ではない。

リスト10-9：特定のノードの祖先をすべて検索

```
SELECT e.*
FROM Employees AS e
WHERE CHARINDEX(CONCAT('/', CAST(e.EmployeeID AS varchar(11)), '/'),
```

---

†1：第4章の項目28を参照。

項目60　限定的な検索には経路実体化モデルを使用する

```
                @NodePath) > 0;
```

> note　リスト10-9はSQL Server用のクエリである。関数CHARINDEX()とCAST()の
> 実装はDBMSごとに異なっている。

　@NodePathは従業員自身のパスを参照する。したがって、Leeの祖先を検索するには、'1/2/5' を渡す必要がある。要件が木探索を必要とするようなものである場合 ― 特に、木の途中や末端の広い範囲をすばやく検索しなければならないとしたら、経路実体化モデルは最適なソリューションではないかもしれない。述語の途中でワイルドカードの挿入が必要になるような分岐を扱うたびに、同じような問題に遭遇することになるだろう。解決策として考えられるのは、階層を逆方向にたどる新しい列を作成し、その列でインデックスを作成することである。ただし、データとインデックスの両方を格納することになるため、かなり高くつく方法である。

　また、HierarchyPath列のデータ型としてvarchar(255)が使用されている点にも注目しよう。すべてではないにせよ、ほとんどのデータベースエンジンでは、テキスト列のインデックスに許可される文字の数に制限を課している。また、階層パスの長さにも制限がある。最悪なのは、階層が広すぎる（各レベルの間に桁数の大きなキーが存在する)、あるいは階層が深すぎるために、この制限を超えてしまう可能性があることだ。列の文字割り当ての上限を超える危険があるかどうかを積極的にチェックするのはそう簡単ではない。選択肢の1つは、varchar(MAX)を使ってストレージを実質的に無制限にした上で、プレフィックスでのみインデックスを作成することである。ただし、データベースエンジンがそうした操作を許可していることが前提となる。また、クエリからおかしな結果が返されたり、パフォーマンスにばらつきが見られることがあるので注意が必要だ。

覚えておきたいポイント

- 経路実体化モデルは、ファイルシステムパスといったよく知られているメタファに基づいているため、比較的理解しやすく実装しやすいという利点を持つ。
- この設計の制限を明確に特定するのは難しい。というのも、階層が深すぎたり広すぎたりするせいでインデックスの文字制限を超えてしまうかどうかを事前に簡単に知る方法はないからである。このような理由により、問題を未然に防ぐために、階層の大きさについて任意の控えめな制限を設けておく必要がある。
- 経路実体化モデルでの検索は、事実上、一方向に限られている。なぜなら、述語の（末尾ではなく）先頭または途中にワイルドカードが含まれている場合、「sargableクエリ」を作成することは不可能だからだ。モデルを設計するときには、この点を考慮に入れる必要がある。

第10章　階層型データモデルの作成

項目61　複雑な検索にはクロージャモデルを使用する

　階層型データモデルを管理するための最後の選択肢は、**祖先クロージャテーブル**（ancestry closure table）を使用することである。基本的には、これは項目60で説明した経路実体化モデルに対するリレーショナルアプローチである。テーブルの列で文字列を使用する代わりに2つ目のテーブルを使用し、ノード間の「つながり」ごとにメタデータ用のレコードを作成する。直接のつながりだけを記録する隣接リストモデルとは対照的に、考慮の対象となる2つのノードの間に他のノードがいくつあるかに関係なく、考えられる限りのつながりを記録する。そのためのEmployeesテーブルを作成する方法は、リスト10-10のようになる。

リスト10-10：クロージャテーブルが追加されたEmployeesテーブルの作成

```
CREATE TABLE Employees (
  EmployeeID int NOT NULL PRIMARY KEY,
  EmpName varchar(255) NOT NULL,
  EmpPosition varchar(255) NOT NULL,
  SupervisorID int NULL,
);

CREATE TABLE EmployeesAncestry (
  SupervisedEmployeeID int NOT NULL,
  SupervisingEmployeeID int NOT NULL,
  Distance int NOT NULL,
  PRIMARY KEY (SupervisedEmployeeID, SupervisingEmployeeID)
);

ALTER TABLE EmployeesAncestry
  ADD CONSTRAINT FK_EmployeesAncestry_SupervisingEmployeeID
    FOREIGN KEY (SupervisingEmployeeID)
      REFERENCES Employees (EmployeeID);

ALTER TABLE EmployeesAncestry
  ADD CONSTRAINT FK_EmployeesAncestry_SupervisedEmployeeID
    FOREIGN KEY (SupervisedEmployeeID)
      REFERENCES Employees (EmployeeID);
```

　他のモデルとは異なり、メタデータは別のテーブルEmployeesAncestryに格納されるようになっている。次に、図10-6に示すようにデータを設定する。

項目61　複雑な検索にはクロージャモデルを使用する

EmployeeID	EmpName	EmpPosition	SupervisorID
1	Amy Kok	President	NULL
2	Tom LaPlante	Manager	1
3	Aliya Ash	Manager	1
4	Nya Maeng	Associate	2
5	Lee Devi	Associate	2
6	Kush Ito	Associate	2
7	Raj Pavlov	Senior Editor	3
8	Kusk Perez	Senior Developer	3
9	Zoha Larsson	Senior Writer	3
10	Yuri Lee	Developer	8
11	Mariam Davis	Developer	8
12	Jessica Yosef	Developer	8

Supervised EmployeeID	Supervising EmployeeID	Distance
1	1	0
2	1	1
2	2	0
3	1	1
3	3	0
4	1	2
4	2	1
4	4	0
5	1	2
5	2	1
5	5	0

図10-6：祖先のメタデータを持つEmployeesテーブル（左）とEmployeesAncestryテーブルの一部（右）

　ここでは簡潔に保つためにEmployeesAncestryテーブルのレコードを省略しているが、これらのテーブルのデータをどのように設定すればよいかを理解するには、これで十分だろう。Nya Maeng（Associate）について考えてみよう。Nyaの上司はTom LaPlanteであり、Tomの上司はAmy Kokである。つまり、これら3つのノードの間に合計2つのつながりがある。そこで、次の3つのレコードを作成する。

1. Nyaを管理する側（supervising）と管理される側（supervised）の従業員として識別する反射レコード（距離は0）。
2. Nyaの直属の上司であるTomを管理する側の従業員として識別するレコード（距離は1）。
3. Tomの上司であるAmyを管理する側の従業員として識別するレコード（距離は2）。

　クロージャテーブルには考えられる限りのつながりが記録されるため、クロージャテーブルをデータテーブルに結合するだけで、特定のノードから問題のノードへの完全なパスを追跡できるようになる。

　経路実体化モデルの場合と同様に、このソリューションにも汎用的な規約はない。ここではDistance（距離）を使用することにしたが、代わりにDepth（深さ）を使用する場合もあるだろう。本書では、「深さ」という用語は誤解を招くと考えている。というのも、この用語はルートからのノードの深さをイメージさせるが、ほとんどの場合は、2つのノードの間にあるレベルの数を突き止めることに関心があるからだ。もちろん、これらのノードはどちらもルートであるとは限らない。というわけで、ここでは「距離」を使用している。また、距離に依存するクエリもあるため、この情報を明示的に管理する必要もある。この情報は、木構造を部分的に抽出するときに役立つ。さらに、クロージャテーブルの列にはancestor（祖先）、descendant（子孫）という名前を付けるのが一般的だが、これも相対的な呼び名である。一方の列の値はもう一方の列の祖先であると同時に、別の列の値の子孫でもある。また、この後

第10章　階層型データモデルの作成

すぐに示すように、列にSupervisingEmployeeIDという名前を付けておくと、クエリの作成方法を理解するのに役立つ。最後に、反射レコードを含めるかどうかという問題がある。AmyがAmy自身を管理し、TomがTom自身を管理することを表す（1, 1, 0）や（2, 2, 0）といったレコードは、取り立てて意味のない表面的なものに思えるかもしれない。しかし、クロージャテーブルに反射レコードを追加しないと、検索に使用された従業員が結果の一部として表示されるようにしたい場合に、クエリがより複雑になる。

　クロージャテーブルを使用することの最大の欠点は、このテーブルの管理がはるかに複雑であることだ。というのも、メタデータの正確さを維持するにあたって、階層が変化したときに複数のレコードの挿入や削除が必要になる可能性があるからだ。ただし、そのロジックをストアドプロシージャにカプセル化すれば、この問題を軽減できる。また、隣接リストモデルを引き続き使用する場合は、トリガを使ってEmployeesテーブルのSupervisorID列を監視することで、EmployeesAncestryテーブルを自動的に更新することもできる。この解決策は比較的正規化されているが、EmployeesAncestryテーブルのメタデータが正確に維持されなければ、階層の一貫性が失われることになりかねない。その場合、クエリの結果は不正確なものになるだろう。

　指定されたノードの子孫をすべて検索するクエリを見てみよう（リスト10-11）。

リスト10-11：特定のノードの子孫をすべて検索

```
SELECT e.*
FROM Employees AS e
  INNER JOIN EmployeesAncestry AS a
    ON e.EmployeeID = a.SupervisedEmployeeID
WHERE a.SupervisingEmployeeID = @EmployeeID AND a.Distance > 0;
```

　Tom LaPlanteの管理下にある従業員をすべて見つけ出すには、@EmployeeIDに'3'を指定する。他のモデルとは異なり、深さを制限するのは非常に簡単である。たとえば、Tomの管理下にある従業員を2つ下のレベルまで検索したい場合は、Distanceの値が1〜3でなければならないという条件を追加すればよい。

　また、指定されたノードの祖先をすべて見つけ出すこともできる（リスト10-12）。項目60で説明した経路実体化モデルでも同じようなクエリ（リスト10-9）を紹介したが、リスト10-12のクエリは依然としてsargableである。

リスト10-12：特定のノードの祖先をすべて検索

```
SELECT e.*
FROM Employees AS e
  INNER JOIN EmployeesAncestry AS a
    ON e.EmployeeID = a.SupervisedEmployeeID
WHERE e.EmployeeID = @EmployeeID AND a.Distance > 0;
```

　見てのとおり、このクエリはリスト10-11に示したものと似ている。唯一の違いは、結合に

項目61　複雑な検索にはクロージャモデルを使用する

おいてSupervisingEmployeeID列の代わりにSupervisedEmployeeID列を参照している
ことである。このことは、ancestorやdescendantといったそっけない名前よりも、わかり
やすい名前を使用するほうが望ましい理由を物語っている。

　階層型データモデルのクエリが単純明快であることと、主にデータテーブルとクロージャ
テーブルの結合によって実行されることがこれでわかったと思う。また、場合によっては、存
在チェックが使用されることもある。たとえば、子を持たないノードをすべて見つけ出すには、
NOT EXISTSを使用する（リスト10-13）。

リスト10-13：子を持たないノードをすべて検索

```
SELECT e.*
FROM Employees AS e
WHERE NOT EXISTS
  (
    SELECT NULL
    FROM EmployeesAncestry AS a
    WHERE e.EmployeeID = a.SupervisingEmployeeID AND a.Distance > 0
  );
```

　この例では、クロージャテーブルに反射レコードを追加することを選択したので、反射レ
コード以外のノードを検索するときには、それらを除外しなければならない。クロージャテー
ブルで反射レコードを維持しないことを選択していた場合は、リスト10-11とリスト10-12の
結果と、検索に使用された従業員のレコードとのUNIONが必要になることがわかるだろう。そ
の場合、リスト10-11とリスト10-12のクエリはより複雑になるが、リスト10-13に示したよ
うなクエリは単純になるだろう。

覚えておきたいポイント

- クロージャテーブルの管理はかなり複雑である。このため、クロージャモデルを検討する
  ことに分があるのは、頻繁な更新と（特に木構造の途中での）容易な検索が要求される場
  合である。
- クロージャテーブルは正規化されているが、クロージャテーブルのメタデータを最新の状
  態に保つようにしないと、クエリの結果が不正確なものになりかねない。この問題を軽減
  するにあたって、Employeesテーブルでトリガを使用することでクロージャテーブルを
  自動的に更新するという方法があるが、それには代価が伴う。

265

付録 日付と時刻のデータ型、演算、関数

　データベースシステムにはそれぞれ、日付と時刻を表す値の計算や操作に使用できるさまざまな関数がある。これらのデータベースシステムは、データ型や日付と時刻の計算に関して独自のルールも設けている。SQL規格では、CURRENT_DATE()、CURRENT_TIME()、CURRENT_TIMESTAMP()の3つの関数が明確に定義されているが、多くのDBMS製品は、これらの関数呼び出しを完全にサポートしていない。ここでは、データベースシステムでの日付／時刻値の操作に役立つよう、各データベースシステムでサポートされているデータ型と算術演算を簡単にまとめることにする。続いて、日付／時刻値の操作に使用できる主なデータベースシステムの関数を紹介する。本付録のリストには、関数名と簡単な使用法が含まれている[1]。各関数を使用するための具体的な構文については、データベースシステムのドキュメントを調べることをお勧めする。

IBM DB2

サポートされているデータ型

- DATE
- TIME
- TIMESTAMP

サポートされている算術演算

第1オペランド	演算子	第2オペランド	結果
DATE	＋／－	年数、月数、日数、日付によって表される期間	DATE
DATE	＋／－	TIME	TIMESTAMP
TIME	＋／－	時間数、分数、秒数、時刻によって表される期間	TIME

▼次頁へ続く

---

†1：本付録の内容のほとんどは、John L. Viescas、Michael J. Hernandez共著『SQL Queries for Mere Mortals, Third Edition』（Addison-Wesley、2014年）に掲載されているものである。

267

付録　日付と時刻のデータ型、演算、関数

第1オペランド	演算子	第2オペランド	結果
TIMESTAMP	+ / −	日付、時刻、日付と時刻によって表される期間	TIMESTAMP
DATE	−	日付によって表される期間（DECIMAL(8,0)、yyyymmddを含んでいる値）	DATE
TIME	−	時刻によって表される期間（DECIMAL(6,0)、hhmmssを含んでいる値）	TIME
TIMESTAMP	−	時刻によって表される期間（DECIMAL(20,6)、yyyymmddhhmmss.nnnnnnnnnnnnを含んでいる値）	TIMESTAMP

関数

関数名	説明
ADD_MONTHS(<式>,<数>)	指定された<数>の月を<式>によって指定された日付またはタイムスタンプ値に足し、その結果を返す
CURDATE	現在の日付を表す値を返す
CURRENT_DATE	現在の日付を表す値を返す
CURRENT_TIME	ローカルタイムゾーンにおける現在の時刻を表す値を返す
CURRENT_TIMESTAMP	ローカルタイムゾーンにおける現在の日付と時刻を返す
CURTIME	ローカルタイムゾーンにおける現在の時刻を表す値を返す
DATE(<式>)	<式>を評価し、日付を返す
DAY(<式>)	<式>を日付、タイムスタンプ、または日付期間として評価し、日の部分を返す
DAYNAME(<式>)	<式>を日付、タイムスタンプ、または日付期間として評価し、曜日名を返す
DAYOFMONTH(<式>)	<式>を日付またはタイムスタンプとして評価し、日の部分（1〜31の値）を返す
DAYOFWEEK(<式>)	<式>を日付またはタイムスタンプとして評価し、曜日を表す1〜7の値を返す（1は日曜日）
DAYOFWEEK_ISO(<式>)	<式>を日付またはタイムスタンプとして評価し、曜日を表す1〜7の値を返す（1は月曜日）
DAYOFYEAR(<式>)	<式>を日付またはタイムスタンプとして評価し、通年日を表す1〜366の値を返す
DAYS(<式>)	<式>を日付として評価し、西暦1年1月1日から指定された日付までの日数に1を加えた値を返す
HOUR(<式>)	<式>を時刻またはタイムスタンプとして評価し、時の部分を返す
JULIAN_DAY(<式>)	<式>を日付として評価し、紀元前4713年1月1日から指定された日付までの日数を返す
LAST_DAY(<式>)	<式>を日付として評価し、その月の最後の日付を返す
MICROSECOND(<式>)	<式>をタイムスタンプまたは期間として評価し、マイクロ秒の部分を返す
MIDNIGHT_SECONDS(<式>)	<式>を時刻またはタイムスタンプとして評価し、午前0時から指定された時刻までの秒数を返す
MINUTE(<式>)	<式>を時刻、タイムスタンプ、または時刻期間として評価し、分の部分を返す
MONTH(<式>)	<式>を日付、タイムスタンプ、または日付期間として評価し、月の部分を返す

IBM DB2

関数名	説明
MONTHNAME(<式>)	<式>を日付、タイムスタンプ、または日付期間として評価し、月の名前を返す
MONTHS_BETWEEN (<式1>,<式2>)	<式1>、<式2>を日付またはタイムスタンプとして評価し、それらの間の推定月数を返す。<式1>が<式2>よりも後の日付を表す場合は、正の値が返される
NEXT_DAY(<式1>,<式2>)	<式1>を日付として評価し、その日付以降で<式2>で指定された曜日になる最初の日付をタイムスタンプとして返す。<式2>は 'MON'、'TUE' などの文字列として指定される
NOW	ローカルタイムゾーンにおける現在の日付と時刻を返す
QUARTER(<式>)	<式>を日付として評価し、その日付が属している四半期を表す番号（1〜4）を返す
ROUND_TIMESTAMP (<式>,<フォーマット文字列>)	<式>を日付またはタイムスタンプとして評価し、<フォーマット文字列>で指定された期間にもっとも近い値に丸める
SECOND(<式>)	<式>を時刻、タイムスタンプ、または時刻期間として評価し、指定された時刻の秒の部分を返す
TIME(<式>)	<式>を時刻またはタイムスタンプとして評価し、指定された時刻の時の部分を返す
TIMESTAMP (<式1>,[<式2>])	<式1>で指定された日付と<式2>で指定された時刻をタイムスタンプに変換する
TIMESTAMP_FORMAT (<式1>,<式2>)	<式2>で指定されたフォーマット文字列に基づき、<式1>で指定された文字列をタイムスタンプとして返す
TIMESTAMP_ISO(<式>)	<式>を日付、時刻、またはタイムスタンプとして評価し、タイムスタンプを返す。<式>に日付のみが含まれている場合、タイムスタンプにはその日付に加えて時刻として0が含まれる。<式>に時刻のみが含まれている場合、タイムスタンプには現在の日付と指定された時刻が含まれる
TIMESTAMPDIFF (<式1>,<式2>)	<式1>は、コード値を含んだ数値の式でなければならない。有効な値は1（マイクロ秒）、2（秒）、3（分）、8（時）、16（日）、32（週）、64（月）、128（四半期）、256（年）。<式2>は、2つのタイムスタンプの減算を行い、その結果を文字列に変換したものでなければならない。この関数は、その文字列によって表される期間を<式1>の期間に換算した結果を返す
TRUNC_TIMESTAMP (<式>,フォーマット文字列>)	<式>を日付またはタイムスタンプとして評価し、<フォーマット文字列>で指定された期間にもっとも近い値に丸める
WEEK(<式>)	<式>を日付またはタイムスタンプとして評価し、日の部分の週番号を返す。最初の週は1月1日から始まる
WEEK_ISO(<式>)	<式>を日付またはタイムスタンプとして評価し、日の部分の週番号を返す。1年の最初の週は、木曜日が含まれている最初の週である
YEAR(<式>)	<式>を日付またはタイムスタンプとして評価し、年の部分を返す

付録 日付と時刻のデータ型、演算、関数

Microsoft Access

サポートされているデータ型

- DATETIME

note	Accessのユーザーインターフェイスには、データ型の名前として Date/Time が表示されるが、CREATE TABLE 文での正しい名前は DATETIME である。

サポートされている算術演算

第1オペランド	演算子	第2オペランド	結果
DATETIME	+	DATETIME	DATETIME。結果は、第1オペランドの日数と小数日を第2オペランドの日数と小数日と足し合わせることによって得られる日付と時刻。0の値は1899年12月30日
DATETIME	−	DATETIME	INTEGER または DOUBLE。結果は、日付のみの場合は日数、どちらかの DATETIME に時刻が含まれている場合は日数と小数日
DATETIME	+ ／ −	整数	DATETIME。整数値で表された日数を加算または減算。0の値は1899年12月30日
DATETIME	+ ／ −	小数	DATETIME。小数値で表された時刻を加算または減算。0.5は12時間

関数

関数名	説明
CDate(<式>)	<式>を日付値に変換する
Date()	現在の日付値を返す
DateAdd(<期間>,<数>,<式>)	指定された<数>の<期間>を DATETIME 式に足す。<期間>には、年、四半期、月、通年日、日、曜日、週、時、分、秒を指定できる
DateDiff (<期間>,<式1>,<式2>,<週の最初の曜日>,<年の最初の週>)	<式1>（DATETIME）と<式2>（DATETIME）の間にある指定された期間の数を返す。必要に応じて、<週の最初の曜日>に日曜日以外の曜日を指定できる。また、<年の最初の週>に1月1日に始まる週、4日以上で構成される最初の週、または最初の完全な週を指定できる
DatePart (<期間>,<式>,<週の最初の曜日>,<年の最初の週>)	<式>で指定された日付または時刻から<期間>で指定された部分を抽出する。必要に応じて、<週の最初の曜日>に日曜日以外の曜日を指定できる。また、<年の最初の週>に1月1日に始まる週、4日以上で構成される最初の週、または最初の完全な週を指定できる
DateSerial (<年>,<月>,<日>)	指定された年、月、日に相当する日付を表す値を返す
DateValue(<式>)	<式>を日付として評価し、DATETIME 型の値を返す（TimeValue() も参照）
Day(<式>)	<式>を日付として評価し、日（1～31）の部分を返す
Hour(<式>)	<式>を時刻として評価し、時（0～23）の部分を返す
IsDate(<式>)	<式>を評価し、結果が有効な日付値である場合は True を返す

270

Microsoft SQL Server

関数名	説明
Minute(<式>)	<式>を時刻として評価し、分（0～59）の部分を返す
Month(<式>)	<式>を日付として評価し、月（1～12）の部分を返す
MonthName(<式1>,<式2>)	<式1>（1～12の整数値でなければならない）を評価し、対応する月の名前を返す。<式2>にTrueが指定された場合は、月の略称を返す
Now()	ローカルタイムゾーンにおける現在の日付と時刻を表す値を返す
Second(<式>)	<式>を時刻として評価し、秒（0～59）の部分を返す
Time()	ローカルタイムゾーンにおける現在の時刻を表す値を返す
TimeSerial (<時>,<分>,<秒>)	指定された<時>、<分>、<秒>に相当する時刻を表す値を返す
TimeValue(<式>)	<式>を時刻として評価し、DATETIME型の値を返す（DateValue()も参照）
WeekDay (<式>,<週の最初の曜日>)	<式>を日付として評価し、曜日を表す整数値を返す。必要に応じて、<週の最初の曜日>に日曜日以外の曜日を指定できる
WeekDayName (<式1>,<式2>,<週の最初の曜日>)	<式1>を曜日を表す値（1～7）として評価し、対応する曜日の名前を返す。<式2>にTrueが指定された場合は、曜日の略称を返す。必要に応じて、<週の最初の曜日>に日曜日以外の曜日を指定できる
Year(<式>)	<式>を日付として評価し、年（1900～9999）の部分を返す

Microsoft SQL Server

サポートされているデータ型

- date
- time
- smalldatetime
- datetime
- datetime2
- datetimeoffset

サポートされている算術演算

第1オペランド	演算子	第2オペランド	結果
datetime	+	datetime	datetime。第1オペランドの日数と小数日を第2オペランドの日数と小数日と足し合わせることによって得られる日付と時刻。0の値は1900年1月1日
datetime	−	datetime	datetime。結果は、第1オペランドと第2オペランドの間にある日数と小数日
datetime	＋／−	整数	datetime。整数値で表された日数を加算または減算
datetime	＋／−	小数	datetime。小数によって表された時刻を加算または減算。0.5は12時間
smalldatetime	+	smalldatetime	smalldatetime。第1オペランドの日数と小数日を第2オペランドの日数と小数日と足し合わせることによって得られる日付と時刻。0の値は1900年1月1日　▼次頁へ続く

271

付録 日付と時刻のデータ型、演算、関数

第1オペランド	演算子	第2オペランド	結果
smalldatetime	+ / -	整数	smalldatetime。整数値で表された日数を加算または減算
smalldatetime	+	小数	smalldatetime。小数値で表された時刻を加算または減算。0.5は12時間

関数

関数名	説明
CURRENT_TIMESTAMP	ローカルタイムゾーンにおける現在の日付と時刻を返す
DATEADD (<期間>,<数>,<式>)	指定された<数>の<期間>を<式>によって表される日付または日時に足す
DATEDIFF (<期間>,<式1>,<式2>)	<式1>（datetime）と<式2>（datetime）の間にある指定された期間の数を返す
DATEFROMPARTS (<年>,<月>,<日>)	指定された<年>、<月>、<日>の日付を表す値を返す
DATENAME(<期間>,<式>)	<式>を評価し、指定された<期間>の名前が含まれた文字列を返す。<期間>に月または曜日が指定された場合、名前は完全なスペルで返される
DATEPART(<期間>,<式>)	<式>を日付また時刻として評価し、指定された<期間>を表す部分を返す
DATETIMEFROMPARTS (<年>,<月>,<日>,<時>,<分>,<秒>,<ミリ秒>)	指定された<年>、<月>、<日>、<時>、<分>、<秒>、<ミリ秒>を表す値をdatetime型で返す
DATETIME2FROMPARTS (<年>,<月>,<日>,<時>,<分>,<秒>,<小数秒>,<精度>)	指定された<年>、<月>、<日>、<時>、<分>、<秒>、<小数秒>を表す指定された<精度>の値をdatetime型で返す
DAY(<式>)	<式>を日付として評価し、日（1～31）の部分を返す
EOMONTH(<式1> [,<式2>])	<式1>で指定された日付に<式2>で指定された数の月を足し、その月の最後の日付を返す
GETDATE()	現在の日付と時刻を表す値をdatetime型で返す
GETUTCDATE()	UTC（Coordinated Universal Time）で表された現在の日付と時刻を表す値をdatetime型で返す
ISDATE(<式>)	<式>を評価し、結果が日付と時刻を表す有効な値である場合に1を返す
MONTH(<式>)	<式>を日付として評価し、月（1～12）の部分を返す
SMALLDATETIMEFROMPARTS (<年>,<月>,<日>,<時>,<分>)	指定された<年>、<月>、<日>、<時>、<分>を表す値をsmalldatetime型で返す
SWITCHOFFSET (<式>,<オフセット>)	<式>を評価し、そのタイムゾーンオフセットを表す値を指定された<オフセット>に変更した上で、datetimeoffset型で返す
SYSDATETIME()	現在の日付と時刻を表す値をdatetime2型で返す
SYSDATETIMEOFFSET()	現在の日付と時刻（タイムゾーンオフセットを含む）を表す値をdatetimeoffset型で返す
SYSUTCDATETIME()	UTCで表された現在の日付と時刻を表す値をdatetime2型で返す
TIMEFROMPARTS(<時>,<分>,<秒>,<小数秒>,<精度>)	指定された<時>、<分>、<秒>、<小数秒>を表す指定された<精度>の時刻を返す
TODATETIMEOFFSET (<式1>,<式2>)	<式1>（datetime2型の値）を<式2>で指定されたタイムゾーンオフセットを使って変換し、datetimeoffset型の値を返す
YEAR(<式>)	<式>を日付として評価し、年の部分を返す

MySQL

MySQL

サポートされているデータ型

- DATE
- DATETIME
- TIMESTAMP
- TIME
- YEAR

サポートされている算術演算

第1オペランド	演算子	第2オペランド	結果
DATE	+ / −	INTERVAL: YEAR、QUARTER、MONTH、WEEK、DAY、HOUR、MINUTE、SECOND	DATE
DATETIME	+ / −	INTERVAL: YEAR、QUARTER、MONTH、WEEK、DAY、HOUR、MINUTE、SECOND	DATETIME
TIMESTAMP	+ / −	INTERVAL: YEAR、QUARTER、MONTH、WEEK、DAY、HOUR、MINUTE、SECOND	TIMESTAMP
TIME	+ / −	INTERVAL: HOUR、MINUTE、SECOND	TIME

> note
>
> 期間の構文はINTERVAL <式> <単位>である。<単位>は上記のキーワードのいずれかであり、INTERVAL 31 DAYやINTERVAL 15 MINUTEになる。
> 日付と時刻のデータ型では小数の加算や減算も可能だが、MySQLは最初に日付／時刻値を数値に変換してから演算を行う。たとえば、日付値2012-11-15に30を足すと、20121145という数値が得られる。時刻値12:20:00に100を足すと、122100という数値が得られる。なお、日付と時刻の演算を行うときには、必ずINTERVALキーワードを使用する。

関数

関数名	説明
ADDDATE(<式1>,<式2>)	<式1>（DATE型）の値に<式2>で指定された日数を足す
ADDDATE (<式>,INTERVAL <量> <期間>)	<式>（DATE型）の値に指定された<量>の<期間>を足す
ADDTIME(<式1>,<式2>)	<式1>（TIMEまたはDATETIME型）の値に<式2>で指定された時間を足し、TIMEまたはDATETIME型の値を返す
CONVERT_TZ (<式1>,<式2>,<式3>)	<式1>で指定された日付と時刻を<式2>で指定されたタイムゾーンから<式3>で指定されたタイムゾーンに変換する
CURRENT_DATE、CURDATE()	現在の日付を表す値をDATE型で返す
CURRENT_TIME、CURTIME()	ローカルタイムゾーンにおける現在の時刻を表す値をTIME型で返す

▼次頁へ続く

273

付録　日付と時刻のデータ型、演算、関数

関数名	説明
CURRENT_TIMESTAMP	ローカルタイムゾーンにおける現在の日付と時刻を表す値をDATETIME型で返す
DATE(<式>)	<式>（DATETIME型の値）を評価し、日の部分を返す
DATE_ADD (<式>,INTERVAL <期間> <量>)	<式>（DATEまたはDATETIME型の値）を評価し、指定された<量>の<期間>を足す
DATE_SUB (<式>,INTERVAL <期間> <量>)	<式>（DATEまたはDATETIME型の値）を評価し、指定された<量>の<期間>を引く
DATEDIFF(<式1>,<式2>)	<式1>（DATETIME型）の値から<式2>（DATETIME型）の値を引き、その日数を返す
DAY(<式>)	<式>（DATE型の値）を評価し、日（1〜31）の部分を返す
DAYNAME(<式>)	<式>（DATEまたはDATETIME型の値）を評価し、曜日名を返す
DAYOFMONTH(<式>)	<式>（DATE型の値）を評価し、日（1〜31）の部分を返す
DAYOFWEEK(<式>)	<式>（DATEまたはDATETIME型の値）を評価し、曜日を表す番号を返す。1は日曜日
DAYOFYEAR(<式>)	<式>（DATE型の値）を評価し、通年日（1〜366）を返す
EXTRACT(<単位> FROM <式>)	<式>（DATEまたはDATETIME型の値）を評価し、指定された<単位>（年、月など）の部分を返す
FROM_DAYS(<日数>)	紀元前1年12月31日からの<日数>を表す日付を返す。366日目は西暦1年1月1日
HOUR(<式>)	<式>（TIMEまたはDATETIME型の値）を評価し、時（0〜23）の部分を返す
LAST_DAY(<式>)	<式>（DATEまたはDATETIME型の値）を評価し、その月の最後の日付を返す
LOCALTIME、LOCALTIMESTAMP	NOW()を参照
MAKEDATE(<年>,<通年日>)	指定された<年>と<通年日>（1〜366）を表すDATE型の値を返す
MAKETIME(<時>,<分>,<秒>)	指定された<時>、<分>、<秒>を表す値をTIME型で返す
MICROSECOND(<式>)	<式>（TIMEまたはDATETIME型の値）を評価し、マイクロ秒（0〜999999）の部分を返す
MINUTE(<式>)	<式>（TIMEまたはDATETIME型の値）を評価し、分（0〜59）の部分を返す
MONTH(<式>)	<式>（DATE型の値）を評価し、月（1〜12）の部分を返す
MONTHNAME(<式>)	<式>（DATEまたはDATETIME型の値）を評価し、月の名前を返す
NOW()	ローカルタイムゾーンにおける現在の日付と時刻を表す値をDATETIME型で返す
QUARTER(<式>)	<式>（DATE型の値）を評価し、その日付が含まれている年の四半期を表す番号（1〜4）を返す
SECOND(<式>)	<式>（TIMEまたはDATETIME型の値）を評価し、秒（0〜59）の部分を返す
STR_TO_DATE(<式1>,<式2>)	<式1>を<式2>で指定されたフォーマットにしたがって評価し、DATE、DATETIME、またはTIME型の値を返す
SUBDATE (<式>,INTERVAL <期間> <量>)	DATE_SUB()を参照
SUBTIME(<式1>,<式2>)	<式1>（TIMEまたはDATETIME型の値）から<式2>（TIME型の値）を引き、TIMEまたはDATETIME型の値を返す

Oracle

関数名	説明
TIME(<式>)	<式>（TIMEまたはDATETIME型の値）を評価し、時刻の部分を返す
TIME_TO_SEC(<式>)	<式>（TIME型の値）を評価し、秒数に変換する
TIMEDIFF(<式1>,<式2>)	<式1>（TIMEまたはDATETIME型の値）から<式2>（TIMEまたはDATETIME型の値）を引き、その差を返す
TIMESTAMP(<式>)	<式>（DATEまたはDATETIME型の値）を評価し、DATETIME型の値を返す
TIMESTAMP(<式1>,<式2>)	<式1>（DATEまたはDATETIME型の値）に<式2>（TIME型の値）を足し、DATETIME型の値を返す
TIMESTAMPADD (<期間>,<数>,<式>)	<式>（DATEまたはDATETIME型の値）を評価し、指定された<数>の<期間>を足す
TIMESTAMPDIFF (<期間>,<式1>,<式2>)	<式2>（DATEまたはDATETIME型の値）から<式1>（DATEまたはDATETIME型の値）を引き、指定された<期間>の数を返す
TO_DAYS(<式>)	<式>（DATE型の値）を評価し、0年からの日数を返す
UTC_DATE	UTCで表された現在の日付を返す
UTC_TIME	UTCで表された現在の時刻を返す
UTC_TIMESTAMP	UTCで表された現在の日付と時刻を返す
WEEK(<式>,<モード>)	<式>（DATE型の値）を評価し、指定された<モード>を使って週番号を返す
WEEKDAY(<式>)	<式>（DATE型の値）を評価し、曜日を表す整数（0は月曜日）を返す
WEEKOFYEAR(<式>)	<式>（DATE型の値）を評価し、週番号（1～53）を返す。最初の週が4日以上であることを前提とする
YEAR(<式>)	<式>（DATE型の値）を評価し、年（1000～9999）の部分を返す

Oracle

サポートされているデータ型

- DATE
- TIMESTAMP
- TIMESTAMP WITH TIME ZONE
- INTERVAL YEAR TO MONTH
- INTERVAL DAY TO SECOND

サポートされている算術演算

第1オペランド	演算子	第2オペランド	結果
DATE	+ / −	INTERVAL	DATE
DATE	+ / −	数値	DATE
DATE	−	DATE	数値（日数と小数日）
DATE	−	TIMESTAMP	INTERVAL
INTERVAL	+	DATE	DATE
INTERVAL	+	TIMESTAMP	TIMESTAMP

275

付録　日付と時刻のデータ型、演算、関数

第1オペランド	演算子	第2オペランド	結果
INTERVAL	+ / −	INTERVAL	INTERVAL
INTERVAL	*	数値	INTERVAL
INTERVAL	/	数値	INTERVAL

関数

関数名	説明
ADD_MONTHS(<式>,<整数>)	<式>（DATE型）の値に指定された数の月を足し、DATE型の値を返す
CURRENT_DATE	現在の日付（DATE型の値）を返す
CURRENT_TIMESTAMP	ローカルタイムゾーンにおける現在の日付、時刻、タイムスタンプを返す
DBTIMEZONE	データベースのタイムゾーンを返す
EXTRACT(<期間> FROM <式>)	<式>を評価し、指定された<期間>（年、月、日など）を返す
LOCALTIMESTAMP	ローカルタイムゾーンにおける現在の日付と時刻を返す
MONTHS_BETWEEN (<式1>,<式2>)	<式2>と<式1>の間の月数と小数月を計算する
NEW_TIME(<式>,<タイムゾーン1>, <タイムゾーン2>)	<式>を<タイムゾーン1>の日付と時刻として評価し、<タイムゾーン2>での日付と時刻を返す
NEXT_DAY(<式1>,<式2>)	<式1>を日付として評価し、その日付以降で<式2>で指定された曜日になる最初の日付を返す。<式2>は 'MONDAY'、'TUESDAY' などの文字列として指定される
NUMTODSINTERVAL (<式>,<単位>)	<式>で表される数値を<単位>で指定された期間（DAY、HOUR、MINUTE、SECOND）に変換する
NUMTOYMINTERVA (<式>,<単位>)	<式>で指定された数値を<単位>で指定された期間（YEAR、MONTH）に変換する
ROUND(<式>,<期間>)	<式>を日付として評価し、指定された<期間>に丸める
SESSIONTIMEZONE	現在のセッションのタイムゾーンを返す
SYSDATE	データベースサーバーの現在の日付と時刻を返す
SYSTIMESTAMP	データベースサーバーの現在の日付、時刻、タイムゾーンを返す
TO_DATE(<式1>,<式2>)	<式1>を文字列の式として評価し、<式2>で指定されたフォーマットに基づいてDATE型の値に変換する
TO_DSINTERVAL(<式>)	<式>を文字列の式として評価し、INTERVAL DAY TO SECOND型の値に変換する
TO_TIMESTAMP(<式1>,<式2>)	<式1>を文字列の式として評価し、<式2>で指定されたフォーマットに基づいてTIMESTAMP型の値に変換する
TO_TIMESTAMP_TZ (<式1>,<式2>)	<式1>を文字列の式として評価し、<式2>で指定されたフォーマットに基づいてTIMESTAMP WITH TIME ZONE型の値に変換する
TO_YMINTERVAL(<式>)	<式>を文字列の式として評価し、INTERVAL YEAR TO MONTH型の値に変換する
TRUNC(<式>,<期間>)	<式>を日付として評価し、指定された<期間>まで切り捨てる

PostgreSQL

PostgreSQL

サポートされているデータ型

- DATE
- TIME [タイムゾーン]
- TIMESTAMP [タイムゾーン]
- INTERVAL

サポートされている算術演算

第1オペランド	演算子	第2オペランド	結果
DATE	+ / −	INTERVAL	TIMESTAMP
DATE	+ / −	数値	DATE
DATE	+	TIME	TIMESTAMP
DATE	−	DATE	INTEGER
TIME	+ / −	INTERVAL	TIME
TIME	−	TIME	INTERVAL
TIMESTAMP	+ / −	INTERVAL	TIMESTAMP
TIMESTAMP	−	TIMESTAMP	INTERVAL
INTERVAL	+ / −	INTERVAL	INTERVAL
INTERVAL	*	数値	INTERVAL
INTERVAL	/	数値	INTERVAL

関数

関数名	説明
AGE(<式1>,<式2>)	<式1>から<式2>を引き（どちらもTIMESTAMP型）、年と月に基づく「象徴的な」結果を返す
AGE(<式>)	CURRENT_DATE()（午前0時）から<式>（TIMESTAMP）を引く
CLOCK_TIMESTAMP()	現在の日付と時刻をで返す（文の実行中に変化する）
CURRENT_DATE	現在の日付を返す
CURRENT_TIME	現在の時刻を返す
CURRENT_TIMESTAMP	（現在のトランザクションを開始した時点の）現在の日付と時刻を返す
DATE_PART(<単位>,<式>)	<式>（TIMESTAMPまたはINTERVAL型）から<単位>（TEXT）で指定されたサブフィールドを取得する（EXTRACT()も参照）
DATE_TRUNC(<単位>,<式>)	<式>（TIMESTAMP型）を<単位>（TEXT型）で指定された精度（マイクロ秒、ミリ秒、分など）で切り捨てる
EXTRACT(<単位> FROM <式>)	<式>（TIMESTAMPまたはINTERVAL型）から<単位>（TEXT型）で指定されたサブフィールド（年、月、日など）を取得する
ISFINITE(<式>)	<式>（DATE、TIMESTAMP、またはINTERVAL型）が有限かどうか（+ /-無限ではない）を評価する
JUSTIFY_DAYS(<式>)	ひと月が30日周期で表されるように<式>（INTERVAL）を調整する

▼次頁へ続く

Appendix

277

付録　日付と時刻のデータ型、演算、関数

関数名	説明
JUSTIFY_HOURS(<式>)	1日が24時間周期で表されるように<式>（INTERVAL）を調整する
JUSTIFY_INTERVAL(<式>)	JUSTIFY_DAYS()とJUSTIFY_HOURS()を使用し、さらに符号の調整を行うことで、<式>（INTERVAL型）を調整する
LOCALTIME	現在の時刻を返す
LOCALTIMESTAMP	（現在のトランザクションを開始した時点の）現在の日付と時刻を返す
NOW()	（現在のトランザクションを開始した時点の）現在の日付と時刻を返す
STATEMENT_TIMESTAMP()	（現在のトランザクションを開始した時点の）現在の日付と時刻を返す
TIMEOFDAY()	現在の日付と時刻を返す（CLOCK_TIMESTAMP()と似ているが、テキスト文字列を返す）
TRANSACTION_TIMESTAMP()	（現在のトランザクションを開始した時点の）現在の日付と時刻を返す

索 引

●記号
|| 演算子 ……………………………………… 13, 222
∞記号 ………………………………………………… 18

●数字
0値の扱い ……………………………………… 145
3NF …………………………………………………… 25
4NF …………………………………………………… 25
5NF …………………………………………………… 27
6つの制約 ……………………………………… 56

●A
adjacency list model …………………… 254
ALLキーワード ……………………………… 10
ancestor ………………………………………… 263
ancestry closure table ……………… 262
AS …………………………………………………… 159
ASキーワード ………………………………… 15
atomic data …………………………………… 10
AUTO_INCREMENT ……………………… 3
AutoNumber …………………………………… 3
AVG() ……………………………………………… 123

●B
BOOLEAN ………………………………………… 60
B-tree ……………………………………………… 42
B木 …………………………………………………… 42
B木構造 …………………………………………… 196

●C
Cartesian product ……………………… 203
CASCADE ………………………………………… 49
CASE ………………………………………………… 96
CAST ………………………………………………… 111
CHECK制約 ……………………………………… 56
clustered index …………………………… 43
Clustered Index Scan ………………… 199
Common Table Expression …… 134, 170
CONCAT …………………………………………… 222
CONCAT関数 …………………………………… 13
CONVERT ………………………………………… 111
COUNT ……………………………………………… 146
COUNT() ………………………………………… 123
COUNT(*) ……………………………………… 140
CREATE VIEW ……………………………… 173
CROSS JOIN ………………………… 203, 208
CROSSTAB ……………………………………… 250
CTE ……… 7, 134, 155, 170, 207, 222, 232
CUBE ………………………………………………… 125

●D
Data Studio …………………………………… 181

DATEADD ………………………………………… 112
DateTimeデータ型 ……………………… 245
db2exfmt ………………………………………… 180
db2expln ………………………………………… 181
db2look …………………………………………… 195
Declarative Referential Integrity …… 19
DECODE …………………………………………… 250
DEFAULT ………………………………………… 57
DENSE_RANK() ……………………………… 153
Depth ……………………………………………… 263
derived table ………………………………… 119
descendant …………………………………… 263
DESCRIBE ……………………………………… 195
difference ……………………………………… 92
DimDate ………………………………… 242, 244
Distance ………………………………………… 263
DISTINCT ………………………………………… 103
division …………………………………………… 92
Donald Chamberlin ………………………… xi
DRI …………………………………………………… 49
DRI制約 …………………………………………… 19

●E
EAVモデル ……………………………………… 23
Edgar F. Codd ……………………………… x
ENABLE QUERY OPTIMIZATION ………… 77
Entity-Attfibute-Valueモデル ……… 23
ETL …………………………………………………… 73
Eugene Wong ………………………………… xi
EXCEPT …………………………………………… 92
EXCEPT ALL …………………………………… 92
EXCLUDE NULL KEYS …………………… 36
EXISTS ………………………………… 104, 160, 162
EXISTS演算子 ………………………………… 94
EXPLAIN ………………………………… 185, 187
EXPLAIN PLAN FOR …………………… 186
explain table ………………………………… 180
Explain表 ………………………………………… 180
Extract …………………………………………… 73

●F
FIFO ………………………………………………… 227
FOREIGN KEY ………………………………… 56
foreign key constraint …………………… 7
FOREIGN KEY制約 ………………… 19, 193
FROM ……………………………………… 160, 165
frustrated join ……………………………… 95
frustrated outer join …………………… 117
full outer join ……………………………… 46
functional dependency ………… 25, 128

●G
GENERATED ……………………………………… 16

279

索引

GROUP BY	121, 141, 234
grouping column	122
GROUPING SETS	125

● H

hash join	45
HAVING	121, 130, 142

● I

IDENTITY	3
IN	205
index scan	40
Index Scan	199
index seek	40
Index Seek	198
INFORMATION_SCHEMA	190
Ingres	xi
INSERT INTO	80
Invalid Values	238
IS NULL	36

● J

Joe Celko	256
join	45
JOIN演算	45
JOIN式はサポートされていません	144

● K

Key Lookup	198

● L

LAG()	155
LEAD()	155
LEFT JOIN	205
LEFT JOIN演算子	95
LEFT OUTER JOIN	141
LIKE	115
Load	73
lossless decomposition	29

● M

materialized path	259
MAX()	123
Merge Join	199
Michael Stonebraker	xi
MIN()	123
MINUS	92
multivalued dependency	25

● N

nested loop	45
nested set	256
NO ACTION	49

nonclustered index	43
non-equijoin	211
NOT IN演算子	94
NOT NULL制約	56
null	2, 35
NULL述語	97
null値	36, 59, 140
null値の除外	37
null値をインデックス付け	36
Null無視	37
NVL()	39

● O

ON DELETE CASCADE	19
ON UPDATE CASCADE	19
ON述語	145
Oracle SQL Developer	186
ORDER BY	84, 149, 150
ORDER BY句の効率性	48
outer join	45
OUTER JOIN	92
OVER句	149

● P

PARTITION BY	150
PERSISTED	16, 17
pgAdmin	189
pipelining	48
PIVOT	250
primary key	2
PRIMARY KEY制約	56

● R

Ralph Kimball	32
RANGE	154, 157
RANK()	153, 208
RECURSIVE	173
referential integrity	3
relational algebra	87
relationship	7
repeating group	8
ROLLUP	125
ROUND()	209
ROW_NUMBER()	153, 229
ROWS	155, 157

● S

sargable	113, 260, 264
sargableクエリ	242
sargableな述語	168
scalar subquery	159
Search ARGument ABLE	113
SEQUEL	xi

280

索引

Sequenceオブジェクト ……………… 3
serial ……………………………… 3
SET DEFAULT ………………… 49
SET NULL ……………………… 49
SHOW …………………………… 195
Showplan Capturer ………… 183
SHOWPLAN.OUT ……………… 181
sort-merge join ……………… 45
SQL ………………………………… xi
SQL Query Language ………… xi
SQL関数 ………………………… 61
STDDEV_POP() ……………… 123
STDDEV_SAMP() ……………… 123
Stream Aggregate …………… 199
Structured English Query Language … xi
Structured Query Language … xi
subquery ……………………… 159
SUM() …………………………… 123
System/R ………………………… x

● T
table scan ……………………… 40
table subquery ………………… 159
table subquery with only one column … 159
table-valued function ………… 224
tally table ……………………… 221
temporal ………………………… 246
Timestampデータ型 …………… 245
Top ……………………………… 200
Transform ……………………… 73
TRANSFORM …………………… 250
trigger …………………………… 14

● U
union …………………………… 92
UNION ALL ……………… 10, 92, 223
UNIONクエリ ………………… 9, 80
UNIQUE制約 …………………… 56

● V
VAR_POP() ……………………… 123
VAR_SAMP() …………………… 123
view ……………………………… 67
virtual column ………………… 16
virtual table …………………… 7
Visual Explain ………………… 185

● W
WHERE ………………………… 44, 95
window function ……… 121, 149
WITH CHECK OPTION ……… 70
WITH DISALLOW NULL ……… 37
WITH IGNORE NULL ………… 37

● あ
あいまいな外部結合 …………… 144
値式 ……………………………… 96
値要求 …………………………… 38
アトミックデータ ……………… 10
アンピボット …………………… 76

● い
一貫性がない …………………… 255
一対多 …………………………… 18
入れ子集合 ……………………… 256
インデックス …………………… 44
インデックスシーク …………… 40
インデックススキャン ………… 40
インデックスの妥当性 ………… 42
インライン関数 ………………… 70
インラインサマリ ……………… 80
インライン展開 ………………… 225

● う
ウィンドウ関数 ……… 121, 135, 149, 227
ウィンドウの境界 ……………… 154
ウィンドウの分割 ……………… 150

● え
永続化 …………………………… 16
エイリアス名 …………………… 159

● お
遅すぎる ………………………… 145
オプティマイザ ……………… 179, 195
オペレーショナルテーブル …… 42

● か
階層型のデータモデル ………… 253
外部キー ………………………… 18
外部キー制約 …………………… 7
外部結合 ……………………… 45, 139
仮想テーブル …………………… 7
仮想列 …………………………… 16
空文字列の許可 ………………… 38
関係 ……………………………… 7
関係代数 ………………………… 87
関数従属性 …………………… 25, 128
完全外部結合 …………………… 46

● き
キー参照 ………………………… 198
機密データ ……………………… 70
行 …………………………… 11, 87
境界値問題 ……………………… 112
距離 ……………………………… 263

281

索引

●く

クエリ	7
組み合わせ	211
クラスタ化インデックス	43
繰り返しグループ	8
グループ化列	122
クロージャテーブル	263

●け

計算値	32
経路実体化	259
結合	45, 106, 176
決定的関数	15, 65
検索CASE	98
検索条件	97
限定述語	97

●こ

合計	123
交差	106
更新不整合	6
構造化データ	24

●さ

差	92, 106, 117
再帰CTE	173, 222
最小値	123
最大値	123
先入先出法	227
削除不整合	6
左結合	117
挫折外部結合	117
挫折結合	95
サブクエリ	159
サブクエリを回避する	177
サマリテーブル	77
サマリの生成	238
サロゲートキー	25
参照整合性	xiii, 3
参照整合性制約を定義	20

●し

自己参照テーブルでの階層の走査	174
自然キー	25
子孫	263
実行プラン	195
射影	106
集計関数	70, 122, 130, 146
集合	225
主キー	1
主キーの候補となる列	2
述語	97
商	92

●す

商演算	106
冗長なデータ	5
情報無損失分解	29
序数	92
除数	106

●す

数値ベース	4
スカラーサブクエリ	159, 163
スカラー値	224
ストアドプロシージャ	49

●せ

正規化	5
制限	106
制約	49
選択	106

●そ

相関	164
相関サブクエリ	104, 161, 167
相互関係	167
ゾウとネズミの問題	200
ソート演算を回避	55
ソートマージ結合	45
属性	10, 87
祖先	263
祖先クロージャテーブル	262
存在述語	97

●た

第五正規形	27
第三正規形	25
第四正規形	25
多値従属性	25
タプル	11, 87
タリーテーブル	174, 221, 227, 251
単一列のテーブルサブクエリ	159, 162
単純CASE	97

●ち

抽出	73
直積	106, 203

●て

データウェアハウス	31
データ型	109
データのクラスタ化	46
データの分割方法	32
テーブル	87
テーブルサブクエリ	159, 160
テーブルスキャン	40
テーブル値関数	224

索引

デカルト積 106
テキストベースの主キー 4
テンポラル 246

● と
トリガ 14, 49, 77
ドリルアクロス 32
ドリルダウン 32

● な
内部結合 230
長さが0の文字列 36

● ね
ネステッドループ結合 45

● は
パーティション分割 150
パイプライン化 48
派生値 32
派生テーブル 119
パターン照合述語 97
ハッシュ結合 45
パラメータ化されたビュー 224
範囲述語 97
半構造化データ 24
ハンドリング時間 32

● ひ
比較述語 97
非クラスタ化インデックス 43
非決定的関数 15, 65
被除数 92, 106
日付テーブル 243
日付と時刻 109
非相関サブクエリ 164, 165
左アンチ半結合 199
非等結合 211, 229
ピボット選択 221, 248
ビュー 67, 87
ビューを参照するビューの作成 71
標本標準分散 123
標本分散 123

● ふ
ファクトテーブル 32
フィルター選択されたインデックス 54
フィルタリング 124
深さ 263
複合キー 4
複合条件を適用 101
複数のプロパティ 11
部分集合述語 97

「プライベート」ビュー 173

● へ
平均 123
変換 73

● ほ
母標準偏差 123
母分散 123

● ま
マージ結合 199
交わり 106
マテリアライズドビュー 79

● む
無効な値 238

● め
メタデータ 190

● ゆ
ユーザー定義関数 64

● ら
ランク付け 206
ランクの計算 208

● り
リレーショナルデータベースモデル x
リレーション 87, 225
リレーションシップ 7
隣接する行 148
隣接リストモデル 254

● る
累積和の生成 149

● れ
列 10, 87
列の濃度が低い 43
連結 13

● ろ
ロード 73

● わ
和 92, 106
和演算 80

283

装丁　　山口了児（ZUNIGA）
DTP　　株式会社シンクス

えふぇくてぃぶ えすきゅーえる
Effective　SQL

2017年12月20日　初版第1刷発行

著　者	John L. Viescas（ジョン・L・ビエスカス）
	Douglas J. Steele（ダグラス・J・スティール）
	Ben G. Clothier（ベン・G・クロージア）
監　訳	株式会社クイープ
発行人	佐々木幹夫
発行所	株式会社翔泳社（http://www.shoeisha.co.jp/）
印刷・製本	株式会社加藤文明社印刷所

本書は著作権法上の保護を受けています。本書の一部または全部について（ソフトウェアおよびプログラムを含む）、株式会社翔泳社から文書による許諾を得ずに、いかなる方法においても無断で複写、複製することは禁じられています。

本書へのお問い合わせについては、ii ページに記載の内容をお読みください。

落丁・乱丁はお取り替えいたします。03-5362-3705 までご連絡ください。

ISBN978-4-7981-5399-5　　　　　　　　　　　　　　　Printed in Japan